C. Neumann, F. Klein, S. Lie,
F. Engel, F. Hausdorff, H. Liebmann,
W. Blaschke, L. Lichtenstein

Leipziger mathematische Antrittsvorlesungen

Auswahl aus den Jahren 1869–1922

Herausgegeben und mit einem Anhang versehen von
H. BECKERT und W. PURKERT

Das Halten einer Antrittsvorlesung gehörte zu den bewährten Traditionen der deutschen Universitäten. Diese Reden spiegelten in der Regel die Ansichten des Neuberufenen zu allgemeinen Fragen seiner Wissenschaft wider, nicht selten auch programmatische Vorstellungen über das zukünftige Wirken. Sie waren so gehalten, daß sie einem breiten Publikum verständlich blieben.
Die vorliegende Sammlung Leipziger mathematischer Antrittsvorlesungen der Jahre 1869–1922 enthält fotomechanische Nachdrucke der entsprechenden Reden von CARL NEUMANN, FELIX KLEIN, SOPHUS LIE, FRIEDRICH ENGEL, FELIX HAUSDORFF, HEINRICH LIEBMANN, WILHELM BLASCHKE und LEON LICHTENSTEIN. Das Buch wird ergänzt durch kurze Biographien dieser Gelehrten sowie durch einige aufschlußreiche, teilweise noch unveröffentlichte Archivalien.

BSB B. G. Teubner Verlagsgesellschaft, Leipzig

The holding of an inaugural lecture is part of the well-established tradition of German universities. As a rule, these lectures reflected the view of the new professor on general questions related to his interests, and not infrequently contained an introduction to future work. They were given in this way so that they would be intelligible to a wide audience.
This collection is a photomechanical reproduction of inaugural lectures given in Leipzig from 1869 to 1922 by CARL NEUMANN, FELIX KLEIN, SOPHUS LIE, FRIEDRICH ENGEL, FELIX HAUSDORFF, HEINRICH LIEBMANN, WILHELM BLASCHKE and LEON LICHTENSTEIN. The book is completed by short biographies of these scholars together with material from some as yet unpublished archives.

Le cours inaugural fait partie des traditions confirmées des universités allemandes. En règle générale, son propos était de refléter les vues du nouveau venu dans la profession sur les questions générales de son domaine scientifique et il n'était pas rare qu'il comportat aussi une présentation sous forme de programme des activités futures. Ces cours inauguraux étaient tenus dans un langage qui les rendaient accessibles a un large public.
Le présent recueil des cours mathématiques inauguraux effectués à Leipzig entre 1869 et 1922 contient des reproductions photomécaniques des cours de CARL NEUMANN, FELIX KLEIN, SOPHUS LIE, FRIEDRICH ENGEL, FELIX HAUSDORFF, HEINRICH LIEBMANN, WILHELM BLASCHKE et LEON LICHTENSTEIN. Le livre est complété par des courtes biographies de ces savants, ainsique par des archives apportant beaucoup d'éclaircissements et qui sont en partie inédites.

Чтение вступительной лекции принадлежало к сложившимся традициям немецких университетов. В этих выступлениях, как правило, отражалась точка зрения только что ставшего профессором на общие вопросы его предмета, нередко и программное представление о будущей деятельности. Эти лекции были рассчитаны для широкой публики.
Настоящий сборник Лейпцигских математических вступительных лекций 1869–1922 годов содержит фотомеханические перепечатки соответствующих выступлений Карла Нейманна, Феликса Клейна, Софуса Ли, Фридриха Энгела, Феликса Хаусдорффа, Гейнриха Либманна, Вильгельма Блашке, Леона Лихтенштейна. Книга дополнена краткими биографиями этих учёных, а также некоторыми показательными, частично ещё не публикованами, архивными материалами.

Vorwort

Einer alten Tradition der deutschen Universitäten entsprechend, war jeder neu berufene Professor verpflichtet, eine öffentliche Antrittsvorlesung zu halten. Als Höhepunkte im gesellschaftlichen Leben der Universität mußten diese Reden so gestaltet sein, daß die Kollegen Professoren, zumindest die Mitglieder der eigenen Fakultät, den Ausführungen im großen und ganzen zu folgen vermochten. Demgemäß waren Antrittsvorlesungen keine eng umgrenzten Fachvorträge. Sie spiegelten vielmehr in der Regel die Ansichten des Neuberufenen zu allgemeinen Fragen seiner Wissenschaft wider und enthielten nicht selten – insbesondere wenn es um Übernahme eines Ordinariats ging – programmatische Vorstellungen über das zukünftige Wirken. Gelegentlich wurden solche Reden auch genutzt, um ein besonders interessantes Kapitel der eigenen Wissenschaft möglichst breiten Kreisen anschaulich und populär zu erläutern.

Leider sind die öffentlichen Antrittsvorlesungen in den letzten Jahrzehnten mehr und mehr aus dem Universitätsleben verschwunden. Aber gerade heute, wo enges Spezialistentum immer häufiger mit den interdisziplinären und komplexen Anforderungen an die Wissenschaft kollidiert, wäre eine Wiederaufnahme dieser Tradition wünschenswert und nützlich. Entsprechende Versuche sind auf verschiedenen Gebieten gemacht worden. Für die Mathematik ist wohl der bekannteste die erfolgreiche Initiative von F. HIRZEBRUCH, fünf Bonner mathematische Antrittsreden (W. BORHO, D. ZAGIER, J. ROHLFS, H. KRAFT, J. C. JANTZEN) der Jahre 1974 bis 1979 zu publizieren (1981).

Die Herausgeber des vorliegenden Bandes sind der Ansicht, daß auch eine Sammlung historischer mathematischer Antrittsvorlesungen nicht ohne Reiz ist. Sie haben Leipziger Antrittsreden ausgewählt, weil Leipzig nach Berlin und Göttingen ein bedeutendes mathematisches Zentrum Deutschlands war. Aus den Jahren 1869 bis 1922 werden in diesem Band des „TEUBNER-ARCHIVS" zur Mathematik" die Antrittsvorlesungen von CARL NEUMANN, FELIX KLEIN, SOPHUS LIE, FRIEDRICH ENGEL, FELIX HAUSDORFF, HEINRICH LIEBMANN, WILHELM BLASCHKE und LEON LICHTENSTEIN wieder abgedruckt. Einige klangvolle Namen fehlen, beispielsweise OTTO HÖLDER, GUSTAV HERGLOTZ, PAUL KOEBE und BARTEL LEENDERT VAN DER WAERDEN. O. HÖLDER hielt seine Antrittsvorlesung „Anschauung und Denken in der Geometrie" am 22. Juli 1899. Sie erschien in erweiterter Fassung bei Teubner und ist durch einen Reprint (Stuttgart 1968) wieder leicht zugänglich. G. HERGLOTZ' Antrittsrede „Über die Versuche einer Umgestaltung der Mechanik" vom 30. Juli 1910 ist nicht gedruckt worden; ein Manuskript ließ sich nicht nachweisen. Über eine Antrittsvorlesung von P. KOEBE, 1910 bis 1914 Extraordinarius und 1926 bis 1945 Ordinarius in Leipzig, geben die Akten keine Auskunft. B. L. V. D. WAERDEN hielt seine Antrittsrede „Die Gruppentheorie als ordnendes Prinzip" am 27. Juni 1931. Sie wurde nicht gedruckt; eine Nachfrage beim Autor ergab, daß das Manuskript nicht mehr vorhanden ist. Der biographische Anhang informiert in knapper Form über Leben und Werk des jeweiligen Gelehrten und enthält auch einige aufschlußreiche, teilweise noch unveröffentlichte Archivalien.

Unser Dank gilt dem Archiv der Karl-Marx-Universität Leipzig (Leitung Prof. Dr. G. SCHWENDLER), der Bibliothekarin I. LETZEL sowie dem Teubner-Verlag, insbesondere Herrn J. WEISS, für die gewährte Hilfe und Unterstützung.

Leipzig, September 1986   HERBERT BECKERT/WALTER PURKERT

Das Leipziger Mathematische Institut in der Talstraße 35 (Institutseingang). Von 1904 bis 1971 war dieses Gebäude Heimstätte der Leipziger Mathematiker. Die Inschrift wurde 1959 anläßlich der 550-Jahr-Feier der Universität Leipzig angebracht. Bis 1881 fanden die Mathematiklehrveranstaltungen im Augusteum (vgl. letzte Umschlagseite) statt und von 1881 bis 1904 in verschiedenen Universitätsgebäuden, u. a. im Czermakschen Spektatorium. Seit 1971 befindet sich die Sektion Mathematik im neuerbauten Hauptgebäude der Universität am Karl-Marx-Platz.

Inhalt

C. Neumann: Über die Prinzipien der Galilei-Newtonschen Theorie (3. November 1869). [Sonderdruck. Leipzig 1870, 1–32.] 7

F. Klein: Über die Beziehungen der neueren Mathematik zu den Anwendungen (25. Oktober 1880). [Zeitschrift für mathematischen und naturwissenschaftlichen Unterricht 26 (1895), 535–540.] 40

S. Lie: Über den Einfluß der Geometrie auf die Entwicklung der Mathematik (29. Mai 1886). [In: S. Lie, Gesammelte Abhandlungen, Band 7. Leipzig 1960, 467–476.] 48

F. Engel: Der Geschmack in der neueren Mathematik (24. Oktober 1890). [Sonderdruck. Leipzig 1890, 1–22.] 59

F. Hausdorff: Das Raumproblem (4. Juli 1903). [Ostwalds Annalen der Naturphilosophie 3 (1903), 1–23.] 83

H. Liebmann: Notwendigkeit und Freiheit in der Mathematik (25. Februar 1905). [Jahresberichte der Deutschen Mathematiker-Vereinigung 14 (1905), 230–248.] 109

W. Blaschke: Kreis und Kugel (15. Mai 1915). [Jahresberichte der Deutschen Mathematiker-Vereinigung 24 (1915), 195–209.] 131

L. Lichtenstein: Astronomie und Mathematik in ihrer Wechselwirkung (20. Mai 1922). [Leipzig 1923, 1–38.] 147

Biographischer Anhang
  Carl Neumann 187
  Felix Klein 190
  Sophus Lie 194
  Friedrich Engel 198
  Felix Hausdorff 201
  Heinrich Liebmann 204
  Wilhelm Blaschke 207
  Leon Lichtenstein 210

Dokumente und Archivalien 215

Namen- und Sachverzeichnis 240

UEBER DIE PRINCIPIEN

DER

GALILEI-NEWTON'SCHEN THEORIE.

AKADEMISCHE ANTRITTSVORLESUNG

GEHALTEN

IN DER AULA DER UNIVERSITÄT LEIPZIG

AM 3. NOVEMBER 1869.

VON

Dr. C. NEUMANN,

ORD. PROFESSOR DER MATHEMATIK AN DER UNIVERSITÄT LEIPZIG. MITGLIED DER KÖNIGLICH SÄCHSISCHEN GESELLSCHAFT DER WISSENSCHAFTEN UND DER KÖNIGLICHEN SOCIETÄT DER WISSENSCHAFTEN ZU GÖTTINGEN. CORRESP. MITGLIED DES KÖNIGLICHEN LOMBARDISCHEN INSTITUTS DER WISSENSCHAFTEN ZU MAILAND.

LEIPZIG,
DRUCK UND VERLAG VON B. G. TEUBNER.
1870.

Vorwort.

Wenn das eigentliche Ziel der mathematischen Naturwissenschaft, wie allgemein anerkannt werden dürfte, darin besteht, möglichst wenige (übrigens nicht weiter erklärbare) Principien zu entdecken, aus denen die allgemeinen Gesetze der empirisch gegebenen Thatsachen mit mathematischer Nothwendigkeit emporsteigen, also Principien zu entdecken, welche den empirischen Thatsachen *aequivalent* sind, — so muss es als eine Aufgabe von unabweisbarer Wichtigkeit erscheinen, diejenigen Principien, welche in irgend einem Gebiet der Naturwissenschaft bereits mit einiger Sicherheit zu Tage getreten sind, in sorgfältiger Weise zu durchdenken, und den Inhalt dieser Principien womöglich in solcher Form darzulegen, dass jener Anforderung der Aequivalenz mit den betreffenden empirischen Thatsachen wirklich entsprochen werde.

In der vorliegenden Exposition ist Derartiges versucht worden mit Bezug auf die Principien der theoretischen Mechanik. Einer sorgfältigen Analyse ist namentlich das *Galilei'sche Trägheitsprincip* unterworfen und gezeigt worden, dass dieses Princip nicht als *ein einziges* Princip acceptirt werden dürfe, sondern bei genauerer Betrachtung aufgelöst werden müsse in eine *grössere Anzahl* theils fundamentaler Principien, theils sich anlehnender Definitionen. Zu letztern gehört die Definition von *Ruhe und Bewegung*, und ebenso auch die Definition *gleich langer Zeitabschnitte*.

Eine ähnliche Analyse in Betreff des *Newton'schen Anziehungsprincipes* ist in Kürze angedeutet, jedoch nicht näher durchgeführt worden, um der Exposition denjenigen einheitlichen Charakter bewahren zu können, welcher bei einer öffentlichen Vorlesung geboten war.

Leipzig, 2. December 1869.

C. Neumann.

Hochgeehrte Versammlung!

Trotz vielfältiger Bemühungen sind uns zwei Gegenden unserer Erdoberfläche immer noch unbekannt, die Gegend des Nordpols und die des Südpols. Einige Nordpolfahrer haben berichtet, dass sie zu ihrer Verwunderung hoch oben im Norden ein offenes Meer erblickt hätten, frei vom Eise. Sie haben (wenn ich nicht irre) die Vermuthung ausgesprochen, dass dieses offene Meer den Nordpol rings umgebe, dass es sich nur darum handele, bis zu diesem Meere vorzudringen. Habe man dasselbe erst erreicht, so werde dann die weitere Fahrt bis zum Pole ebenso leicht von Statten gehen, wie etwa eine Fahrt im Mittelländischen Meer.

Nehmen wir an, ein Nordpolfahrer erzähle uns von jenem räthselhaften Meer. Es wäre ihm geglückt in dasselbe einzudringen, und es habe sich ihm dort ein merkwürdiges Schauspiel dargeboten. Mitten im Meer habe er zwei schwimmende Eisberge erblickt, ziemlich weit von einander entfernt, einen grösseren und einen kleineren. Aus dem Innern des grossen Berges sei eine Stimme ertönt, welche in befehlendem Ton gerufen habe: „Zehn Fuss näher!" und sofort habe der kleine Eisberg dem Befehl Folge geleistet, und sei zehn Fuss näher an den grossen herangerückt. Und wiederum habe der grössere commandirt: „Sechs Fuss näher!" Sofort habe der andere den Befehl wieder ausgeführt. Und so wäre Befehl auf Befehl erschallt, und der kleine Eisberg in fortwährender Bewegung gewesen, eifrig bemüht, jeden Befehl augenblicklich und auf das Genaueste auszuführen.

Sicherlich würden wir einen solchen Bericht in das Reich der Fabeln verweisen. Doch spotten wir nicht zu früh! Die Vorstellungen, die uns hier sonderbar erscheinen; es sind dieselben, welche dem vollendetsten Theil der Naturwissenschaft zu Grunde liegen, es sind dieselben, denen der Berühmteste unter den Naturforschern den Ruhm seines Namens verdankt.

Denn im Weltraum erschallen fortwährend solche Befehle, ausgehend von den einzelnen Himmelskörpern, von Sonne, Planeten, Monden und Kometen. Jeder einzelne Weltkörper lauscht auf die Befehle, welche die übrigen Körper ihm zurufen, fortwährend bemüht, diese Befehle aufs Pünktlichste auszuführen. In geradliniger Bahn würde unsere Erde durch den Weltraum dahinstürzen, wenn sie nicht gelenkt und geleitet würde durch den von Augenblick zu Augenblick von der Sonne her ertönenden Commandoruf, dem die Befehle der übrigen Weltkörper, weniger vernehmlich, sich beimischen.

Allerdings werden diese Befehle ebenso *schweigend* gegeben, wie sie *schweigend* vollzogen werden. Auch hat Newton dieses wechselseitige Spiel von Befehl und Folgeleistung mit einen andern Namen bezeichnet. Er spricht kurzweg von der gegenseitigen Einwirkung, von der gegenseitigen Anziehungskraft, welche zwischen den Weltkörpern stattfindet. Die Sache aber ist dieselbe. Denn diese gegenseitige Einwirkung besteht darin, dass der eine Körper Befehle ertheilt, und der andere dieselben befolgt.

War es denn aber nöthig, so höchst sonderbare Vorstellungen sich zu bilden zur Erklärung der Astronomischen Erscheinungen? Nöthig vielleicht nicht! Aber viele Jahrhunderte haben *vor* Newton, und zwei Jahrhunderte *nach* ihm an der Aufgabe gearbeitet. Mancherlei ist erdacht worden, um die Bewegung der Himmelskörper zu erklären, bald ein unsichtbares System von Stangen und Balken, bald ein beständiger Wirbel von unsichtbarer Materie, bald ein Chaos sich bunt durchkreuzender Ströme. Und Alles ist unbrauchbar gewesen. Newtons Gedanken *allein* haben sich bewährt. — Sie haben sich *glänzend* bewährt, hingeleitet zur Entdeckung neuer, zum Theil unsichtbarer Himmelskörper.

Im Jahre 1840 richteten die Astronomen ihre Aufmerksamkeit auf die Bewegung des Uranus, und bemerkten, dass dieser Planet nicht allein von der Sonne und den übrigen Planeten seine Befehle erhalte, sondern ausserdem noch *andere* Befehle von völlig räthselhaftem Ursprung. Sie achteten genau auf die Richtung, aus welcher diese räthselhaften Befehle ertönten, in der Vermuthung, dass in dieser Richtung ein noch unbekannt gebliebener Himmelskörper sich befinden möchte. Manche Mühe und Arbeit, ein Zeitraum von 6 Jahren war erforderlich, um jene Richtung mit voller Genauigkeit zu bestimmen. Als aber im sechsten Jahr die Richtung ermittelt war, und das Fernrohr *in* diese Richtung versetzt wurde, erblickte man den lange geahnten (mit blossem Auge nicht sichtbaren) neuen Himmelskörper, den Planeten Neptun.

Aehnliches und noch Merkwürdigeres ist über einen der Fixsterne, über den glänzenden Sirius zu berichten. Eine eigenthümliche, etwa kreisförmige Bewegung dieses Sternes erweckte schon vor 33 Jahren den Verdacht, dass er den Befehlen eines in der Nähe befindlichen Weltkörpers gehorche. Aber, obwohl man die Richtung, aus welcher diese Befehle zu kommen schienen, genau ermittelt hatte, war es dennoch (selbst bei Anwendung der vorzüglichsten Fernröhre) nicht möglich, in dieser Richtung einen Weltkörper wahrzunehmen.

Doch die Ueberzeugung, dass in dieser Richtung ein Weltkörper sich befinde, konnte durch seine Unsichtbarkeit nicht erschüttert werden. Man hielt fest an jener Ueberzeugung, und nannte jenen Weltkörper kurzweg den unsichtbaren Begleiter des Sirius. Wahrscheinlich in Folge der allmähligen Vervollkommnung unserer optischen Instrumente, ist dieser unsichtbare Begleiter vor einigen Jahren (1862) sichtbar geworden, jeder weitere Zweifel über seine Existenz beseitigt. Seine Entdeckung aber geschah (wie gesagt) zu einer Zeit, wo er noch *nicht* sichtbar war, geschah durch aufmerksame Untersuchung der eigenthümlichen Bewegung, welche der unter seiner Botmässigkeit stehende Sirius darbietet.

Newton's Gedanke von einer gegenseitigen Einwirkung, einer gegenseitigen Anziehungskraft der Himmelskörper hat sich mit der Zeit so eingebürgert, dass *wir* kaum noch etwas Befremdliches darin erblicken. Und doch besteht dieser Gedanke im Wesentlichen darin, dass die Himmelskörper einander von Augenblick zu Augenblick ihre Befehle zurufen, und dass jeder einzelne Körper die ihm gewordenen Befehle augenblicklich und in pünktlichster Weise ausführt. — Wie tief dieser Gedanke aber einschnitt in die Vorstellungen von *Newton's Zeitgenossen*, das erkennen wir, wenn wir einen Blick werfen auf die Briefe von Huygens, eines Mannes, der auf der Höhe seiner Zeit stand, selber grossartige Entdeckungen gemacht hat, und die Gedanken und Entdeckungen Anderer wohl zu würdigen im Stande war. „Der Newton'sche Gedanke einer gegenseitigen Anziehung — heisst es in seinen Briefen an Leibniz — scheint mir *absurd*. Ich wundere mich nur, dass ein Mann wie Newton so viele mühsamen Untersuchungen und Rechnungen anstellen konnte, welche kein besseres Fundament haben als einen *solchen* Gedanken."[1]

Die Newton'schen Hypothesen standen völlig heterogen, standen fast diametral gegenüber denjenigen Vorstellungen, an welche man sich damals gewöhnt hatte. Deswegen wurden sie von Huygens mit Misstrauen betrachtet, für *unwahrscheinlich* und *absurd* erklärt. — Darf man denn aber eine physikalische Hypothese unmittelbar nach ihrem *Inhalt* beurtheilen, darf man sie, je nach ihrem *Inhalt*, für wahrscheinlich oder unwahrscheinlich erklären! Hatte man nicht, und zwar schon lange Zeit vor Newton und Huygens, mit vollem Recht gesagt: Non necesse est, hypotheses esse veras vel verosimiles; sufficit hoc unum, si calculum observationibus congruentem exhibeant²).

Um die Bedeutung eines solchen Ausspruchs zu würdigen, um sein volles Gewicht zu erkennen, mögen mir einige allgemeine Bemerkungen gestattet sein über das Wesen und die Aufgabe der physikalischen Wissenschaft.

Man wird gewöhnlich sagen, der Physiker habe die Aufgabe, die Naturerscheinungen zu *erklären*. Doch bedarf dieser Ausspruch — so einfach und selbstverständlich derselbe auf den ersten Blick auch erscheinen mag — doch wohl noch einer näheren Erörterung.

Nehmen wir z. B. eine möglichst einfache Naturerscheinung, betrachten wir die Bewegung eines Steines, welcher in beliebiger Richtung in die Höhe geschleudert ist, und nun eine Zeit lang emporsteigt, dann zu sinken beginnt, tiefer und tiefer sinkt, bis er schliesslich die Erde wieder erreicht. Wie erklärt man die bei dieser Erscheinung beobachteten Umstände? Wie erklärt man z. B., dass die von einem solchen Stein beschriebene Curve eine Parabel ist?

Wenn wir die Erklärung, welche der Physiker hierfür giebt, mit einiger Genauigkeit analysiren, so finden wir, dass dieselbe auf zwei Vorstellungen beruht, nämlich erstens auf der Vorstellung von der *Trägheit* aller Körper, und zweitens auf der Vorstellung von der *Anziehung* der Erde.

Wäre die *Anziehungskraft* der Erde nicht vorhanden, würde der emporgeschleuderte Stein also nur von seiner Trägheit beherrscht, so würde er die Richtung, in welcher er zu Anfang emporgeschleudert wurde, ins Unendliche hin behalten; er würde also dann eine geradlinige Bahn verfolgen, und in dieser Bahn mit constanter Geschwindigkeit fortgehen.

Wäre andererseits die *Trägheit* der Materie nicht vorhanden, würde der Stein also nur von der Anziehungskraft der Erde beherrscht, so würde der Stoss, durch welchen er zu Anfang emporgeschleudert wurde, auf seine Bewegung ohne allen Einfluss bleiben. Nach dem Aufhören jenes Stosses würde auch sofort jede Wirkung desselben erloschen sein. Der Stein würde sich daher, sobald der Stoss aufgehört hat, einen Augenblick in vollständiger Ruhe befinden, und sodann, weil die Anziehung der Erde auf ihn einwirkt, auf kürzestem Wege zur Erde hinbewegen.

Nun sind aber — wird der Physiker fortfahren — beide Ursachen vorhanden. Die *Trägheit* ist vorhanden, und gleichzeitig auch die *Anziehung* der Erde. In Folge des Zusammenwirkens *beider* Ursachen entsteht diejenige Bewegung, bei welcher der Stein eine parabolisch gekrümmte Bahn durchläuft.

Wie erklären sich nun aber — werden wir weiter fragen — jene beiden hier ins Spiel kommenden Ursachen? Woher kommt es, dass die Körper *träge* sind? Und woher kommt es, dass die Körper von der Erde *angezogen* werden? — Auf diese Fragen giebt die physikalische Wissenschaft *keine* Antwort. Die Trägheit der Körper und die anziehende Wirkung der Erde sind bei ihr Grundvorstellungen, — sind bei ihr Dinge, die nicht weiter erklärbar, die völlig unbegreiflich sind.

Also die Sache, welche ursprünglich zur Erklärung vorgelegt war, die Bewegung des emporgeschleuderten Steines wird zurückgeführt auf die Existenz zweier anderer Dinge, auf die Trägheit und auf die Erd-Anziehung; und diese beiden andern Dinge bleiben *unerklärt!* Scheint es doch, als wenn dadurch wenig Vortheil erwüchse! Welchen Nutzen hat es denn, wenn wir nun an Stelle der zu erklärenden Sache selber zwei andere Sachen haben, die ebenfalls der Erklärung bedürftig sind!

Wir haben hier einen Umstand übersehen. Wir können den Stein mit *beliebiger* Geschwindigkeit und in *beliebiger* Richtung emporwerfen. Geben wir ihm eine etwas *andere*

Geschwindigkeit oder eine etwas *andere* Richtung, so erhalten wir auch jedesmal eine etwas *andere* Art seiner Bewegung; eine etwas *andere* Curve für die von ihm durchlaufene Bahn.

Wir haben es hier also nicht mit *einer einzigen* Erscheinung, sondern mit *unendlich vielen* Erscheinungen zu thun. All' diese *unendlich vielen* Erscheinungen lassen sich zurückführen auf die beiden vorhin angegebenen Grundvorstellungen. Und es wird also durch jene Zurückführung die Anzahl der *unerklärbaren* Dinge vermindert, sehr erheblich vermindert. Denn an Stelle jener *unendlich vielen* Erscheinungen, um deren Erklärung es sich handelt, haben wir jetzt nur *zwei* unerklärbare Dinge, die Trägheit der Materie, und die Anziehungskraft der Erde[3]).

Ganz ähnliches ist zu sagen in Bezug auf das *Newton'sche Gesetz*, überhaupt in Bezug auf die *Newton'sche Theorie*. Newton hat, wenn wir uns strenge ausdrücken wollen, die Bewegungen der Himmelskörper *keineswegs* erklärt. Newton hat aber durch seine Theorie die unendliche Mannigfaltigkeit, welche in diesen Bewegungen sich darbietet, zurückgeführt auf nur *zwei* unerklärt bleibende Dinge, nämlich zurückgeführt auf die *Trägheit* der Himmelskörper und auf eine zwischen ihnen stattfindende *Anziehung*.

Ebenso wie die Geometrische Wissenschaft, die Theorie der Dreiecke, der Kreise, der Kegelschnitte in streng mathematischer Weise emporgewachsen ist aus wenigen Grundsätzen, aus wenigen Axiomen, die ihrerseits nicht weiter erklärbar, nicht weiter demonstrabel sind; ebenso oder wenigstens ähnlich verhält es sich auch mit jener Theorie, welche Newton für die Bewegung der Himmelskörper aufgestellt hat. Sie kann Schritt vor Schritt in streng mathematischer Weise deducirt werden aus jenen beiden Grundvorstellungen der *Trägheit* und *Anziehung*, d. i. aus zwei Principien, die ihrerseits nicht weiter erklärlich sind.

Ist es nicht aber als ein Fehler, als ein Mangel dieser

Theorie zu bezeichnen, dass ihre Grundvorstellungen so völlig unbegreiflicher Natur sind! Immerhin mag man diesen Umstand als einen Mangel ansehen. Nur dürfte es ausserhalb der menschlichen Fähigkeiten liegen, denselben zu beseitigen. Denn wollten wir eine physikalische Theorie nicht von irgend welchen unbegreiflichen und hypothetischen Grundvorstellungen, sondern von Sätzen ausgehen lassen, die den Stempel *unumstösslicher Sicherheit* an sich tragen, die durch sich selber die Bürgschaft *unangreifbarer Wahrheit* bieten, so würden wir gezwungen sein, zu den Sätzen der Logik oder Mathematik unsere Zuflucht zu nehmen. Aus derartigen rein formalen Sätzen eine physikalische Theorie deduciren zu wollen, würde aber ein Ding der Unmöglichkeit sein. — Ebenso wenig etwa wie ein Techniker aus all seinen Kenntnissen und Fähigkeiten heraus eine Eisenbahn erbauen kann, wenn ihm das dazu erforderliche Material fehlt, ebenso wenig wird man, aus einem rein formalen Satz, wie etwa $2 \cdot 2 = 4$, eine physikalische Theorie zu deduciren, jemals im Stande sein. Ex nihilo nil fit.

Bis zu welcher Höhe und Vollendung unsere physikalischen Theorien im Laufe der Jahrhunderte und Jahrtausende auch emporsteigen mögen, immer werden diese Theorien von Principien, von Hypothesen ausgehen müssen, die (an und für sich betrachtet) als *unbegreiflich*, als *willkührlich* zu bezeichnen sind.

Somit werden wir jenen Worten: Non necesse est, hypotheses esse veras vel verosimiles; sufficit hoc unum si calculum observationibus congruentem exhibeant — unsere Beistimmung nicht weiter versagen können. Ja noch mehr! Wir werden einräumen müssen, dass bei jenen Principien oder Hypothesen, eben *weil* sie unbegreiflich, *weil* sie willkührlich sind, von einer Richtigkeit oder Unrichtigkeit, von einer Wahrscheinlichkeit oder Unwahrscheinlichkeit gar nicht die Rede sein kann.

Allerdings, — wir werden das Wort *wahrscheinlich*, und

ebenso das Wort *wahr* zuweilen anwenden können als ein Epitheton ornans, — wir werden z. B. sagen: Thomas Young und Fresnel hätten bei ihren Untersuchungen über die Erscheinungen des Lichtes die *wahren* Principien zu ihrem Ausgangspunkt gewählt. Damit aber werden wir doch immer nur behaupten wollen, dass jene Principien bis zum heutigen Tag sich am Besten bewährt haben; nicht aber, dass sie für alle Ewigkeit feststehen; und noch viel weniger, dass sie (gleich einem Satz der Logik oder Mathematik) durch sich selber die Bürgschaft unangreifbarer Festigkeit, die Bürgschaft unumstösslicher Wahrheit darbieten.

Im *strengen* Sinne genommen, werden die Principien, die Ausgangspunkte einer physikalischen Theorie *niemals* als wahr oder wahrscheinlich bezeichnet werden dürfen; — sondern sie werden (mit Bezug auf unser Denkvermögen, mit Bezug auf unsern menschlichen Verstand) immer als etwas *Willkührliches* und *Unbegreifliches* zu bezeichnen sein. Spricht sich in solchem Sinne doch auch Leibniz aus: Er leugne nicht, dass die Naturerscheinungen aus einmal festgestellten Principien mathematisch und mechanisch erklärt werden müssten, aber *diese Principien selber* seien *nicht* weiter abzuleiten aus den Gesetzen mathematischer Nothwendigkeit[4]). — Und wenn wir vorhin sagten, der Physiker habe die Aufgabe, die Erscheinungen, welche sich in der Natur darbieten, zu *erklären*, so werden wir uns gegenwärtig in dieser Beziehung genauer ausdrücken müssen, indem wir sagen, er habe die Aufgabe, jene Erscheinungen zurückzuführen auf möglichst wenige *willkührlich* zu wählende Principien, mit andern Worten, sie zurückzuführen auf möglichst wenige *unbegreiflich* bleibende Dinge. Je grösser die Anzahl von Erscheinungen ist, welche von einer physikalischen Theorie umfasst werden, und je kleiner gleichzeitig die Anzahl der unerklärbaren Dinge ist, auf welche die Erscheinungen zurückgeführt sind, um so vollkommener wird die Theorie zu nennen sein.

Die Principien der Galilei-Newton'schen Theorien bestehen in zwei Gesetzen, in dem schon von Galilei ausgesprochenen Trägheitsgesetz, und in dem später von Newton hinzugefügten Anziehungsgesetz. — Und wenn wir nun auch auf eine *Erklärung* dieser Grundvorstellungen Verzicht leisten müssen, — um so unerbittlicher werden wir verlangen, dass uns wenigstens eine deutliche Darlegung ihres Inhalts zu Theil werde; — aber auch *hiebei* werden mancherlei Schwierigkeiten uns entgegentreten; sie werden uns zwingen, jene Gesetze zu zerlegen in eine grössere Anzahl *einheitlicher* Grundvorstellungen, sie aufzulösen in eine grössere Anzahl *fundamentaler* Principien.

Ein in Bewegung gesetzter materieller Punkt läuft, falls keine fremde Ursache auf ihn einwirkt, falls er vollständig sich selber überlassen ist, in *gerader Linie* fort, und legt in gleichen Zeiten *gleiche Wegabschnitte* zurück. — So lautet das von Galilei ausgesprochene Trägheitsgesetz.

In dieser Fassung kann der Satz als *Grundstein* eines wissenschaftlichen Gebäudes, als *Ausgangspunkt* mathematischer Deductionen unmöglich stehen bleiben. Denn er ist vollständig *unverständlich*. Wir wissen ja nicht, was unter einer Bewegung *in gerader Linie* zu verstehen ist; oder wir wissen vielmehr, dass diese Worte in sehr verschiedenartiger Weise interpretirt werden können, unendlich vieler Bedeutungen fähig sind.

Denn eine Bewegung z. B., welche von unserer Erde aus betrachtet, *geradlinig* ist, wird von der Sonne aus betrachtet *krummlinig* erscheinen, — und wird, wenn wir unsern Standpunkt auf den Jupiter, auf den Saturn, auf andere Himmelskörper verlegen, jedesmal durch eine *andere* krumme Linie repräsentirt sein [5]). Kurz! Jede Bewegung, welche mit Bezug auf *einen* Himmelskörper *geradlinig* ist, wird mit Bezug auf jeden *andern* Himmelskörper *krummlinig* erscheinen.

Jene Worte des Galilei, dass ein sich selber überlassener materieller Punkt in *gerader Linie* dahingeht, treten uns also entgegen als ein Satz ohne Inhalt, als ein in der Luft schwebender Satz, der (um verständlich zu sein) noch eines bestimmten Hintergrunds bedarf. Irgend ein specieller Körper im Weltall muss uns gegeben sein, als Basis unserer Beurtheilung, als derjenige Gegenstand, mit Bezug auf welchen alle Bewegungen zu taxiren sind, — nur dann erst werden wir mit jenen Worten einen bestimmten Inhalt zu verbinden im Stande sein. Welcher Körper ist es nun, dem wir diese bevorzugte Stellung einräumen sollen? Oder sind vielleicht *verschiedene* Körper anzuführen? Sind vielleicht die Bewegungen in der Nähe unserer Erde auf die Erdkugel, die Bewegungen in der Nähe der Sonne auf den Sonnenball zu beziehen?

Leider erhalten wir auf diese Fragen weder bei Galilei noch bei Newton eine bestimmte Antwort. Wenn wir aber das von ihnen begründete und bis auf die heutige Zeit mehr und mehr erweiterte theoretische Gebäude aufmerksam durchmustern, so können uns seine Fundamente nicht länger verborgen bleiben. Wir erkennen alsdann leicht, dass sämmtliche im Universum vorhandene oder überhaupt denkbare Bewegungen zu beziehen sind auf *ein und denselben* Körper. *Wo* dieser Körper sich befindet, welche Gründe vorhanden sind, einem einzigen Körper eine so hervorragende, gleichsam souveräne Stellung einzuräumen, — hierauf allerdings erhalten wir *keine* Antwort.

Als *erstes Princip* der Galilei-Newton'schen Theorie würde daher der Satz hinzustellen sein, dass an irgend einer unbekannten Stelle des Weltraumes ein unbekannter Körper vorhanden ist, und zwar ein *absolut starrer* Körper, ein Körper, dessen Figur und Dimensionen für alle Zeiten unveränderlich sind.

Es mag mir gestattet sein, diesen Körper kurzweg zu bezeichnen als den Körper *Alpha*. Hinzuzufügen würde sodann sein, dass unter der *Bewegung* eines Punktes nicht etwa seine Ortsveränderung in Bezug auf Erde oder Sonne, sondern seine Ortsveränderung in Bezug auf jenen Körper Alpha zu verstehen ist.[6])

Von hier aus betrachtet, gewinnt nun das Galilei'sche Gesetz seinen deutlich erkennbaren Inhalt. Es präsentirt sich uns als ein

zweites Princip, darin bestehend, dass ein sich selbst überlassener materieller Punkt in gerader Linie fortschreitet, also in einer Bahn dahingeht, die geradlinig ist in Bezug auf jenen Körper Alpha.

Doch wir haben bisher erst einen *Theil* des Galileischen Gesetzes in Betracht gezogen. Jenes Gesetz sagt noch mehr, es behauptet, dass ein sich selbst überlassener Punkt nicht nur in gerader Linie, sondern auch mit *constanter Geschwindigkeit* fortschreite, dass er also in gleichen Zeitintervallen gleich grosse Wegabschnitte zurücklege. Sollen diese Worte verständlich sein, so müssen wir zunächst wissen, was unter *gleich grossen Zeitintervallen* zu verstehen ist, also wissen, in welcher Weise eine gegebene Zeitlänge zu beurtheilen, zu taxiren, zu messen ist.

Wir sind gewohnt, die Umdrehungszeit unserer Erdkugel als unsere Zeiteinheit zu betrachten; wir wissen die Zeit kaum anders zu messen, als indem wir denjenigen Zeitraum, welcher zwischen zwei aufeinander folgenden Culminationen eines Sternes verstreicht, zur Einheit wählen. Diese Zeiteinheit, den sogenannten Sterntag, zerlegen wir dann in 24 Stunden, die Stunde in 60 Minuten, die Minute in 60 Secunden. In solcher Weise reguliren wir die astronomischen Uhren; und von diesen abhängig sind unsere gewöhnlichen Uhren.

Durch die aufeinanderfolgenden Umdrehungen der Erdkugel entsteht also in der fortschreitenden Zeit eine Scala, deren grössere Abschnitte als Sterntage, und deren kleinere Abschnitte als Stunden, Minuten, Secunden bezeichnet werden. Haben wir nun wirklich *diese Scala* als eine *völlig correcte* zu betrachten, haben wir wirklich zwei entsprechende Abschnitte derselben als *genau* einander gleich, zwei Sterntage z. B. als *genau* gleich lange Zeitintervalle anzusehen? Sollten wir wirklich diese von unserer winzigen Erdkugel dictirte Zeitscala als gültig anzusehen haben bei unseren Betrachtungen über das Universum! Haben nicht alle andern Himmelskörper gleichen Anspruch auf eine solche Bevorzugung! Oder sollen wir etwa annehmen, dass sämmtliche Himmelskörper in ihren Rotationsbewegungen mit einander harmoniren, und übereinstimmende Scalen liefern, der Art, dass gleiche Abschnitte der einen Scala stets mit gleichen Abschnitten einer jeder anderen correspondiren!

An und für sich schon dürfte es keinem Zweifel unterliegen, in welcher Weise diese Fragen zu beantworten sind. Und die letzte Spur einer Unschlüssigkeit muss verschwinden, wenn wir uns daran erinnern, dass einige Astronomen unserer Zeit zu dem Resultat gelangt sind, dass die Rotationsbewegung der Erdkugel allmählig langsamer und langsamer werde, dass also die sogenannten Sterntage *nicht* durchweg von gleicher Länge sind, sondern allmählig grösser und grösser werden. Sie haben gefunden, dass in jedem Jahrtausend der *letzte* Sterntag etwa um ein tausendtel Secunde grösser ist, als der *erste*.

Allerdings soll es zweifelhaft sein, ob die Rechnungen, durch welche jene Astronomen zu diesem Resultat gelangt sind, die hinreichende Sicherheit besitzen, andrerseits auch, ob die den Rechnungen zu Grunde gelegten empirischen Data die für so difficile Dinge erforderliche Zuverlässigkeit darbieten. Bedenken wir aber, das die Bewegung von Ebbe und Fluth, dass ferner jedes Sinken und Steigen der Temperatur auf die Rotationsbewegung der Erdkugel von Einfluss sein muss, so können wir keinen Augenblick daran zweifeln, dass die theoretische Astronomie zu solchen Resultaten dereinst mit voller Sicherheit gelangen wird, dass sie dereinst mit voller Bestimmtheit anzugeben im Stande sein wird, um *wie viel* die Umdrehungszeit der Erde innerhalb eines Jahrtausends ab- oder zunimmt.

Absurd also würde es sein, wenn wir sagen wollten:

Zwei gegebene Zeitintervalle sind gleich lang, sobald beide gleich viel Sterntage, oder gleich viel Sternsecunden umfassen; und wir kommen auf diese Weise, mit Bezug auf jenen Satz des Galilei, in eine eigenthümliche Verlegenheit.

Ein sich selbst überlassener materieller Punkt durchläuft in gleichen Zeitintervallen gleich grosse Wegabschnitte. So lauten die Worte jenes Gesetzes. Und es scheint unmöglich, mit diesen Worten einen bestimmten Inhalt zu verbinden, so lange wir nicht wissen, was unter gleichen Zeitlängen zu verstehen ist.

Aber nur scheinbar! Denn wenn wir jenen Stein des Anstosses bei Seite werfen, jenen irrationalen Begriff der gleich grossen Zeitintervalle abscheiden, so bleibt von dem Satze immerhin noch ein bestimmtes Residuum übrig, welches so lautet:

Zwei materielle Punkte, von denen jeder sich selbst überlassen ist, bewegen sich in solcher Weise fort, dass gleiche Wegabschnitte des einen immer mit gleichen Wegabschnitten des andern correspondiren.

In dieser Form und Beschränkung repräsentirt der Satz ein *drittes Princip* der Galilei-Newton'schen Theorie, ein Princip, dessen Inhalt eben so deutlich zu Tage liegt, wie derjenige der beiden erstgenannten.

Aehnlich wie früher dem Princip des Körpers Alpha eine gewisse Begriffsbestimmung, die Definition der *Bewegung* sich anlehnte; in ähnlicher Weise tritt uns nun auch gegenwärtig eine wichtige Definition entgegen, in unmittelbarer Verbindung mit dem letztgenannten Princip. In Uebereinstimmung mit dem Geiste Galilei's und Newton's, in Uebereinstimmung mit der ganzen Entwicklung der von ihnen begründeten Theorie, können wir nämlich jetzt (nachdem das dritte Princip in der angegebenen Weise festgestellt ist) *gleiche Zeitintervalle* als diejenigen definiren, innerhalb welcher ein sich selbst überlassener Punkt gleiche Wegabschnitte zurücklegt.

— Von hier aus betrachtet erhalten wir Aufschluss über den

eigentlichen Inhalt der von den Astronomen ausgesprochenen Behauptung, dass in jedem Jahrtausend der letzte Tag etwas länger sei als der erste; wir sehen: ihr Inhalt besteht darin, dass ein sich selbst überlassener Punkt in jenem letzten Tage einen etwas grösseren Weg zurücklegen würde, als im ersten.

Nachdem wir in solcher Weise eine deutliche Vorstellung erhalten haben über das Galilei'sche Trägheitsgesetz, können wir nun unmittelbar übergehen zu dem Newton'schen Anziehungsgesetz.

Mit Bezug auf irgend ein System materieller Punkte würde dasselbe (der Hauptsache nach) dahin auszusprechen sein, dass jeder dieser Punkte in jedem Augenblick einen Befehl zur Beschleunigung, zur Steigerung seiner Geschwindigkeit erhält, dass dieser Befehl ausgeht von den übrigen Punkten, und dass sein Inhalt in bestimmter Weise abhängig ist von der augenblicklichen Gruppirung, von der augenblicklichen Configuration der Punkte.

Auch dieses Gesetz[7]) würde aufzulösen sein in eine gewisse Anzahl fundamentaler Principien. — Wollten wir indessen hierauf genauer eingehen, so würden wir ein weitgedehntes, übrigens plan daliegendes Gebiet zu durchwandern haben. Begegnen würden uns dabei die sogenannten Impulse und Kräfte, die Eigenschaften dieser Kräfte, die Regeln über ihre Zusammensetzung und Zerlegung — lauter Dinge, die (an und für sich betrachtet) nichts *Wesentliches* enthalten, sondern nur als Worte, als Abkürzungen anzusehen sind, dazu bestimmt, um die Durchwanderung jenes Gebietes (durch Einführung geeigneter Zwischenstationen) ein wenig bequemer zu machen. In dem ganzen plan daliegenden Gebiet würde nur noch ein einziger Höhenpunkt, eine einzige begriffliche Schwierigkeit zu überwinden sein, nämlich der Begriff der sogenannten *Masse*. Aber es würde zu weit führen, wenn wir auf diese Dinge uns weiter einlassen wollten.

Wichtiger erscheint es, noch einige Bemerkungen hinzuzufügen über die schon genannten Principien, namentlich in Bezug auf das in *erste Linie* gestellte Princip, dass irgendwo im Weltraum ein absolut starrer Körper Alpha existire, und dass unter der *Bewegung* eines Gegenstandes immer nur seine Ortsveränderung in Bezug auf jenen Körper Alpha zu verstehen sei. Sollte ein solches Princip — sonderbar und befremdlich wie es klingt — denn wirklich durchaus nothwendig sein! Als absolut unentbehrlich dürfte dasselbe für eine *Theorie der Bewegung im Allgemeinen* — nicht zu bezeichnen sein, insofern als auch ohne dasselbe eine solche Theorie als *denkbar* erscheint. Wir müssten dann aber jede Bewegung definiren als eine *relative* Ortsveränderung zweier Punkte gegen einander, und würden alsdann zu einer Theorie gelangen, welche von der Galilei-Newton'schen wesentlich verschieden ist, und deren Uebereinstimmung mit den beobachteten Erscheinungen sehr zweifelhaft sein dürfte. — Wollen wir festhalten an jener *speciellen von Galilei und Newton begründeten Theorie*, so erscheint die Einführung des Körpers Alpha als eine Sache der *Nothwendigkeit*. Wie wollte man sonst das Galilei'sche Trägheitsgesetz definiren! Und wie wollte man *ohne* dieses Gesetz die Theorie zu entwickeln im Stande sein!

Allerdings! Man pflegt den Körper Alpha in der Regel zu ignoriren; man spricht von dem *absoluten* Raum, von der *absoluten* Bewegung. Das dürften nur andere Worte für dieselbe Sache sein. Denn der Charakter, das eigentlich Wesentliche der sogenannten absoluten Bewegung besteht (wie Niemand bestreiten dürfte) darin, dass alle Ortsveränderungen bezogen werden auf *ein und dasselbe* Object, und zwar auf ein Object, welches räumlich ausgedehnt, und unveränderlich, übrigens nicht näher angebbar ist. Nun dieses Object ist es, welches von mir bezeichnet wurde als ein unbekannter *starrer Körper*, bezeichnet wurde als der Körper Alpha.

Aber es erhebt sich die weitere Frage, ob jener Körper

denn eine wirkliche, concrete Existenz besitze gleich der Erde, der Sonne und den übrigen Himmelskörpern. Wir könnten, wie mir scheint, hierauf antworten, dass seine Existenz mit demselben Recht, mit derselben Sicherheit behauptet werden kann wie etwa die Existenz des Licht-Aethers oder die des elektrischen Fluidums.

Treten bei einer rein mathematischen Untersuchung gleichzeitig verschiedene Variable auf, und soll der Zusammenhang zwischen diesen Variablen in übersichtlicher Weise zur Anschauung gebracht werden, so ist es häufig zweckmässig oder selbst nothwendig, eine intermediäre Variable einzuführen, und sodann den Zusammenhang anzugeben, in welchem jede der gegebenen Variablen zu dieser intermediären Grösse steht. — Aehnliches zeigt sich uns in den physikalischen Theorien. Um den Zusammenhang zwischen verschiedenen Phänomenen, die gleichzeitig sich darbieten, zu übersehen, dient häufig die Einführung eines nur gedachten Vorganges, eines nur gedachten Stoffes, welcher gewissermassen ein intermediäres Princip, einen Centralpunkt repräsentirt, um von ihm aus in verschiedenen Richtungen zu den einzelnen Phänomenen zu gelangen. In solcher Weise werden die einzelnen Phänomene mit einander verbunden, indem jedes derselben in Verbindung gesetzt wird mit jenem Centralpunkt. Eine derartige Rolle spielt der Lichtäther in der Theorie der optischen Erscheinungen, und das elektrische Fluidum in der Theorie der elektrischen Erscheinungen; und eine ähnliche Rolle spielt auch jener Körper Alpha in der allgemeinen Theorie der Bewegung.

Ebenso ferner, wie die in einer gegebenen Substanz enthaltenen elektrischen Fluida ihrer Quantität nach *unbestimmt* sind, nämlich (unbeschadet der Theorie) um gleich viel vermehrt oder vermindert werden können; ebenso haftet auch jenem Körper Alpha eine gewisse *Unbestimmtheit* an. Denn ohne Beeinträchtigung der Galilei-Newton'schen Theorie kann derselbe ersetzt werden durch irgend einen *andern* Körper

Alpha, falls nur diesem letztern eine progressive Bewegung zuerkannt wird, die mit Bezug auf den erstern *geradlinig* und *von constanter Geschwindigkeit* ist. Diese Bedingungen allerdings sind nothwendig. Denn die Substitution eines Körpers Alpha, der in Bezug auf den ersten Körper Alpha eine Bewegung *anderer* Art, z. B. eine *rotirende* Bewegung besitzt, würde *völlig unzulässig* sein.[8])

Ebenso endlich, wie die gegenwärtige Theorie der elektrischen Erscheinungen vielleicht dereinst durch eine *andere* Theorie ersetzt, und die Vorstellung des elektrischen Fluidums beseitigt werden könnte; ebenso ist es wohl auch kein Ding der absoluten Unmöglichkeit, dass die Galilei-Newton'sche Theorie dereinst durch eine andere Theorie, durch ein anderes Bild verdrängt, und jener Körper Alpha überflüssig gemacht werde.

Wesentlich Neues dürfte in meinen Expositionen nicht enthalten sein. Vielmehr habe ich mich nur bemüht, die der Galilei-Newton'schen Theorie zu Grunde liegenden Principien, welche mehr durch ihre *Anwendung,* als in *Worten* allgemein anerkannt, allgemein acceptirt sind, zum deutlichen Ausdruck zu bringen. Gleichzeitig hoffe ich, dass meine Expositionen dazu beitragen dürften, um das *Wesen der mathematisch-physikalischen Theorien überhaupt* — in das gehörige Licht zu stellen, um zu zeigen, dass diese Theorien angesehen werden müssen als subjective, aus uns selber entsprungene Gestaltungen, welche (von willkührlich zu wählenden Principien aus, in streng mathematischer Weise entwickelt) ein möglichst treues Bild der Erscheinungen zu liefern bestimmt sind.

Ebenso etwa wie unsere Sehnerven auf alle Reize der Aussenwelt, welcher Art sie auch sein mögen, beständig mit

Lichtempfindungen antworten; in ähnlicher Weise antwortet unser Denkvermögen auf alle im Bereich der unorganischen Natur angestellten Beobachtungen und Wahrnehmungen mit Bildern, die aus Zahlen, Punkten und Bewegungen zusammengesetzt sind. Objective Wirklichkeit oder wenigstens allgemeine Nothwendigkeit würde — wie Helmholtz[9]) mit Recht bemerkt — den Grundlinien eines solchen Bildes, den Principien einer solchen Theorie immer erst dann beizumessen sein, wenn wir nachweisen könnten, dass *diese* Principien die *einzig möglichen* sind, dass neben *dieser* Theorie keine *zweite* denkbar ist, welche den Erscheinungen entspricht. Dass einer derartigen Anforderung zu genügen, ausserhalb der menschlichen Fähigkeiten liegt, bedarf wohl keiner Erläuterung.

So hoch und vollendet also eine Theorie auch dastehen mag, immer werden wir gezwungen sein, von ihren Principien uns aufs Genaueste Rechenschaft abzulegen. Immer werden wir im Auge behalten müssen, dass diese Principien etwas *Willkührliches*, und folglich etwas *Bewegliches*[10]) sind; damit wir wo möglich in jedem Augenblick übersehen können, welche Wirkung eine *Aenderung* dieser Principien auf die ganze Gestaltung der Theorie ausüben würde; und zur rechten Zeit eine solche Aenderung eintreten zu lassen im Stande sind; damit wir (mit einem Wort) die Theorie vor einer *Versteinerung*, vor einer *Erstarrung* zu bewahren im Stande sind, welche *nur verderblich*, für den Fortschritt der Wissenschaft *nur hinderlich* sein kann.

Bemerkungen und Zusätze.

1. (Seite 8). Ein von Huygens (oder Hugens) am 18. November 1690 an Leibniz gerichteter Brief (Leibniz mathematische Schriften, herausgegeben von Gerhardt. Berlin 1850. Erste Abtheilung. II. Band, Seite 57) enthält diejenige Stelle, auf welche mein Vortrag Bezug nimmt. Sie lautet: „Pour ce qui est de la Cause du Reflux que donne Mr. Newton je ne m'en contente nullement, ni de toutes ses autres Theories qu'il bastit sur son principe d'attraction, qui me paroit absurde, ainsi que je l'ay desia temoigné dans l'Addition au Discours de la Pesanteur. Et je me suis souvent etonnè, comment il s'est pu donner la peine de faire tant de recherches de calculs difficiles, qui n'ont pour fondement que ce mesme principe."

2. (Seite 9). Die Worte: „Non necesse est, hypotheses esse veras vel verosimiles; sufficit hoc unum, si calculum observationibus congruentem exhibeant," sind in der bekannten Schrift von Lewes über Aristoteles als *ein Ausspruch von Copernicus* citirt. (Vergl. die deutsche Ausgabe jener Schrift. Leipzig 1865. Seite 93.) Da es nun immerhin angenehm ist, sich auf eine Autorität stützen zu können, so war es eigentlich meine Absicht, mich geradezu auf Copernicus zu berufen. — Als ich aber kurz vor dem Tage des Vortrages das Werk von Copernicus durchblätterte, zeigte sich, dass jene Worte, wenn auch in der Vorrede des Werkes enthalten, doch nicht von Copernicus selber herrühren.

Denn in der Vorrede (Nicolai Copernici de revolutionibus orbium coelestium libri sex. Varsaviae. 1854. Pag. 1) heisst es allerdings: „Neque enim necesse est, eas hypotheses esse veras, imo ne verosimiles quidem, sed sufficit hoc unum, si calculum observationibus congruentem exhibeant."

Mit Bezug hierauf aber befindet sich unter den historischen Notizen über Copernicus (Pag. XXXII der citirten Ausgabe) folgende Bemerkung: „*Prima* operis Copernici editio in hunc modum facta est. Copernicus postquam librum scripsit, diu perpolitum tandem Tidemanno Gysio Episcopo Culmensi sibi amicissimo, qui multis jam annis eum ut ederet hortatus erat, sua voluntate typis excudendum tradidit. Gysius misit Rhetico professori Wittembergensi, qui Norimbergam ad librum in lucem edendum aptissimam judicaverat, et librum typis excudendum curaturos Joannem Schonerum et Andream Osiandrum elegit. Osiander autem, ut videtur, eo consilio usus, ut animi nova doctrina incitati mitigarentur, Copernici praefatione rejecta, ipse pauca, Copernici rationi et sententiae non consentanea, ad lectorem ita praefatus est, ut novam doctrinam tanquam conjecturam proponeret. Quod aegre ferens Gysius, in literis die 26 mensis Julii anni 1543 (i. e. duobus mensibus post Copernici mortem) ad Rheticum datis, malam fidem et editoris et typographi deplorat."

Somit ist es wohl als sicher zu betrachten, dass jene Worte „Neque enim necesse est, hypotheses etc." *nicht* von Copernicus herstammen. Dass indessen Copernicus sich *gegen* dieselben ausgesprochen hätte, dafür dürfte kein Beweis vorliegen. Bekanntlich empfing er ja den Druck seines Werkes erst auf seinem Sterbebett.

Obwohl ich nun in solcher Weise der Stütze einer so gewichtigen Autorität mich beraubt sah, so habe ich doch in meinem Vortrage an jenen Worten festgehalten. Und der Vortrag selber mag zeigen, in welchem Sinne und aus welchen Gründen ich für dieselben einzutreten willens bin.

3. (Seite 11). Diese kurze und einfache Betrachtung über die Bewegung eines fallenden Körpers ist von mir schon angestellt worden in einem früheren Vortrage von im Ganzen ähnlicher Tendenz. (C. Neumann: der gegenwärtige Standpunkt der mathematischen Physik. Tübingen. 1865).

4. (Seite 13). Man vergleiche Leibniz' mathematische Schriften, herausgegeben von Gerhardt. Halle 1860. Zweite Abtheilung. II. Bd. Seite 135.

5. (Seite 14). Die *kreisförmige* Bewegung, welche der Mond besitzt, so lange wir ihn von der Erde aus betrachten, verwandelt sich bekanntlich, sobald wir unsern Standpunkt auf die Sonne verlegen, in eine Bewegung von ganz anderem Charakter, in eine Bewegung, deren Bahn nicht mehr durch eine Kreislinie, sondern durch eine schlangenförmig fortlaufende Linie repräsentirt ist. Und ebenso wird offenbar auch eine mit Bezug auf unsere Erde *geradlinige* Bewegung in eine Bewegung ganz anderer Art, in irgend welche krummlinige Bewegung sich verwandeln, sobald wir wiederum unsern Standpunkt von der Erde nach der Sonne verlegen.

6. (Seite 16). Es bedarf wohl kaum der Bemerkung, dass unter dem starren Körper Alpha ein System starr verbundener *Punkte* zu verstehen ist, und dass die Anzahl dieser Punkte mindestens gleich *drei* sein muss. Ebenso gut könnte der Körper Alpha natürlich auch aufgefasst werden als ein System starr mit einander verbundener *gerader Linien*, deren Anzahl mindestens gleich *zwei* sein müsste.

Dass diese Punkte oder Linien *materiell* sind, ist durchaus unnöthig. So könnte z. B. das System Alpha constituirt sein durch die drei sogenannten Hauptträgheitsaxen irgend eines nicht starren (sondern in seiner Gestaltung sich mit der Zeit ändernden) materiellen Körpers. Ja man könnte (das Bedürfniss nach Einfachheit würde dazu hindrängen) die Behauptung wagen, dass das System Alpha repräsentirt sei durch die *Hauptträgheitsaxen des Weltalls* (nämlich durch die Hauptträgheitsaxen sämmtlicher im Universum enthaltenen Materie). Nur würde leider eine solche Behauptung so gut wie ohne Inhalt sein, insofern keine Möglichkeit vorhanden sein dürfte, sie durch empirische Data sei es zu befestigen, sei es zu erschüttern. (Vergl. den Schluss der Bemerkung 8.).

7. (Seite 19). Von dem Newton'schen Gesetz unterscheidet sich das von mir in der Theorie der Elektrodynamik proponirte Gesetz nur dadurch, dass hier der von dem einen Massenpunkt gegebene Befehl nicht *momentan* zum andern Massenpunkte hingelangt, sondern einer *gewissen Zeit* bedürfen soll, um den Weg vom einen Punkte zum andern zu durchlaufen. (Vergl. die Math. Annalen. Bd. I. Seite 317).

8. (Seite 22). Es mag hier eine Betrachtung ihre Stelle finden, welche sich leicht aufdrängt, und aus welcher deutlich hervorgeht, wie unerträglich die Widersprüche sind, welche sich einstellen, sobald man die Bewegung nicht als etwas Absolutes, sondern nur als etwas Relatives auffasst.

Nehmen wir an, dass unter den Sternen sich einer befinde, der aus *flüssiger* Materie besteht, und der — ebenso etwa wie unsere Erdkugel — in rotirender Bewegung begriffen ist um eine durch seinen Mittelpunkt gehende Axe. In Folge einer solchen Bewegung, infolge der durch sie entstehenden Centrifugalkräfte wird alsdann jener Stern die Form eines abgeplatteten Ellipsoids besitzen. *Welche Form wird* — fragen wir nun — *der Stern annehmen, falls plötzlich alle übrigen Himmelskörper vernichtet (in Nichts verwandelt) würden?*

Jene Centrifugalkräfte hängen nur ab von dem Zustande des Sternes selber; sie sind völlig unabhängig von den übrigen Himmelskörpern. Folglich werden — so lautet unsere Antwort — jene Centrifugalkräfte und die durch sie bedingte ellipsoidische Gestalt ungeändert *fortbestehen*, völlig gleichgültig ob die übrigen Himmelskörper fortexistiren oder plötzlich verschwinden.

Wir können aber, falls die Bewegung als etwas nur *Relatives*, nur als eine *relative* Ortsveränderung zweier Punkte gegeneinander, definirt wird, die vorgelegte Frage noch von einer andern Seite her in Erwägung ziehen, und gelangen alsdann zu einer ganz entgegengesetzten Antwort. Denken wir uns nämlich sämmtliche übrigen Weltkörper vernichtet, so sind jetzt im Universum nur noch diejenigen materiellen Punkte vorhanden, aus denen der Stern selber besteht. Diese aber besitzen *keine* relative Ortsveränderung, befinden sich also (auf Grund der für den Augenblick acceptirten Definition) in *Ruhe*. Folglich wird der Stern — so lautet gegenwärtig unsere Antwort — von dem Augenblick an, wo die übrigen Weltkörper vernichtet sind, sich im Zustande der *Ruhe* befinden, mithin die diesem Zustande entsprechende *Kugel*gestalt annehmen.

Ein so unleidlicher Widerspruch kann nur dadurch vermieden werden, dass man jene Definition, die Bewegung sei etwas *Relatives*, fallen lässt, also nur dadurch, dass man die Bewegung eines materiellen Punktes als etwas *Absolutes* auffasst; wodurch man dann zu jenem Princip des Körpers Alpha hingeleitet wird.

Noch eine Betrachtung ähnlicher Art mag angedeutet werden. Geht man von der Vorstellung aus, die Bewegung wäre etwas *Relatives*, so würde, falls im Universum nur *zwei* materielle Punkte vorhanden sind, die einzig mögliche Bewegung derselben in einer gegenseitigen Annäherung oder Entfernung bestehen. Demnach würde die Richtung dieser Bewegung fortdauernd zusammenfallen mit der Richtung der nach dem Newton'schen Gesetz zwischen den beiden Punkten vorhandenen *Anziehungs*kraft. Hieraus würde folgen, dass die beiden Punkte nothwendiger Weise nach einer gewissen Zeit in einander stürzen, dass also z.' B. zwischen Erde und Sonne ein solcher Zusammensturz erfolgen müsste, falls plötzlich alle übrigen Weltkörper *verschwinden*. Sollte diesem Zusammensturz vorgebeugt, und dafür gesorgt werden, dass die Bewegung zwischen Erde und Sonne trotz jenes *Verschwindens* der übrigen Weltkörper ungeändert dieselbe bleibt, so müsste zwischen Erde und Sonne eine gegenseitige Einwirkung supponirt werden, welche nicht mehr dem Newton'schen Gesetz entspricht, sondern vielmehr aus zwei Theilen besteht, aus einer *Anziehung*, umgekehrt proportional mit der zweiten Potenz der Entfernung, und daneben aus einer *Abstossung*, umgekehrt proportional mit der dritten Potenz der Entfernung. Diese Angaben beruhen auf einer neuerdings von

Hesse publicirten Untersuchung. (Hesse. Vorl. über die analyt. Geometrie des Raumes. *Zweite* Aufl. Leipzig. 1869. Seite 442).

Will man also festhalten an der Galilei-Newton'schen Theorie, so ist man, wie aus den eben angestellten Betrachtungen von Neuem hervorgeht, nothwendig gezwungen, den *Begriff der absoluten Bewegung* zu acceptiren, und ebenso auch zu acceptiren das (zu einer deutlichen Definition dieses Begriffes erforderliche) *Princip des starren Körpers Alpha*. Der Körper Alpha mag der Einfachheit willen aufgefasst werden als ein System von drei Linien oder Axen, welche von ein und demselben Punkt ausgehen und aufeinander senkrecht stehen. Die *Bestimmung* dieses Körpers oder Systemes Alpha ist ein Problem, dessen *wirkliche* Lösung nur asymptotisch, nur durch successive Grade der Annäherung erfolgen kann. *Principiell* allerdings ist die Lösung leicht angebbar, nämlich in folgender Weise zu bewerkstelligen.

Es sei n die Anzahl sämmtlicher im Universum enthaltenen materiellen Punkte; ferner seien x, y, z die Coordinaten je eines solchen Punktes in Bezug auf das Axensystem Alpha. Die gegenseitigen Entfernungen der n materiellen Punkte mögen mit r, ihre Entfernungen vom Anfangspunkt des Axensystemes Alpha mit ϱ, endlich die Winkel jener Axen gegen die Linien ϱ mit φ bezeichnet werden. Bei Anwendung der Galilei-Newton'schen Theorie ergeben sich alsdann für die x, y, z, folglich auch für die r, ϱ, φ Ausdrücke, welche abhängig sind von der Zeit, und ausserdem von $7n$ Constanten; letztere bestehen aus $6n$ Integrationsconstanten und aus den n Massen der materiellen Punkte. Die Ausdrücke der Entfernungen r lassen sich in Vergleich bringen mit den empirisch gegebenen Thatsachen, und führen in solcher Weise zur Kenntniss jener $7n$ Constanten. Denkt man sich die Werthe dieser $7n$ Constanten in die für die ϱ, φ gefundenen Ausdrücke substituirt, so erhält man Formeln, durch welche die Lage des Systemes Alpha in Bezug auf die n materiellen

Punkte des Universums für jeden beliebigen Zeitaugenblick angegeben, das gestellte Problem also gelöst wird.

Bei Ausführung der eben genannten Operationen ergiebt sich, dass der *Massenmittelpunkt* (d. i. der sogenannte *Schwerpunkt*) der n materiellen Punkte eine Bewegung besitzt, welche in Bezug auf das Axensystem Alpha geradlinig und von constanter Geschwindigkeit ist. Gleichzeitig zeigt sich, dass die erwähnte Vergleichung der Ausdrücke r mit den empirischen Thatsachen nicht zur *vollständigen* Kenntniss der $7n$ Constanten hinleitet, und dass in Folge dessen dem Systeme Alpha principiell eine *gewisse Unbestimmtheit* anhaftet, darin bestehend, dass ein solches System vertauscht werden kann mit einem *andern* Systeme Alpha, welches in Bezug auf das *erstere* eine geradlinige Bewegung von constanter Geschwindigkeit besitzt. Von dem so gegebenen Spielraum kann Gebrauch gemacht werden zur Vereinfachung der Verhältnisse, indem man den Anfangspunkt des Systemes Alpha zusammenfallen lässt mit jenem Massenmittelpunkt. Nachdem solches ausgeführt, kann nun etwa noch diejenige durch den Massenmittelpunkt, d. i. durch den Anfangspunkt von Alpha gehende Ebene ermittelt werden, für welche die Flächengeschwindigkeit der n materiellen Punkte ein Maximum ist; man gelangt alsdann zu dem *Laplace'schen Theorem*, dass diese Ebene in Bezug auf das System Alpha beständig ein und dieselbe Lage behält.

In unmittelbarem Anschluss an die exponirten Operationen können gleichzeitig auch diejenigen Winkel ϑ berechnet werden, unter welchen die *drei Hauptträgheitsaxen* der n materiellen Punkte gegen die Axen des Systemes Alpha geneigt sind. Die früher (Bemerkung 6.) aufgeworfene Frage würde daher principiell dadurch zu entscheiden sein, dass man untersucht, ob die für die Winkel ϑ sich ergebenden Ausdrücke bei Einsetzung der berechneten $7n$ Constanten Werthe erhalten, welche unabhängig von der Zeit sind. Dass dieselben bei passender Wahl der $7n$ Constanten von der Zeit unabhängig werden *können*, ergiebt sich aus einfachen Ueberlegungen. Sollen aber die Bedingungen, denen diese Constanten, um einer solchen Anforderung zu entsprechen, Genüge leisten müssen, vollständig hingestellt werden, so bedarf es einer eingehenden Untersuchung, die nicht gerade leicht sein dürfte.

9. (Seite 23). Helmholtz sagt (in seiner Schrift: Ueber die Erhaltung der Kraft. Berlin. 1847. Seite 7): „Das Geschäft der theoretischen Naturwissenschaft wird vollendet sein, wenn einmal die Zurückführung der Erscheinungen auf *einfache Kräfte* vollendet ist, und zugleich nachgewiesen werden kann, dass die gegebene die einzig mögliche Zurückführung sei, welche die Erscheinungen zulassen. Dann wäre dieselbe als die nothwendige Begriffsform der Naturauffassung erwiesen; es würde derselben alsdann also auch objective Wahrheit zuzuschreiben sein."

Allerdings muss ich bemerken, dass ich mich mit diesen Worten des berühmten Physikers und Physiologen nicht völlig in Einklang zu setzen vermag, um so weniger, als daselbst unter *einfachen Kräften* Kräfte von sehr specieller Art verstanden werden, nämlich Kräfte, die nur zwischen je *zwei* materiellen Punkten stattfinden, und ihrer Richtung und Stärke nach nur von der *Entfernung* abhängen sollen. Vollständig in Uebereinstimmung mit den genannten Worten befinde ich mich erst dann, wenn ich darin statt „*einfache Kräfte*" substituire: „*deutlich angebbare Principien.*"

10. (Seite 23). Wie ausserordentlich gross der Spielraum ist für die willkührlich zu wählenden Principien, ergiebt sich, wenn man die a priori unnöthigen Beschränkungen aufsucht, die man sich bisher in dieser Beziehung auferlegt hat.

Unnöthig ist es, bei den Principien sich auf Raumgebiete von nur *drei* Dimensionen zu beschränken. (Vergl. Riemann: Die Hypothesen, welche der Geometrie zu Grunde liegen. Göttingen. 1867. Seite 16, 17, 18.) In gleicher Weise erscheint es auch als unnöthig, bei den Principien sich auf die mathematisch-reellen Grössen zu beschränken, und die mathematisch-imaginären Grössen ganz bei Seite zu lassen.

Unnöthig ist es ferner, was den Begriff der *Abhängigkeit* anbelangt, sich auf *einen* oder *zwei* Zeitpunkte zu beschränken. Man könnte denselben ebenso gut auch eintreten lassen mit Bezug auf *drei* Zeitpunkte, oder auch mit Bezug auf ein *Continuum* von Zeitpunkten. Genauer betrachtet, tritt uns übrigens eine solche Ausdehnung des genannten Begriffes bereits entgegen in W. Weber's elektrodynamischem Grundgesetz, demzufolge die zwischen zwei elektrischen Punkten stattfindende Kraft durch Geschwindigkeit und Beschleunigung bedingt ist.

Unnöthig ist es endlich, was den Begriff der *Abhängigkeit* betrifft, sich auf nur *zwei* materielle Punkte zu beschränken. Ich erinnere in dieser Beziehung an die ternären, quaternären, überhaupt multiplen Kräfte, welche Fechner an Stelle der binären Kräfte, oder vielmehr *neben* denselben in Vorschlag gebracht hat. (Fechner: Die physikalische und philosophische Atomenlehre. Zweite Aufl. Leipzig. 1864. Seite 196 bis 221.)

Diese Beispiele schon zeigen, dass das Gebiet abstracter Untersuchungen, welches sich hier dem Mathematiker darbietet, ein unendliches ist. Und so schwierig es auch sein mag, in einem solchen Labyrinth sich nicht zu verlieren, so werden doch Untersuchungen dieser Art, in *planmässiger Weise* und mit *rigoröser Strenge* angestellt, von grossem Vortheil und vielleicht sogar nothwendig sein können, falls der Fortschritt der Naturwissenschaft nicht durch Beschränktheit der Begriffe gehindert, durch überlieferte Vorurtheile gehemmt werden soll. (Vergl. Riemann: Die Hypothesen der Geometrie. Göttingen. 1867. Seite 18.) Hat doch Laplace mit vollem Recht bemerkt, dass Kepler niemals seine berühmten Gesetze entdeckt haben würde, wenn er nicht den Weg *schon gebahnt* gefunden hätte durch die abstracten Untersuchungen der alten Griechischen Mathematiker!

Zeitschrift

für

mathematischen und naturwissenschaftlichen Unterricht.

Ein Organ für Methodik, Bildungsgehalt und Organisation der exakten Unterrichtsfächer an Gymnasien, Realschulen, Lehrerseminarien und gehobenen Bürgerschulen.

(Zugleich Organ der Sektionen für math. und naturw. Unterricht in den Versammlungen der Philologen, Naturforscher, Seminar- und Volksschul-Lehrer; giebt auch Mitteilungen über den „Verein zur Förderung des Unterrichts i. d. Mathematik und i. d. Naturw.")

Unter Mitwirkung

der Herren Prof. Dr. BAUER in Karlsruhe, Univ.-Prof. Dr. FRISCHAUF in Graz, Dr. GÜNTHER, Prof. a. d. techn. Hochschule in München, Prof. Dr. HAAS in Wien, Geh.-R. Dr. HAUCK, Prof. an der techn. Hochschule in Berlin, Gewerbeschul-Dir. Dr. HOLZMÜLLER in Hagen, Realgymnasial.-Prof. Dr. LIEBER in Stettin, Gymnas.-Obl. v. LÜHMANN in Königsberg i/N., Obl. Dr. SCHOTTEN in Cassel und Prof. WERTHEIM in Frankfurt a/M.

herausgegeben
von

J. C. V. Hoffmann.

Sechsundzwanzigster Jahrgang.

Leipzig,
Druck und Verlag von B. G. Teubner.
1895.

Über die Beziehungen der neueren Mathematik zu den Anwendungen.

Antrittsrede, gehalten am 25. Oktober 1880 bei Übernahme der damals an der Universität Leipzig neuerrichteten Professur für Geometrie.*)

Von F. Klein in Göttingen.

Unter allen Wissenschaften ist kaum eine, die in Richtung allseitiger Verwendbarkeit eine gröfsere Bedeutung beanspruchen könnte, als die Mathematik. Nicht nur die benachbarten Naturwissenschaften und die feiner entwickelten Teile der Erkenntnislehre bedürfen einer mathematischen Grundlage; auch das praktische Leben mit seinen vielseitigen Bestrebungen, vor allem die moderne Technik, können einer mathematischen Vorschule nicht entraten. Das wird anerkannt und von keiner Seite bestritten. Und doch beobachten wir im Gegensatze dazu einen merkwürdigen Widerspruch. Von Niemandem wird geleugnet, dafs die reine Mathematik seit Anfang des Jahrhunderts nach den verschiedensten Richtungen hin eine

---

*) Das 5. Heft (S. 382 u. f.) brachte den Vortrag, welchen ich letzthin (bei der Hauptversammlung des Vereins zur Förderung des mathematischen und naturwissenschaftlichen Unterrichts) über die mathematische Ausbildung der Lehramtskandidaten gehalten habe. Vielleicht hat die Antrittsrede, mit der ich seiner Zeit die Leipziger Professur der Geometrie übernahm, in diesem Zusammenhange neues Interesse; ich bringe dieselbe also nunmehr gleichfalls zum Abdruck. Einzelheiten, die ich damals berührte, haben sich natürlich in der Zwischenzeit verschoben, aber es schien mir nicht zweckmäfsig, dieselben darum abzuändern.

15. Juni 1895.   Klein.

mächtige und tiefgreifende Entwickelung erfahren hat. Aber für die Anwendungen scheint alle diese Entwickelung beinahe nutzlos gewesen zu sein. Der Praktiker ignoriert unsere Fortschritte und ist höchstens geneigt, einzelne paradoxscheinende Folgerungen aus dem Zusammenhange herauszugreifen und dann einer nicht eben schonenden Kritik zu unterwerfen.

Diese Thatsache, die sich nicht ableugnen läfst, ist sie notwendig, oder bezeichnet sie nur ein Übergangsstadium? Wird das, was uns Theoretiker jetzt interessiert, später noch einmal in allgemeinerem Sinne verwendbar werden? Ich habe oft, und ich darf sagen: mit ehrlichem Zweifel darüber nachgedacht; aber ich bin schliefslich, je länger ich es that, desto mehr in meiner optimistischen Überzeugung gefestigt worden. Unsere Theorieen sind nicht überflüssig, ein eitles Spiel der Phantasie. Es handelt sich nur um gewisse Schwierigkeiten, die sich ihrer Verbreitung und Verwertung entgegenstellen. Dieselben liegen zum Teil auf mathematischer Seite und können durch zweckentsprechendes Verhalten der Mathematiker gemildert und allmählich gehoben werden. Irre ich nicht, so drängt ein allgemeiner Zug die jüngeren Kräfte dahin, eben dieses zu versuchen. Heute, wo ich die Ehre habe, zum ersten Male zu Ihnen zu reden, wüfste ich keinen mir näher liegenden Gegenstand. Sehen Sie doch durch meine Berufung die Zahl der mathematischen Lehrstühle abermals um einen vermehrt, so dafs die Frage natürlich scheint, ob denn die Mathematik, nach dem Mafse ihrer Wichtigkeit für allgemeine Interessen, eine so zahlreiche Vertretung beanspruchen kann.

Das erste und wichtigste Hemmnis, das, meiner Meinung nach, auf unserer Seite weggeschafft werden mufs, läfst sich kurz und verständlich bezeichnen. Tritt doch derselbe Mifsstand in den verschiedensten anderen Disziplinen auf! Es ist die durchgehends zu grofse Spezialisierung des Universitätsunterrichts und die damit zusammenhängende Bildung einseitiger mathematischer Schulen. Gestatten Sie mir, dies mit einigen Worten auszuführen, und zwar an demjenigen Fache, das ich in erster Linie zu vertreten habe, an der Geometrie. Ich will mich dabei auf nur einige, besonders charakteristische Vorkommnisse der deutschen Wissenschaft beschränken; denn die Reihe der aufzuzählenden Widersprüche würde unübersehbar, wollte ich zugleich der abweichenden Entwickelungen gedenken, die unser Fach im Auslande genommen hat.

Sie alle haben, auch wenn Sie den mathematischen Studien ferner stehen, die neuere oder projektivische Geometrie als eine der wichtigsten modernen Errungenschaften auf mathematischem Gebiete rühmen hören. Insbesondere wir hier in Leipzig haben doppelte Ursache, von derselben zu reden. War doch Möbius der Erste in Deutschland, der sich an die von Monge und Poncelet geweckten Ideen anschlofs und, selbständig weitergehend, bereits 1827 sein Fundamentalwerk, den baryzentrischen Kalkul, veröffentlichte! — Nun aber meine man nicht — und das ist eine erste bedauernswerte Thatsache — dafs Möbius hiermit sofort einen nennenswerten Erfolg errang. Vielmehr blieb sein Buch, trotz aller Klarheit der Exposition, Dezennien hindurch so gut wie unbekannt, und hat nur einen indirekten Einflufs auf den Fortschritt der Geometrie gewinnen können. Der letztere knüpfte sich zunächst an zwei Namen, die beide unabhängig von Möbius dastehen, an Plücker und Steiner.

Steiner erblickte nicht nur den einzigen Gegenstand seiner Untersuchungen, sondern auch die einzige Quelle seiner Beweise in der unmittelbaren geometrischen Anschauung. So wurde er der Schöpfer derjenigen Disziplin, welche man gewöhnlich als neuere synthetische Geometrie bezeichnet. In seiner schroffen Eigenart wurde er der Stifter einer besonderen geometrischen Schule, die bis heute daran festgehalten hat, trotz ihrer vielfachen Beziehungen zu Nachbargebieten, sich ihre Abgeschlossenheit zu wahren. — Plücker war allgemeiner angelegt. Für ihn war die abstrakte Gröfsenlehre, die Analysis, die eigentliche Wissenschaft, und die Geometrie (wie andererseits die Mechanik) nur ein Gegenbild derselben. So hat Plücker die Grundgedanken der neueren Geometrie in die Algebra hinübergetragen. Aber auch seine Interessen waren nach vielen Seiten begrenzt. Ich sage dies mit der ganzen Zurückhaltung, die ich meinem ersten, hochverehrten Lehrer schulde, doch sage ich es um so lieber, als ich hierdurch meine eigene Auffassung mit besonderem Nachdrucke hinstellen kann. Die synthetische Richtung, wie sie Steiner vertrat, konnte und mochte Plücker durchaus nicht gelten lassen, er betrachtete sie als überflüssig, wo nicht als schädlich. Und auch in der Analysis hatte er starke Antipathien. Seine Hauptleistung war es gewesen, das unnötige Rechnen in der analytischen Geometrie zu vermeiden und aus den zweckmäfsig zusammengezogenen Formeln heraus die Schlufsresultate unmittelbar abzulesen. Um so weniger mochte er sich mit Hesse befreunden, der, als Schüler Jacobis, das Rechnen auch in der Geometrie wieder zu Ehren brachte und mit Virtuosität übte. — Also schon in dieser Periode (die jetzt etwa 40 Jahre zurückliegt) keine harmonische Gesamt-Auffassung und kein Ineinanderwirken der zusammengehörigen Kräfte!

Ich überspringe die zwischenliegenden Dezennien, um Ihre Aufmerksamkeit nicht zu ermüden. Sie alle kennen den Namen des der Wissenschaft zu früh entrissenen Clebsch. — Hier war ein Mann, der das Ganze der Wissenschaft zu erfassen suchte. Clebsch wollte nicht nur Geometrie und Algebra, er wollte ebenso Geometrie und Funktionentheorie verschmolzen sehen; er glaubte, dafs gründliche geometrische Untersuchungen auch für andere Gebiete der reinen Mathematik nützlich sein könnten. Allein was ist sein Erfolg gewesen? Sicher hat Clebsch im Kreise seiner zahlreichen Freunde ein bleibendes Andenken hinterlassen. Mufs ich es doch zumal dem nachwirkenden Einflusse seiner Persönlichkeit zuschreiben, wenn Sie, meine hochgeehrten Fachgenossen, die Creierung der neuen geometrischen Professur beantragten. Aber bei der überwiegenden Zahl der deutschen Mathematiker ist seine Auffassung bereits wie vergessen und nie recht verstanden worden. Weil er selbst vom Schauplatze seiner Thätigkeit frühe abtreten mufste, will man auch seinen Bestrebungen eine nur vorübergehende Bedeutung zuerkennen.

Es ist überflüssig, mit solchen Betrachtungen noch weiter fortzufahren. Sie sehen, wie innerhalb der neueren Geometrie der Gegensätze eine Menge ist. Die Vertreter des Faches verfolgen, je nach ihrer Beanlagung verschiedene aber durchweg individuelle Ziele. Und ähnlich ist es im Gesamtgebiete der neueren Mathematik.

Die nächste Folge davon ist, dafs der Unterricht der heranwachsenden Generation verkümmert. Sicher ist es für den Studierenden vom allergröfsten Vorteil, Spezialvorlesungen zu hören und von dem Dozenten in den Kreis der von diesem selbständig vertretenen Ideen eingeführt zu werden. Aber neben diesen Vorlesungen, welche die höchste Aufgabe des akademischen Lehrers bilden mögen, sollten andere nicht fehlen, die im allgemeinen auf dem Gebiete der modernen Mathematik orientieren, den Zusammenhang und die Berechtigung aller Einzelbestrebungen nachweisen. — Mit dieser Verkümmerung des Unterrichts geht der Mangel brauchbarer Lehrbücher Hand in Hand. Es giebt dafür kein schlagenderes Beispiel als das folgende. Die Analysis des Unendlichen hat in den letzten 25 Jahren eine wesentliche Umgestaltung erfahren. Wir haben zunächst die Verschärfung der Grundbegriffe des Differentiierens und Integrierens. Wir haben sodann die Theorie komplexer Variabler mit ihrer ganz neuen Einsicht in das Wesen des Funktionsbegriffs. Wir haben endlich eine wesentlich vollständigere Kenntnis der algebraischen Differentiale und Differentialgleichungen. Aber wo ist das für den allgemeinen Gebrauch bestimmte Lehrbuch der Differential- und Integral-Rechnung, das von alle dem Rechenschaft gäbe?

Unsere besseren Bücher sind immer noch diejenigen, welche auf Cauchys Cours d'analyse zurückgehen, und der ist jetzt nahe 60 Jahre erschienen. Und nun erinnern Sie sich dessen, was ich in der Einleitung sagte. Wie sollen allgemeinere Kreise unsere moderne Mathematik verwerten können, wenn Vorlesungen und Lehrbücher nur mangelhafte Kenntnis vermitteln? Ich werde dem einzelnen Dozenten keine Vorschriften machen. Es würde mir schlecht anstehen, hochstehende Männer, die in der Beschränkung auf einzelne Fragen Hervorragendes leisten, zurechtweisen zu wollen. Aber nützlich scheint es zu sein, einen anderen Weg zu suchen, wie wir Jüngeren jetzt in gröfserer Zahl thun. Wir wünschen vor allen Dingen in uns selbst eine möglichst umfassende Kenntnis der bestehenden mathematischen Disziplinen zu erzeugen; die soll sich dann, ohne besonderes Zuthun, in den Vorlesungen wirksam erweisen und darüber hinaus auch in das praktische Leben greifen! Freilich droht dabei, wie wir nicht verkennen, eine Gefahr. Es ist die, dass wir statt mathematischer Einsicht nur encyklopädische Kenntnis vermitteln. Aber soll man deshalb von einem Unternehmen abstehen, weil Schwierigkeiten mit demselben verbunden sind?

Doch nehmen wir an, alle solche Mifslichkeiten seien überwunden. Dann bleibt den meisten Teilen der modernen Mathematik noch immer ein Charakter, der sie schwer zugänglich und noch schwerer verwendbar macht. Es ist ihre grofse Abstraktheit, die wir bekämpfen müssen.

Sicher war es ursprünglich ein grofser Fortschritt, den Lagrange über Euler machte. Euler hatte vorwiegend einzelne Probleme behandelt, jede Aufgabe mit einem besonderen Kunstgriffe. Lagrange lehrte, mit allgemeinen Methoden ganze Klassen von Aufgaben gleichzeitig erledigen. Und ebenso war es ein weiterer Gewinn, als man begann, das formale Element in der Mathematik noch stärker zu betonen, als sich der Grundsatz Bahn brach, dafs dieselbe Rechnung der verschiedensten Deutungen fähig sein kann, dafs sie aber richtig ist unabhängig von jeder Deutung auf Grund der für die Elementaroperationen vorauszuschickenden Prämissen. Und doch meine ich, dafs man beim Unterrichte und auch bei der eigenen Arbeit derartige Auffassungen nicht zu sehr in den Vordergrund stellen soll. Sonst kommt es dazu, dafs wir vor lauter Allgemeinheit ein einzelnes Problem gar nicht mehr nach seiner konkreten Wirklichkeit zu erfassen vermögen, und die Kluft, welche schon jetzt den theoretischen Mathematiker von den Anwendungen trennt, wird unübersteiglich.

Ich kann das, was ich meine, um so besser an dem Beispiele der neueren Geometrie spezifizieren, als eine Umwandlung, wie ich sie wünsche, bei ihr bereits eingetreten oder wenigstens eingeleitet ist. Vorhin bereits bemerkte ich, dafs wenigstens die synthetische Geometrie ursprünglich von der unmittelbaren räumlichen Anschauung ausgegangen ist. Aber nun ist das Merkwürdige, dafs auch sie in ihrer Entwickelung die Anschauung nicht festgehalten hat. Wie eigentlich eine Kurve 4. Ordnung oder eine Fläche 3. Ordnung beschaffen ist, ich meine, wie sie aussieht, blieb unerörtert und also auch, da die Sache nicht ganz einfach ist, unbekannt. Man definierte solche Gebilde nur mit Worten, und die Sätze, die man fand, wurden nicht als Thatsachen der Anschauung sondern nur als richtige Aneinanderkettungen der (ursprünglich anschauungsmässigen) Definitionen empfunden. Diese ging so weit, dafs man für eine Frage von primärer Wichtigkeit, für den Unterschied von reell und imaginär, vielfach so gut wie gar kein Interesse mehr hatte.

Das ist nun so ziemlich das Gegenteil von demjenigen Standpunkte, den ich für den richtigen, weil förderlichen, halte. Und eben hier haben wir Jüngeren einen neuen Weg eingeschlagen oder eigentlich früher immer benutzte Hülfsmittel aufs neue hervorgesucht. Wir halten uns nicht für zu vornehm, um beim Unterrichte und auch bei der eigenen Forschung Zeichnungen und Modelle in ausgiebiger Zahl zu verwerten. Wir thun dies in dem Umfange, dafs wir eigene Sammlungen organisieren. Ich kann hier um so mehr aus eigener Erfahrung reden, als ich in meiner vorigen Stellung am Münchener Polytechnikum zusammen mit meinem Kollegen, Herrn Prof. Brill, dank der Liberalität der bayrischen Staatsregierung in der Lage war, umfassende Hülfsmittel für solche Zwecke verwenden zu können. Lassen Sie mich zumal von dem Eindrucke erzählen, den zahlreiche Vertreter der Wissenschaft, die unsere Sammlung besichtigten, und eben solche Männer, denen die Mathematik zwar ein notwendiges Hülfsmittel, aber doch nicht der Hauptgegenstand des Interesses ist, von da mitgenommen haben. Sie alle waren darüber einig, dafs Ihnen mannigfache Fragen, welche Ihnen bisher in abstrakter Formulierung schwierig erschienen waren, plötzlich unmittelbar verständlich und fafsbar geworden sind.

Statt vieler Beispiele lassen Sie mich dies eine erwähnen. Auf der Kugel fallen, wie man weifs, die kürzesten Linien mit den sogen. gröfsten Kreisen zusammen. Daher schneiden sich alle kürzesten Linien, welche durch einen beliebig gegebenen Punkt hindurchlaufen, in einem zweiten, dem diametral gegenüberstehenden Punkte. Wie ändert sich dies, wenn wir statt der Kugel eine andere geschlossene Fläche nehmen? Also etwa diejenige Fläche, bei der unsere Frage den Astronomen und Geodäten interessiert: ein Rotationsellipsoid. Man weifs aus der Variationsrechnung, dafs statt des zweiten Schnittpunktes eine vierspitzige Enveloppe auftritt, die von den auf einander folgenden kürzesten Linien umhüllt wird. Aber es ist schwer, sich vorzustellen, wie diese Enveloppe auch nur für einen einzelnen fest gegebenen Ausgangspunkt gestaltet ist. Es ist noch viel schwerer, sich deutlich zu machen, wie diese Enveloppe sich ändert, wenn der Ausgangspunkt sich bewegt. Und doch scheint eben dies für den Praktiker von gröfster Wichtigkeit, denn nur so kann er sich über den Gesamtverlauf einer kürzesten Linie eine klare Vorstellung machen. Modelle, welche Herr Prof. Brill vor einiger Zeit hat erscheinen lassen, veranschaulichen das mit aller wünschenswerten Klarheit. Die in Betracht kommenden Linien sind übersichtlich nebeneinander gezeichnet, und ein beigegebener Faden, den man um das Ellipsoid spannen kann, gestattet, sozusagen mit dem Gefühl die Richtigkeit der Konstruktion zu kontrolieren.

Oder soll ich noch einer anderen Modellserie gedenken, die eben jetzt veröffentlicht wurde? Bei ihr handelt es sich um Veranschaulichung der Raumkurven dritter Ordnung. Diese Kurven haben eine gewisse Bedeutung in der physiologischen Optik. Der Ort derjenigen Raumpunkte, von denen Lichtstrahlen ausgehen, welche die Augen des Beobachters in korrespondierenden Punkten treffen, ist eine Raumkurve dritter Ordnung. Dies ist bekannt; aber ich möchte beinahe glauben, dafs man sich über Lage und Gestalt dieser Kurve bisher eine nur ungenügende Vorstellung gemacht hat.*) Unsere Modelle bringen sämtliche Gestalten zur Anschauung, deren eine solche Kurve fähig ist, und es kann wohl nicht schwer sein, unter ihnen diejenige herauszusuchen, welche man jeweils gebraucht.

Nur eins mag man, von pädagogischem Standpunkte aus, der ausgiebigen Benutzung solcher Hülfsmittel entgegensetzen. Es ist dies, dafs wir dem Studierenden die Aufgabe zu sehr erleichtern, dafs wir ihm durch Vorführen konkreter Fälle das Auffassungsvermögen für abstrakte Beziehungen beeinträchtigen. Ich kann dem gegenüber nur sagen, dafs wir etwas derartiges jedenfalls nicht beabsichtigen. Wir gehören nicht zu denen, die dadurch die Mathematik zugänglicher machen wollen, dafs sie

---

*) [Dies ist, wie ich bald hernach erfahren habe, ein Irrtum; die Physiologen haben längst selbst Modelle der in Betracht kommenden Kurven dritter Ordnung konstruiert.]   Kln.

ihre höheren Teile abschneiden und bei Seite lassen. Bei uns soll die Veranschaulichung nur **ergänzend eingreifen**; wir meinen, dafs auch die abstraktere Forschung durch Neuberührung mit dem Boden, auf dem sie gewachsen, selbst neue Stärkung erhält!

Und nun bleibt mir noch ein letzter Punkt zu berühren. Wir sollen, im Sinne der von mir vertretenen Ansicht, nicht nur bestrebt sein, die theoretische Mathematik den Anwendungen näher zu rücken, sondern wir werden letztere selbst heranziehen und unseren Zuhörern vorführen, wie immer die Anwendungen sich gestaltet haben mögen. Das aber bedingt, in mannigfachem Betracht, eine **Erweiterung des an der Universität üblichen Lehrstoffes**. Bei der neueren Geometrie wenigstens sind die Anwendungen, von denen ich zu berichten weifs, der Hauptsache nach auf dem Boden der **Technik** gewachsen und an der Universität bisher so gut wie unbekannt.

Ich denke dabei zunächst an die **darstellende Geometrie**, deren Aufgabe es ist, räumliche Figuren durch exakte Zeichnungen wieder zu geben. Ihre engen Beziehungen zur neueren Geometrie brauche ich kaum zu schildern; ist doch aus der darstellenden Geometrie, historisch genommen, die „neuere" erwachsen! Ich denke ferner an die **graphischen Konstruktionen**, wie sie je länger je mehr bei Aufgaben der Statik und Mechanik üblich werden; sie bilden ebensowohl eine Verwendung der neueren Geometrie, als eine Weiterbildung derselben. Ich denke endlich an die Entwickelung der **Maschinen-Kinematik**. Auch bei ihr ist es wieder ein Gebilde der neueren Geometrie, das von **Möbius** gefundene **Nullsystem**, das allen Entwickelungen zu Grunde liegt.

Und in der That ist es meine Meinung, dafs wir alle diese Gebiete in den Universitätsunterricht verflechten müssen. Sollen wir dieselben ignorieren, bis wir eines Tages von der Entwickelung der Technik vielleicht auch theoretisch überholt sind? Ist es nicht eine ebenso würdige Aufgabe der Mathematik, richtig zu **zeichnen**, wie die, richtig zu **rechnen**? Und sind nicht überdies unsere Zuhörer zum grofsen Teile darauf angewiesen, gerade gegen **diese** Anwendungen in Zukunft Stellung zu nehmen? — Freilich werden wir eine andere Art der Darlegung eintreten lassen müssen, als sie, für diese Fächer, am Polytechnikum üblich und zweckmäfsig ist. Wir werden uns auf eine Auseinandersetzung allein der Prinzipien zu beschränken haben und das viele für den Techniker unentbehrliche Detail bei Seite lassen. Ich fürchte dann auch nicht eine Überlastung des Studenten. Der Vermehrung des Stoffes entspricht in diesem Falle eine Steigerung des Interesses. Die Thätigkeit wird intensiver, aber sie beansprucht keine gröfsere Zeit.

Ich bin am Ende meiner Darlegungen. Dies eine, glaube ich, wird man nicht bestreiten, dafs die von mir entwickelten Anschauungen, richtig durchgeführt, für die Studierenden nützlich sein müssen. Aber ich fürchte fast, die Aufgabe für den mathematischen Dozenten und insbesondere den Geometer zu hoch gestellt zu haben. Es kann nicht anders sein, als dafs ich überall hinter meinen eigenen Anforderungen zurückbleibe. Zumal in der ersten Zeit. Ein umfassendes Programm, wie das von mir vorgelegte, läfst sich jedenfalls nur allmählich durchführen. Um überhaupt eine Wirkung zu erzielen, bin ich zu Anfang gezwungen, einseitig zu sein. Haben Sie damit alle Nachsicht, und messen Sie nicht nach der Grösse der einzelnen Leistung, sondern nach dem Plan und der Absicht, die dem Ganzen zu Grunde liegt!

Erlangen, 7. Oktober 1880.

SOPHUS LIE
GESAMMELTE ABHANDLUNGEN

HERAUSGEGEBEN VON DER
AKADEMIE DER WISSENSCHAFTEN ZU LEIPZIG
UND DEM
NORWEGISCHEN MATHEMATISCHEN VEREIN

DURCH

FRIEDRICH ENGEL **POUL HEEGARD**
PROFESSOR AN DER UNIVERSITÄT   PROFESSOR AN DER UNIVERSITÄT
GIESSEN   OSLO

SIEBENTER BAND

B. G. TEUBNER   H. ASCHEHOUG & CO.
LEIPZIG   OSLO
1960   1960

XXXI.
Über den Einfluß der Geometrie auf die Entwicklung der Mathematik.

[Antrittsvorlesung, gehalten am 29. Mai 1886 in der Aula der Universität Leipzig. Lie hatte mit Beginn des Sommerhalbjahres 1886 die Professur für Geometrie übernommen, die bis dahin von F. Klein bekleidet worden war. Die Handschrift befindet sich in Paket LII, Nr. 9.]

Die reine Mathematik teilt man gern in Analysis und Geometrie. Gegenstand der Geometrie sind die konkreten Raumbegriffe, Gegenstand der Analysis die abstrakten Begriffe der Mathematik. Beide Wissenschaften greifen vielfach ineinander über, und jede derselben hat infolgedessen im Laufe ihrer Entwicklung die andere beeinflußt.

Wir wollen uns heute speziell mit der Frage beschäftigen, inwiefern die konkreten geometrischen Untersuchungen zur Entwicklung der abstrakten analytischen Begriffe und Theorien der Mathematik beigetragen haben.

Die Geschichte der Mathematik zeigt uns bald die Geometrie, bald die Analysis als vorherrschende Wissenschaft. Vergegenwärtigen wir uns zunächst diesen geschichtlichen Verlauf.

Die Griechen sind das erste Volk, dessen Mathematik wir genauer kennen; bei ihnen stand diese Wissenschaft schon früh in hohem Ansehen. Allerdings waren lange Zeit ihre Kenntnisse in der Analysis ziemlich primitiv; dagegen erreichte die Geometrie bei ihnen eine so außerordentlich hohe Stufe, daß sie eigentlich erst von Descartes wesentlich weitergeführt worden ist. Selbst noch in unserem Jahrhundert hat die Rekonstruktion nachgelassener Bruchstücke der griechischen Mathematiker nicht unwesentlich beigetragen zur Begründung der sogenannten neueren Geometrie. Ich denke hier an Euklids Porismata, von denen uns Pappus einige Bruchstücke überliefert hat, die anderthalb Jahrtausend die Neugierde der Geometer erregten. Erst nachdem die Elemente der projektiven Geometrie in neuerer Zeit aufs neue begründet waren, gelang es, das alte Mysterium vollständig zu durchdringen. Man erkannte, daß schon Euklid die wichtigsten Theorien der sogenannten neueren Geometrie entwickelt hatte.

Erst im dritten oder vierten Jahrhundert nach Christi Geburt wurde der Grund zu einer wissenschaftlichen Analysis gelegt, indem Arithmetik und Algebra sich zu entwickeln begannen. Es war der griechische Geometer Diophant, welcher zuerst allgemeine Regeln für die arithmetischen Operationen aufstellte und dieselben mit Erfolg zur Erledigung algebraischer Aufgaben verwertete.

Etwa zu derselben Zeit, oder vielleicht etwas später, blühte die Mathematik in Indien, wohin wahrscheinlicherweise die mathematischen Kenntnisse der Griechen gelangt waren. Allerdings wurde bei den Indern die Geometrie einigermaßen vernachlässigt oder jedenfalls nicht in so strenger Form behandelt wie bei den Griechen. Dagegen blühten Arithmetik und Algebra bei ihnen. Sie behandelten algebraische Gleichungen mit Gewandtheit und kannten schon die Existenz der zwei Wurzeln einer algebraischen Gleichung zweiten Grades. Ganz besonders ist noch hervorzuheben, daß unser Zahlensystem aus Indien stammt.

Die dritte wichtige Epoche der Mathematik bezeichnen etwa 700 bis 800 Jahre nach Christi Geburt die Araber, welche sowohl die Geometrie der Griechen als die Algebra der Inder kannten. Die Geometrie vermochten sie nicht weiter zu fördern; dagegen führten sie wohl die Algebra in gewissen Punkten etwas weiter als die Inder. Ihr Hauptverdienst dürfte sein, daß sie die Kenntnisse ihrer Vorgänger bewahrt und nach Europa verpflanzt haben.

Als die Wissenschaften in Europa wieder aufblühten, wurde auch die Mathematik nicht vergessen. Man studierte und bewunderte die Geometrie der Griechen, ohne sie indes weiter führen zu können. Dagegen erhielt die Algebra, besonders durch die algebraische Auflösung der Gleichungen dritten und vierten Grades, wichtige Erweiterungen. Überhaupt wurde wohl in diesen Jahrhunderten der Formalismus der Algebra wesentlich entwickelt, und hierdurch künftige Fortschritte vorbereitet.

Eine zweite glänzende Periode der Geometrie beginnt mit Descartes. Er wandte die rechnenden Methoden der Algebra auf die Geometrie an. Er vereinigte gewissermaßen Geometrie und Algebra in einer höheren Einheit und wurde auf diese Weise der Schöpfer der sogenannten analytischen Geometrie. Hieraus erwuchs zunächst der Analysis ein großer Gewinn, indem alle bekannten geometrischen Sätze ohne weiteres in abstrakte analytische Sätze umgewandelt wurden. Noch größeren Gewinn hatte jedoch die Geometrie. Einmal konnte man ja von jetzt ab die bekannten analytischen Operationen der Algebra zur Ableitung neuer geometrischer Sätze verwerten. Dazu kommt ein zweiter Umstand, dessen man sich freilich erst viel später völlig bewußt wurde. Die geometrischen Sätze erhielten nämlich nunmehr einen ganz neuen Umfang. Indem er den Begriff der negativen Größe in die Geometrie einführte, konnte schon Descartes vielfach spezielle geometrische Sätze, welche für die Griechen verschieden gewesen wären, in einen Satz zusammenfassen. Später, als man explizite noch den Begriff des Imaginären hinzunahm, was durch die Begründung der analytischen Geometrie gewissermaßen implizite geschehen war, erhielten alle geometrischen Sätze nicht allein einen früher unbekannten Umfang, sondern namentlich auch eine früher ungeahnte Allgemeingültigkeit. Ein einfaches Beispiel mag dieses Sachverhältnis erläutern. Der Satz, daß zwei Kegelschnitte sich in vier Punkten schneiden, ist nur dann allgemein gültig, wenn man das Imaginäre in der Geometrie anwendet.

Der griechische Geometer Appollonius, der selbstverständlich, den Begriff des Imaginären nicht besaß, hatte zwar einerseits eingehend alle Möglichkeiten, die bei dem Schneiden zweier Kegelschnitte eintreten können, diskutiert. Er konnte aber nicht ahnen, daß diese seine speziellen Sätze nur unmittelbare Konsequenzen eines einzigen viel weitergehenden algebraischen Satzes waren.

Seit Descartes stehen sich Geometrie und Analysis nicht mehr als zwei verschiedene Disziplinen gegenüber. Die Geometrie wird von jetzt ab geradezu ein Zweig der Analysis. Auf der anderen Seite zerfällt die Geometrie von dieser Zeit ab im Grunde in zwei getrennte Disziplinen, wenn auch die Trennung sich erst allmählich vollzogen hat. Man kann nämlich die Geometrie als eine rein analytische Wissenschaft treiben, indem man von dem Unterschiede zwischen Reellem und Imaginärem absieht. Man kann aber auch diesen Unterschied betonen und insbesondere die Realitätsverhältnisse studieren, wie man es z. B. bei allen gestaltlichen Untersuchungen tun muß.

Berücksichtigt man, daß Pascal und Desargues ziemlich gleichzeitig mit Descartes wirkten, wird man zugeben, daß das siebzehnte Jahrhundert eine Blütezeit der Geometrie war. Einige unter den geometrischen Errungenschaften dieser Periode gerieten übrigens bald wieder in Vergessenheit, um erst sehr viel später von neuem wiederentdeckt zu werden.

Wenn um die Mitte des siebzehnten Jahrhunderts die Geometrie vor der Analysis den Vorrang hatte, so dauerte doch dieses Verhältnis nicht lange. Die Fortschritte der Geometrie wirkten auf die Analysis zurück. Newton und Leibniz führten die Begriffe Differential und Integral in die Analysis ein und legten damit den Grund zu dem

470 XXXI. Über den Einfluß der Geometrie auf die Entwicklung der Mathematik

großartigen Gebäude, welches wir noch jetzt die höhere Mathematik nennen. Obwohl nun die beiden soeben genannten Fundamentalbegriffe von geometrischen Untersuchungen vorbereitet und andererseits vielfältig durch geometrische Anwendungen weiter entwickelt wurden, so zogen doch die hiermit begründeten Theorien im Großen und Ganzen das Interesse der Mathematiker von der Geometrie ab. Während daher die Analysis im achtzehnten Jahrhundert außerordentliche Fortschritte machte, wurde die Geometrie verhältnismäßig wenig gefördert. Erst gegen den Schluß des Jahrhunderts wurde von Monge eine neue Glanzperiode der Geometrie angebahnt, indem er die Differential- und Integralrechnung in größerer Ausdehnung, als früher geschehen, für die Geometrie verwertete, wodurch er übrigens gleichzeitig gewisse Zweige der Analysis wesentlich förderte.

Einen noch größeren Aufschwung nahm die Geometrie im Anfange unseres Jahrhunderts durch Poncelet und seine Nachfolger. Es entstand die sogenannte neuere Geometrie, in welcher die Vorzüge der griechischen und der Cartesischen Geometrie vereinigt wurden. Die zwanziger und dreißiger Jahre brachten eine lange Reihe glänzender Untersuchungen von Poncelets Nachfolgern Moebius, Plücker, Steiner und Chasles.

Zu derselben Zeit wurden aber auch innerhalb der Analysis eine Reihe epochemachender Theorien entwickelt. Ich brauche nur an die Namen Gauß, Cauchy, Abel, Jacobi und Galois zu erinnern. Seit der Begründung der Infinitesimalrechnung durch Newton und Leibniz kann man wohl keine Epoche nennen, während welcher in so kurzer Zeit so viele für die ganze Mathematik — Analysis wie Geometrie, — bahnbrechende Ideen in die Öffentlichkeit getreten sind.

Eine große Anzahl von Mathematikern begann nunmehr die eröffneten Gebiete weiter zu bearbeiten. Zuerst mußten natürlich die Errungenschaften der großen Geister verarbeitet und ihre Tragweite klargestellt werden. Die analytischen Theorien boten dabei größere Schwierigkeiten als die geometrischen. Infolgedessen wurde lange Zeit hindurch die Kraft der Analytiker zum größten Teile dadurch in Anspruch genommen, die Errungenschaften der vorhergehenden Zeiten zu vertiefen. Man darf dies im allgemeinen sagen, obwohl besonders Riemann gleichzeitig viele neue weitreichende Ideen entwickelte.

Viel schneller ging es dagegen mit dem Verarbeiten der geometrischen Entdeckungen. Jedenfalls erfreute sich in dem Zeitraum 1860—1870 die Geometrie einer sehr großen Popularität.

Mittlerweile war es jedoch den Analytikern gelungen, die betreffenden analytischen Theorien klarzustellen; und damit war nun neuen mächtigen Fortschritten der Analysis die Bahn gebrochen. Die Folge war, daß die Geometrie ziemlich schnell an Popularität verlor, so daß sie zur Zeit einigermaßen vernachlässigt wird. Zur Zeit beschäftigt sich der größte Teil der Mathematiker einzig und allein mit analytischen Untersuchungen.

Unter den gegenwärtigen Verhältnissen schien es mir angemessen, einmal die Bedeutung der Geometrie für die Analysis hervorzuheben. Es dürfte nützlich sein, sich einmal ins Gedächtnis zurückzurufen, wie oft und wie viel die Geometrie zur Entwicklung der Analysis beigetragen hat. **Es läßt sich in der Tat nachweisen, daß bei den meisten wichtigen Fortschritten der Analysis die Geometrie sehr wesentlich mitgewirkt hat.**

Wer demnach die Geometrie nicht um ihrer selbst willen, nicht als selbständige Wissenschaft hoch schätzt, für den muß sie doch, ich möchte sagen, als Hilfswissenschaft der Analysis von Wert sein. Schon aus diesem Grunde würde sie verdienen, studiert und weiter entwickelt zu werden.

Indem ich jetzt auf die geschichtliche Entwicklung der speziellen analytischen Begriffe und Theorien näher eingehe und ihren Zusammenhang mit geometrischen Betrachtungen auseinandersetze, möchte ich ganz im allgemeinen darauf hinweisen, daß die Geometrie als Wissenschaft bedeutend älter ist als die Analysis. Dies hat seinen natürlichen Grund: Der menschliche Geist fängt mit der Betrachtung konkreter Erscheinungen an, und erhebt sich erst mit der Zeit zum Erkennen und Verstehen abstrakter Gesetze. Daher hat die Geometrie, und besonders in späteren Jahrhunderten auch noch die Mechanik, die Entwicklung der Analysis vorbereitet. Hierin liegt es zugleich, daß es kaum denkbar ist, daß jemals die Geometrie wieder in dem Maße vorherrschend sein wird wie bei den Griechen. Dagegen wird sicherlich auch in Zukunft das Interesse der Mathematiker überwiegend bald der konkreten (wenn ich so sagen darf), bald der abstrakten Mathematik zugewendet sein.

Die Pythagoräer entdeckten, daß zwei Strecken inkommensurabel sein können, und daß dieselbe Erscheinung auch bei zwei Flächenräumen und bei zwei Volumen eintreten kann. Aus diesen Bemerkungen entwickelte sich nach und nach der äußerst wichtige, aber sehr tiefe und schwierige Begriff der irrationalen Zahl. Es war keineswegs zufällig, sondern ganz in der Natur der Sache begründet, daß dieser Begriff aus geometrischen Betrachtungen hervorging. Am besten erkennt man dies vielleicht daraus, daß es erst in unserem Jahrhundert gelungen ist, eine rein arithmetische, also ganz abstrakte Begründung des Irrationalitätsbegriffes zu geben.

Dagegen stammen die Begriffe **negative Zahl** und **imaginäre Zahl** aus der Analysis. Es zeigte sich nämlich, daß gewisse Ausdrücke, die bei der Auflösung von algebraischen Gleichungen vorkamen, unter Umständen keinen Sinn hatten, solange man auf dem Standpunkt der positiven reellen Zahlen stehen blieb. Man betrachtete zuerst derartige Ausdrücke als sinnlos und wies Aufgaben, die auf sie führten, als unmöglich ab. **Geometrische** Betrachtungen änderten nach und nach die Sachlage. Sie zeigten, daß die betreffenden Ausdrücke und Operationen einer einfachen geometrischen Interpretation fähig sind. Seit es gelungen ist, nicht nur die negativen, sondern auch die imaginären Zahlen geometrisch zu deuten, gelten diese Begriffe nicht mehr für widersinnig; sie sind jetzt nicht mehr bloß geduldet, sondern in der Wissenschaft eingebürgert; denn jetzt werden sie verstanden. Wir werden noch mehrmals darauf zurückkommen, welche große Rolle eben die **geometrische** Interpretation bei den vielen äußerst wichtigen Anwendungen des Imaginärbegriffes in der modernen Analysis gespielt hat und fortwährend spielen wird.

An der Entwicklung der **Theorie der algebraischen Gleichungen** hat die Geometrie einen wesentlichen Anteil. Die Griechen lösten eine große Anzahl von Problemen **geometrisch**, die wir jetzt in mehr systematischer Weise durch Gleichungen zweiten Grades erledigen. In ähnlicher Weise hat man später zuerst Probleme behandelt, die mit Gleichungen dritten und vierten Grades äquivalent sind. Auch soll nicht unerwähnt bleiben, daß man in neuerer Zeit die abstrakten Untersuchungen der Substitutionentheorie vielfach durch geometrische Betrachtungen dem allgemeinen Verständnisse zugänglich gemacht hat. Zugleich ist die Substitutionentheorie auf diesem Wege weiter gefördert worden.

Auch den allgemeinen **Funktionenbegriff** hat die Geometrie vorbereitet. Die griechischen Geometer betrachteten schon das Abhängigkeitsverhältnis zwischen verschiedenen geometrischen Größen. So berechneten sie zum Beispiel den Flächeninhalt eines Dreiecks aus der Grundlinie und Höhe desselben, desgleichen den Flächeninhalt eines Kreises aus dem Halbmesser. Derartige Probleme führten auf spezielle einfache Funktionen und bereiteten so die Entwicklung des allgemeinen Funktionsbegriffes vor. Schon lange vor **Descartes** versinnlichte man sich die Abhängigkeit zweier variablen Größen x und y voneinander, indem man die Kurve betrachtete, deren Punkte von zwei festen Geraden bezüglich die Abstände x und y besitzen. Diese Interpretation, die als eine Vorläuferin der Cartesischen analytischen Geometrie aufzufassen ist, wird seitdem fortwährend angewendet.

XXXI. Über den Einfluß der Geometrie auf die Entwicklung der Mathematik

Unzweifelhaft ist auch diese Methode das beste Mittel, sich das Wesen einer Funktion zu veranschaulichen. Später nach tieferer Ergründung des Funktionenbegriffes, richtiger gesagt, des Begriffes einer stetigen Funktion hat man wohl gelegentlich behauptet, daß die Darstellung einer stetigen Funktion durch eine Kurve insofern mißlich sei, als die Kurve die Existenz eines Differentialquotienten bedinge. Dieser Vorwurf beruht indes auf einem Mißverständnisse und muß daher zurückgewiesen werden. Es mag sein, wenn man sich die Kurve kinematisch durch einen mechanischen Prozeß entstehend denkt, daß dann das Vorhandensein eines Differentialquotienten vorausgesetzt wird. Denkt man sich dagegen die Kurve nicht als entstehend, sondern als vorhanden, so wird über die Existenz eines Differentialquotienten keine Voraussetzung gemacht. Dann findet der Begriff der reellen stetigen Funktion einer Veränderlichen in der Kurve sein wahres Bild. Bei dieser Gelegenheit verdient es übrigens auch Erwähnung, daß mehrere von den einfachsten und gleichzeitig wichtigsten Funktionen direkt aus der Geometrie hervorgegangen sind. Dies ist z. B. der Fall mit der zweiten und dritten Potenz, welche schon die Griechen bei der Berechnung von Flächeninhalten und Volumen benutzten. Die höheren Potenzen, die nicht bei den einfachsten geometrischen Problemen zur Anwendung kamen, wurden erst viel später in die Analysis eingeführt.

Die trigonometrischen Funktionen Sinus, Cosinus, Tangens stammen ebenfalls aus der Geometrie, welche gleichzeitig durch unmittelbare Anschauung auf ihre Fundamentaleigenschaft: die einfache Periodizität geführt hat. Auch die Theorie der elliptischen Funktionen, die in so hohem Maße die neuere Funktionentheorie gefördert hat, wurde ursprünglich durch die Geometrie vorbereitet, während allerdings die eigentlichen Begründer dieser Theorie von geometrischen Vorstellungen keinen Gebrauch machten.

Unendliche Reihen kamen zuerst in der Geometrie zur Anwendung, nämlich bei der Berechnung des Volumens einer Pyramide oder des Flächeninhalts eines Parabelsegmentes wie auch bei der Erledigung anderer geometrischer Probleme. Im übrigen mag daran erinnert werden, daß in der modernen Theorie der gewöhnlichen Potenzreihen, die ja als Grundlage der neuen Funktionentheorie zu betrachten ist, die geometrische Anschauung eine nicht zu unterschätzende Rolle spielt.

Schon die Griechen, namentlich Archimedes, beschäftigten sich mit geometrischen Problemen, welche wir jetzt der Differential- und Integralrechnung zuweisen, so mit der Konstruktion von Tangenten, mit der Bestimmung von Flächenräumen, die von krummen Linien begrenzt sind usw. Ähnliche geometrische Probleme wurden von mehreren Mathematikern des siebzehnten Jahrhunderts mit Erfolg behandelt. Die von Newton und Leibniz eingeführten Fundamentalbegriffe Differential und Integral waren daher schon durch die Geometrie vorbereitet. Bemerkenswert ist dabei noch, daß Newton und Leibniz diese Begriffe, jener durch mechanisch-geometrische, dieser durch rein geometrische Überlegungen, entwickelt haben. Erwägt man noch, daß die Fortschritte der Differential- und Integralrechnung sehr wesentlich durch die Behandlung geometrischer Probleme gefördert worden sind, so wird man sich der Überzeugung nicht verschließen können, daß die Geometrie große Verdienste um die Begründung der höheren Mathematik besitzt. Sie teilt allerdings in gewissen Punkten diese Ehre mit ihrer Schwesterwissenschaft, der Mechanik.

In dieser Verbindung mag hervorgehoben werden, daß geometrisch-mechanische Probleme zur Entstehung der Variationsrechnung den Anstoß gegeben haben. — Auch die Theorie der Differentialgleichungen wurde ganz besonders durch Behandlung von geometrischen Problemen veranlaßt und gefördert. Ich erinnere beispielsweise an Monges applications d'analyse à la géométrie, ein Werk, welches zur Entwicklung der Theorie der partiellen Differentialgleichungen in so außerordentlichem Maße beigetragen hat.

Der Begriff Transformation spielt zur Zeit sowohl in der Geometrie wie in der Analysis eine hervorragende Rolle. Zuerst findet sich derselbe — natürlich in sehr spezieller Form — in der Geometrie. Die griechischen Geometer projizierten ebene Figuren auf eine neue Ebene und studierten, wenn auch nur in speziellen Fällen, den Zusammenhang zwischen den ursprünglichen und den transformierten Figuren. Später sind Transformationen sowohl von Analytikern als von Geometern angewendet worden, besonders in der Theorie der algebraischen Gleichungen, in der analytischen Geometrie, in der Theorie der Differentialgleichungen usw. Man versucht immer, durch Einführung neuer Variabeln eine formelle Vereinfachung zu erreichen. In unserem Jahrhundert haben Poncelet, Moebius, Plücker und ihre Nachfolger die geometrische Transformationstheorie nach vielen Seiten hin entwickelt und bekanntlich auch die Analysis dadurch sehr wesentlich gefördert. So ist z. B. die geometrische Untersuchung der eindeutig umkehrbaren Transformationen für die Theorie der Abelschen Integrale von Bedeutung gewesen. Aus dem Plückerschen Wechsel des Raumelementes ist die allgemeine Theorie der Berührungstransformationen hervorgegangen. In engstem Zusammenhange hiermit steht die verallgemeinerte Begriffsbestimmung der vollständigen Lösung einer partiellen Differentialgleichung erster Ordnung.

Der wichtige Begriff Gruppe ist vermutlich analytischen Ursprungs, wenngleich die Geometrie implizite schon längst verschiedene einfache Gruppen von Transformationen betrachtet hatte. Bildet doch schon der Inbegriff aller Koordinatenänderungen bei dem Übergange von einem Cartesischen Koordinatensystem zu einem anderen eine Gruppe. Jedenfalls hat die Geometrie außerordentlich viel zur Versinnlichung und Verwertung des Begriffes beigetragen. In neuerer Zeit hat sich die Auffassung Bahn gebrochen, daß jede der verschiedenen Methoden in der Mathematik sich durch eine gewisse Gruppe charakterisieren läßt.

Diese grundlegende Auffassung, deren philosophische Bedeutung man nicht hoch genug anschlagen kann, ist aus geometrischen Betrachtungen hervorgegangen. Mit jedem Jahre bestätigt sich ihre Allgemeingültigkeit an neuen Beispielen.

Der Begriff Invariante kommt unzweifelhaft zuerst in der Geometrie vor. Kannte doch schon Euklid die Invarianz des Doppelverhältnisses bei perspektivischer Transformation. Zur Charakterisierung dessen, was die Geometrie zur Entwicklung der allgemeinen Invariantentheorie beigetragen hat, genügt es, an das Gaußsche Krümmungsmaß, sowie an die gewöhnliche Invariantentheorie der linearen Gruppe zu erinnern. Nicht minder haben die neueren allgemeinen Untersuchungen über Differentialinvarianten einen geometrischen Ursprung.

Die großartige moderne Theorie der analytischen Funktionen fußt, wie schon hervorgehoben, sehr wesentlich auf der geometrischen Auffassung des Imaginärbegriffes. Auch rein geometrische Begriffe, wie z. B. den des Zusammenhanges einer Fläche, wendet die neuere Funktionentheorie in großem Maßstabe an. Selbst die doppeltperiodischen Funktionen, zu denen man ursprünglich auf einem wesentlich analytischen Wege gelangt war, sind erst durch eine geometrische Auffassung dem allgemeinen Verständnisse zugänglich geworden.

Die moderne Theorie der eindeutigen analytischen Funktionen, welche lineare Transformationen in sich gestatten, ist nicht bloß durch geometrische Betrachtungen anschaulich gemacht worden, sondern sogar teilweise durch geometrische Methoden, so z. B. durch Anwendung der nichteuklidischen Geometrie, begründet worden. Ähnliches gilt, wenn auch in geringerem Maße, von den verwandten Theorien der gewöhnlichen linearen Differentialgleichungen.

Einige Teile der neueren Geometrie sind geradezu als Beiträge zur Analysis zu betrachten; u. a. die sogenannte abzählende Geometrie, welche durch geometrische Hilfsmittel Fragen beantwortet, die in das Gebiet der algebraischen Gleichungen gehören. Zuweilen sind die geometrische und die analytische Behandlungsweise sozusagen verschmolzen. Ich denke u. a. an die wichtigen Untersuchungen über die Singularitäten der algebraischen Kurven und Flächen wie auch an die verwandten Untersuchungen über Schnittpunktsysteme, womit das berühmte Abelsche Theorem im genauesten Zusammenhange steht.

Der Begriff des n-fach ausgedehnten Raumes, welcher jetzt fast in allen Gebieten der Mathematik mit großem Erfolge angewandt wird, stammt aus der Geometrie. Die Entstehung und Entwicklung gerade dieses Begriffes zeigt die Bedeutung der Geometrie für die Analysis ganz besonders deutlich. Die aus der Anschauung herrührenden Begriffe der Geometrie erhielten zunächst durch die Cartesische Auffassung eine analytische Form und einen abstrakten Inhalt; sodann wurden sie durch Vermehrung der Variabelnzahl auf das Gebiet von n Veränderlichen ausgedehnt.

Daß die Geometrie eine so große Bedeutung für die Entwicklung der Analysis gehabt hat, beruht nach meiner Auffassung wesentlich auf den drei folgenden Umständen. Die Geometrie stellt viele einfache aber wichtige Probleme; sie macht andererseits viele, auf den ersten Anblick kompliziert aussehende Erscheinungen einer anschaulichen Auffassung zugänglich. Sie leitet endlich auf ganz natürlichem Wege und fast mit Notwendigkeit zur expliziten Einführung neuer wichtiger Begriffe.

Ich habe heute etwas einseitig die große Bedeutung der Geometrie für die Analysis hervorgehoben. Doch darf dies nicht so verstanden werden, als ob ich den Wert der Geometrie als einer selbständigen Wissenschaft oder etwa die Bedeutung der Geometrie für die angewandten Disziplinen verkenne. Die Notwendigkeit, mich kurz zu fassen, bedingte eben eine Begrenzung des Stoffes. Im Grunde teile ich vollständig die Auffassung, welche mein Vorgänger in seiner Antrittsrede geltend gemacht hat. Ich bin wie er der Meinung, daß die Geometrie auch an sich ein großes wissenschaftliches Interesse darbietet, und werde nach Kräften die geometrischen Vorlesungen in seinem Geiste weiterführen.

Friedrich Engel
Dr. phil.

Der Geschmack
in der neueren Mathematik.

Antrittsvorlesung

gehalten am 24. Oktober 1890

in der Aula der Universität Leipzig

von

Dr. Friedrich Engel

ao. Professor.

Druck der Fürstl. Hofbuchdruckerei von Otto Henning in Greiz.

In Commission bei

Alfred Lorentz in Leipzig.

1890.

Die Geschichte der neueren Mathematik von der Erfindung der Differentialrechnung an bis jetzt kann man in zwei Perioden eintheilen, von denen ich die erste als die naive bezeichnen möchte, die zweite dagegen als die kritische.

Vertreter der naiven Periode sind fast alle grossen Mathematiker des vorigen Jahrhunderts, unter ihnen der hervorragendste Euler, der überhaupt in jeder Beziehung für diese Periode kennzeichnend ist. Durch die Erfindung der Differentialrechnung hatten Newton und Leibnitz der Mathematik ein mächtiges Werkzeug von unabsehbarer Tragweite geschaffen. Euler, der mit einer ganz unvergleichlichen Erfindungskraft begabt war, wusste dieses Werkzeug mit bewunderungswürdigem Geschick zu handhaben und durch eine Fülle von Entdeckungen die unerschöpfliche Fruchtbarkeit desselben ins Licht zu setzen. Aber das ganze Verfahren Eulers und seiner Zeitgenossen erscheint uns heutzutage als naiv. In der Freude über das unendliche Gebiet von neuen und überraschenden Wahrheiten, das durch die Differentialrechnung eröffnet war, sorgten diese Männer sich wenig um die Grundlagen, auf denen sie ihr stolzes Gebäude errichteten und wenn sie ja einen Versuch machten, diese Grundlagen zu befestigen, so begnügten sie sich mit — nach unsern Begriffen — ziemlich schwachen Gründen.

Eine solche Behandlungsweise der Mathematik konnte sich natürlich nicht auf die Dauer behaupten, sie forderte ja geradezu die Kritik heraus. Die naive Periode musste der kritischen Platz machen und unter dem Zeichen dieser kritischen Periode stehen wir noch heute.

Bereits gegen das Ende des vorigen Jahrhunderts machten sich Bestrebungen geltend, der so lange vernachlässigten Strenge auch in der höheren Mathematik zu ihrem Rechte zu verhelfen. Schon Lagrange versuchte die Differentialrechnung auf eine neue und strenge Art zu begründen; andrerseits gaben Männer wie Gauss und Cauchy in ihren Schriften Muster von strengen und einwurfsfreien Beweisen. Gleichwohl konnte noch in den zwanziger Jahren unseres Jahrhunderts Niels Henrik Abel in einem Briefe schreiben: er habe mit Schrecken gesehen, dass eigentlich keiner der Sätze, welche von den Mathematikern fortwährend benutzt würden, wirklich bewiesen wäre, wundern müsse man sich nur, dass die Ergebnisse, zu denen man auf Grund dieser unbewiesenen Sätze gelange, fast immer richtig wären.

Da begann man denn die Grundlagen der Mathematik auf ihre Sicherheit hin genauer zu prüfen, man begann die ganze Mathematik von Grund auf neu und einwandsfrei zu erbauen. Diese schwierige aber nothwendige Arbeit ist jetzt durch das Zusammenwirken einer Reihe von hervorragenden Mathematikern vollendet, so dass man nunmehr wieder festen Boden unter sich fühlt. Zwar wird man auch in Zukunft immer sich bestreben, die Mathematik noch besser und namentlich einfacher zu begründen, aber nach menschlichem Ermessen ist doch die Wiederkehr eines solchen Skepticismus, wie er sich in den vorhin angeführten Aeusserungen Abels ausspricht, fortan ausgeschlossen.

Von der grössten Wichtigkeit ist noch ein Umstand: Es ist nach und nach wieder allen Mathematikern der

---

Aber dieser Stoff ist ja auch nicht die Mathe- Mathematik ist nur die Behandlung dieses ... bei der Art und Weise, wie er seinen Stoff ..., kann der Mathematiker allerdings sich von ...tzen des Geschmacks leiten lassen. Machen ... jetzt klar, inwiefern das möglich ist.

...on in der elementaren Mathematik nennt man ...lten einen Beweis oder eine Construction „ele-... man redet auch zuweilen von „eleganten" Rech-... und Formeln. Diese Redeweise hat offenbar ..., dass man an dem Beweise, an der Construction, ... oder Formel ein gewisses Wohlgefallen findet, ... bei andern, genau so richtigen und überzeugenden ..., Constructionen, Rechnungen und Formeln nicht ...

...mit ist schon bewiesen, dass bei der Beurtheilung ...atischer Entwickelungen der Geschmack eine ...ielen kann. Aber freilich, der Begriff der „Ele-... ist noch viel zu unbestimmt und schwankend, ... man ihn bei der Darstellung mathematischer ...kelungen zur Richtschnur nehmen könnte. Die ...gen, ob und wann z. B. ein Beweis die Bezeich-...elegant" verdient, sind häufig sehr getheilt. Der ...nnt einen Beweis „elegant", blos weil er recht ... andere, weil er einfach und durchsichtig ist; ... hört man eine Construction oder eine Rechnung ...ant bezeichnen, weil sie auf einem geistreichen ...riff beruht, während wieder andere, zu denen ...h gehöre, überhaupt alle Kunstgriffe aus der ...atik verbannen möchten, weil für sie jeder Kunst-...was unnatürliches und daher unbefriedigendes ...

... dem Begriff der Eleganz können wir also nicht ...angen, jedenfalls aber sind wir doch jetzt zu ...enntniss gelangt, dass eine mathematische Unter-... nicht blos den Verstand zu befriedigen braucht,

Grundsatz in Fleisch und Blut übergegangen, dass Strenge das erste Erforderniss der Mathematik ist, dass eine nicht strenge Mathematik keine Mathematik ist. Wo bliebe auch sonst der Ruhm der Mathematik, dass sie ihre Behauptungen auch wirklich zu beweisen im Stande ist? oder wie könnte sich sonst unsre neuere Mathematik neben der der Alten sehen lassen?

Die kritischen Bestrebungen, welche die Mathematik unsres Jahrhunderts beherrschen, sind nun keineswegs bei der Kritik der Beweise stehen geblieben; sie haben sich nicht darauf beschränkt, die Richtigkeit der einzelnen Sätze zu prüfen und ihre Gültigkeitsbereiche festzustellen, sie sind auch auf die ganze Art und Weise Mathematik zu treiben nicht ohne Einfluss gewesen. Man hat nicht blos die Ergebnisse der Mathematik, sondern auch ihre Methoden der Kritik unterworfen.

Während man im Anfang der kritischen Periode bei dem Beweise eines Satzes oder bei der Lösung einer Aufgabe nur danach fragte, ob der Beweis streng, ob die Lösung richtig und erschöpfend war, haben in den letzten Jahrzehnten einzelne Mathematiker auch die verschiedenen Methoden kritisch untersucht, die zum Beweis eines Satzes oder zur Lösung einer Aufgabe angewendet werden können, und sie haben sich bestrebt unter diesen Methoden jedesmal die beste ausfindig zu machen.

Welche Methode ist denn aber in einem gegebenen Falle die beste? etwa die kürzeste? Zuweilen gewiss, aber nicht selten lässt sich doch dasselbe Ziel durch zwei verschiedene Methoden erreichen, die beide gleich kurz sind. Es wird daher nichts andres übrig bleiben, als den Geschmack darüber entscheiden zu lassen, welche Methode die beste ist; man wird die eine Methode der andern vorziehen, wenn man jene für geschmackvoller hält als diese.

sondern dass sie unter Umständen auch dem ästhetischen Gefühl eine gewisse Befriedigung zu gewähren vermag. Wir wollen nunmehr versuchen, etwas genauer festzustellen, wie man Mathematik treiben muss, damit auch das nicht wegzuleugnende ästhetische Bedürfniss seine Rechnung findet.

Dazu müssen wir aber weiter ausholen.

Die Mathematik beschäftigt sich mit Begriffen; ihr Verfahren besteht im Setzen von Begriffen und im Verknüpfen der gesetzten Begriffe. Jede solche Verknüpfung, die mit den gesetzten Begriffen vorgenommen wird, ist natürlich selbst ein Begriff. Wir müssen daher bei einer mathematischen Untersuchung stets zwischen zwei Arten von Begriffen unterscheiden, die in einem ähnlichen Gegensatze zu einander stehen, wie „Sein" und „Werden". Die Begriffe der ersten Art sind die, welche vor Beginn der Untersuchung gesetzt werden, sie sind der Stoff, den die Untersuchung bearbeitet; wir wollen einen Begriff dieser Art als ein mathematisches „Gebilde" bezeichnen. Die Begriffe der andern Art sind die Verknüpfungen, welche man mit diesen Gebilden vornehmen will, sie sind sozusagen die einzelnen Handgriffe, mit denen man den vorhin bezeichneten Stoff bearbeitet; wir nennen sie „Operationen".

Bei jeder mathematischen Untersuchung betrachtet man also einen gewissen Bereich von Gebilden; auf diese Gebilde führt man gewisse Operationen aus und sucht die Beziehungen auf, in welche die Gebilde durch Ausführung der Operationen zu einander treten. Hierdurch gelangt man zu Sätzen, das heisst zu Thatsachen unsres Denkens, die für jedes mit derselben Vernunft wie wir begabte Wesen denknothwendig sind; zu gleicher Zeit gelangt man aber auch zu neuen Gebilden, die wieder unter einander und mit den alten Begriffen verknüpft werden können und daher auch zu neuen Operationen Anlass geben.

Hier ist jedoch nirgends ein Ende abzusehen: die Zahl der denkbaren Gebilde und Operationen ist einfach unbegränzt und in Folge dessen auch die Zahl der Sätze. Sollte es denn aber nicht möglich sein, wenigstens bei jeder einzelnen mathematischen Untersuchung sich von vornherein auf einen ganz bestimmten Bereich von Gebilden und von Operationen zu beschränken, den man im Verlaufe der betreffenden Untersuchung gar nicht zu verlassen braucht? Wir werden sehen, dass dies in der That möglich ist.

Durch eine Operation erhält man im Allgemeinen aus jedem Gebilde ein neues. Will man daher einen abgeschlossenen Bereich von Gebilden haben, so muss man den Inbegriff der zu untersuchenden Gebilde und den Inbegriff der darauf auszuführenden Operationen derart wählen, dass man bei Ausführung der betreffenden Operationen aus dem Inbegriff der zu betrachtenden Gebilde niemals herauskommt. Mit andern Worten: man muss es so einrichten, dass die Gesammtheit der zu betrachtenden Gebilde bei jeder Operation, die benutzt werden soll, unverändert oder invariant bleibt.

Aber das genügt noch nicht; die betreffenden Operationen müssen ausserdem noch eine andere Bedingung erfüllen. Wenn man nämlich zwei Operationen in der Weise mit einander verknüpft, dass man zuerst die eine und dann die andere ausführt, so erhält man, falls eine derartige Verknüpfung überhaupt möglich ist, ein Ergebniss, das sich so auffassen lässt, als ob es durch eine einzige dritte Operation entstanden wäre. Um einen wirklich abgeschlossenen Kreis von Operationen zu haben, muss man daher den Inbegriff aller Operationen, die man benutzen will, so wählen, dass zwei Operationen dieses Inbegriffs nach einander ausgeführt, stets wieder eine dem Inbegriff angehörige Operation liefern, dabei natürlich vorausgesetzt, dass es einen Sinn hat, von einer Ausführung dieser beiden Operationen nach einander zu sprechen. Ein solcher Kreis von Operationen bildet im allgemeinsten Sinne des Worts das, was man eine Gruppe nennt.

Wir sind jetzt soweit, dass wir sagen können, wie man zu verfahren hat, um sich bei einer einzelnen mathematischen Untersuchung auf einen ganz bestimmten Bereich von Gebilden und von Operationen beschränken zu können. Man muss zunächst einen gewissen Inbegriff von Gebilden und eine gewisse Gruppe von Operationen auswählen und es dabei so einrichten, dass alle Operationen dieser Gruppe den ausgewählten Inbegriff von Gebilden invariant lassen.

In der Wahl der Gebilde und der Operationsgruppe hat man ziemlich grosse Freiheit und man wird sich natürlich im einzelnen Falle bei dieser Wahl noch von besonderen Gesichtspunkten leiten lassen, die ein für alle Mal anzugeben nicht möglich ist. Hat man aber einmal seine Wahl getroffen, so muss man sich auch jedenfalls zunächst für gebunden halten. Denn dass man einen bestimmten Kreis von Gebilden und Operationen auswählt, das kann doch nur den Sinn haben, dass man entschlossen ist, sich einstweilen auf die ausgewählten Gebilde und Operationen zu beschränken, dass man vorläufig nicht die Absicht hat, andere Gebilde oder andere Operationen zu benutzen, als eben die ausgewählten. Man wird sich also jetzt klar zu machen haben, was alles innerhalb des betreffenden Gebietes geleistet werden kann und was nicht. Alle Aufgaben, die sich innerhalb dieses Gebietes lösen lassen, muss man auch lösen, ohne es zu überschreiten. Auf diese Weise gelangt man schliesslich dahin, das ganze Gebiet, wenn es nicht zu ausgedehnt ist, zu beherrschen und bei jeder Aufgabe den denkbar kürzesten und einfachsten Weg zu ihrer Lösung anzugeben.

Es ist klar, dass dieses Arbeiten innerhalb eines selbst gewählten begränzten Gebietes, diese Beschränkung, die man sich ganz freiwillig in der Wahl der zu benutzenden Hülfsmittel auferlegt, dass die einen tieferen Einblick in die Sache und eine höhere Befriedigung gewähren, als sie ein Verfahren gewähren kann, bei dem man sich in der Wahl der Hülfsmittel gar nicht beschränkt und sich gar kein Gewissen daraus macht, ob man zur Lösung einer Aufgabe auch wirklich die einfachste Methode anwendet, die möglich ist. Das letztere Verfahren kann nur durch die Ergebnisse, die es liefert, uns befriedigen, das erstere erweckt schon an und für sich ein gewisses Wohlgefallen, es entspricht einem ästhetischen Bedürfniss.

Aber es stellen sich auch Aufgaben ein, von denen man beweisen kann, dass sie sich innerhalb des ausgewählten Bereichs von Gebilden und Operationen nicht lösen lassen. Da muss man nun untersuchen, ob es möglich ist, den gewählten Bereich durch Hinzufügung neuer Gebilde und neuer Operationen so zu erweitern, dass man innerhalb des erweiterten Bereichs die bewussten Aufgaben lösen kann. Diese Erweiterung des zuerst gewählten Bereiches wird man natürlich nicht aufs gerathewohl vornehmen, sondern Schritt für Schritt und jedes Mal nur in dem Maasse, welches durch das jeweilige Bedürfniss geboten ist. Auf diese Weise erhebt man sich nach und nach zu einem immer höheren und allgemeineren Standpunkt und man ist bei jeder Aufgabe in der Lage, zu übersehen, welche Hülfsmittel zu ihrer Lösung erforderlich sind.

Die allgemeinen Gesichtspunkte, die ich im Vorhergehenden entwickelt habe, sind in mehr oder weniger allgemeiner Fassung schon früher von einzelnen Mathematikern ausgesprochen worden; sie sind übrigens keineswegs etwa blose Hirngespinnste, sie werden vielmehr schon in verschiedenen Gebieten der Mathematik durchgeführt. Geradezu bahnbrechend hat sich ihre strenge Durchführung in der Theorie der algebraischen Gleichungen erwiesen. Diese Theorie ist jetzt ein wahres Muster in ihrem folgerichtigen Aufbau und in ihrem gleichmässigen Fortschreiten vom Einfachen zum Schwierigen; sie vor allen ist geeignet, den mathematischen Geschmack zu bilden. Auch will ich nicht verschweigen, dass jene allgemeinen Gesichtspunkte wesentlich nach dem Vorbilde aufgestellt sind, das wir an der Theorie der algebraischen Gleichungen besitzen.

Sehen wir zu, wie unsere allgemeinen Grundsätze in der Theorie der algebraischen Gleichungen verwirklicht werden.

Die Gebilde, welche man in dieser Theorie betrachtet, sind die Zahlen; von Operationen benutzt man zunächst die vier elementaren Rechnungsoperationen: Addition, Subtraktion, Multiplication und Division.

Da das Gebiet aller Zahlen zu ausgedehnt ist, so wird man sich bei jeder einzelnen Untersuchung auf einen Theil dieses Gebietes beschränken, indem man sich vorläufig nur die Benutzung aller der Zahlen gestattet, welche dem betreffenden Theilgebiet angehören. Dabei muss man es natürlich so einrichten, dass dieses Theilgebiet bei den vier elementaren Rechnungsoperationen invariant bleibt, das heisst zwei Zahlen des Theilgebiets müssen bei Anwendung einer dieser vier Operationen stets wieder eine dem Theilgebiet angehörige Zahl liefern.

Ein solches Theilgebiet, das bei den vier elementaren Rechnungsoperationen invariant bleibt, nennt man einen Rationalitätsbereich.

Unter allen Rationalitätsbereichen der einfachste ist augenscheinlich der Inbegriff aller rationalen Zahlen, den man deshalb auch den natürlichen Rationalitätsbereich nennt. Man wird sich daher vorläufig auf diesen Bereich zu beschränken haben und demzufolge zunächst blos rationale Zahlen benutzen.

Man beginnt also mit der Untersuchung solcher algebraischer Gleichungen, deren Coefficienten im natürlichen Rationalitätsbereiche liegen und man sucht festzustellen, was sich für die Auflösung einer solchen Gleichung thun lässt, ohne dass man den natürlichen Rationalitätsbereich verlässt.

Zu diesem Zwecke geht man davon aus, dass die unbekannten Wurzeln der Gleichung ihrerseits ebenfalls einen Rationalitätsbereich bestimmen. Denkt man sich nämlich aus diesen Wurzeln und aus rationalen Zahlen alle möglichen Ausdrücke gebildet, welche durch eine endliche Anzahl von Additionen, Multiplicationen und Divisionen hergestellt werden können, so erhält man augenscheinlich ein neues Gebiet von Zahlen, das wiederum bei allen elementaren Rechnungsoperationen invariant bleibt, mit anderen Worten man erhält einen neuen Rationalitätsbereich. Dieser ist durch die Wurzeln der Gleichung vollständig bestimmt und besteht aus allen den rationalen Functionen der Wurzeln, welche rationale Zahlencoefficienten haben, er bleibt überdies nicht blos bei den elementaren Rechnungsoperationen invariant, sondern auch bei allen Vertauschungen der Wurzeln. Diese Vertauschungen der Wurzeln sind die einzigen Operationen, welche ausser den elementaren Rechnungsoperationen angewendet werden.

Da die Wurzeln der Gleichung unbekannt sind, so kann man selbstverständlich auch die rationalen Functionen der Wurzeln im Allgemeinen nicht berechnen, wohl aber hat es einen Sinn, nach allen rationalen Functionen der Wurzeln zu fragen, welche rationale Zahlenwerthe haben und also dem natürlichen Rationalitätsbereiche angehören.

Der erste, der diese Frage beantwortet hat, ist Galois. Er zeigte nämlich, dass zu jeder Gleichung eine ganz bestimmte Gruppe von Vertauschungen der Wurzeln gehört, die so beschaffen ist, dass erstens jede rationale Function der Wurzeln, welche einen rationalen Zahlenwerth hat, bei dieser Gruppe ihren Zahlenwerth nicht ändert und dass zweitens jede rationale Function der Wurzeln, die bei der Gruppe ihren Zahlenwerth nicht ändert, gleich einer rationalen Zahl ist.

Auf Grund des Galoisschen Satzes kann man nun die Auflösung der vorgelegten Gleichung soweit fördern, als dies innerhalb des natürlichen Rationalitätsbereiches möglich ist, das heisst man kann die einfachsten Hülfsgleichungen mit rationalen Zahlencoefficienten aufstellen, von deren Auflösung die Auflösung der vorgelegten Gleichung abhängt. Will man jetzt weiter kommen, so muss man den Rationalitätsbereich erweitern, indem man die Wurzeln irgend einer möglichst einfachen Hülfsgleichung als bekannt ansieht und nun an Stelle des natürlichen Rationalitätsbereichs den benutzt, der durch die Wurzeln dieser Hülfsgleichung bestimmt ist.

In dieser Weise erweitert man nach und nach den Rationalitätsbereich, bis man schliesslich zu einem solchen gelangt, der alle Wurzeln der ursprünglichen Gleichung in sich enthält. Damit ist dann diese Gleichung gelöst, das heisst, sie ist auf eine Reihe von einzelnen Hülfsgleichungen zurückgeführt, die sich stets so wählen lassen, dass sie nicht durch noch einfachere Hülfsgleichungen ersetzt werden können.

Was diese durch Galois begründete Theorie der algebraischen Gleichungen besonders anziehend macht ist erstens der Umstand, dass nirgends Kunstgriffe angewendet werden, dass vielmehr überall der Gedankenfortschritt naturgemäss ja nothwendig ist, sobald man einmal die Begriffe Rationalitätsbereich und Gruppe von Vertauschungen der Wurzeln sich zu eigen gemacht hat. Ein zweiter Umstand besteht darin, dass die Theorie einen vollständigen Einblick in das Wesen jedes einzelnen Problems gewährt, das sie behandelt. Hat man daher einmal diese Theorie wirklich verstanden, so empfindet man ganz von selbst das Bedürfniss, auch andere mathematische Theorien auf den Grad der Vollkommenheit zu erheben, den die Theorie der algebraischen Gleichungen bereits erreicht hat. Offenbar ist auch dieses Bedürfniss ästhetischer Natur.

Ein anderes Gebiet der Mathematik, auf dem die früher auseinandergesetzten allgemeinen Gesichtspunkte bis zu einem gewissen Grade wirklich durchgeführt worden sind, ist die projektive Geometrie.

Die projektive Geometrie der Ebene — auf diesen Fall will ich mich beschränken — untersucht, wie sich die geometrischen Gebilde der Ebene gegenüber den sogenannten projektiven Transformationen verhalten. Diese projektiven Transformationen sind dadurch definirt, dass sie jeden Punkt wieder in einen Punkt und ausserdem alle Punkte, die auf einer Geraden liegen, wieder in die Punkte einer Geraden überführen. Daraus folgt sogleich, dass zwei projektive Transformationen nach einander ausgeführt wieder eine projektive Transformation liefern, dass also der Inbegriff aller projektiven Transformationen eine Gruppe bildet. Ausserdem besteht das Verfahren der projektiven Geometrie noch darin, dass Constructionen ausgeführt werden: man legt z. B. durch gegebene Punkte eine Curve von gegebenen Eigenschaften u. dgl.

Die projektiven Transformationen und die Constructionen, das sind die Operationen, welche in der projektiven Geometrie angewendet werden.

Vom Standpunkte der projektiven Geometrie sind der Punkt und die gerade Linie unter allen geometrischen Gebilden die einfachsten; sie sind die Elementargebilde der projektiven Geometrie. Die einfachsten Constructionen, die Elementarconstructionen der projektiven Geometrie sind in Folge dessen diese beiden: erstens die Verbindung zweier gegebener Punkte durch eine Gerade und zweitens das Aufsuchen der Schnittpunkte von zwei gegebenen Geraden. Denkt man sich eine beliebige aber endliche Anzahl von solchen Elementarconstructionen nach einander ausgeführt, so erhält man eine sogenannte lineare Construction.

Es ist nun klar, dass zwei lineare Constructionen nach einander ausgeführt stets wieder eine lineare Construction ergeben. Andrerseits erhält man augenscheinlich, wenn man zuerst eine lineare Construction und sodann eine projektive Transformation ausführt, ebenfalls stets wieder eine lineare Construction. Demnach bilden die linearen Constructionen zusammen mit den projektiven Transformationen einen abgeschlossenen Kreis von Operationen, der die früher auseinandergesetzte Beschaffenheit besitzt, und man kann sich zunächst auf diesen Kreis von Operationen beschränken. Man erhält auf diese Weise die von ihrem Begründer, dem General Poncelet sogenannte: Geometrie des Lineals.

Die linearen Constructionen sind anwendbar auf alle geometrischen Gebilde, die entweder aus einer endlichen Anzahl von Punkten und Geraden bestehen oder durch eine endliche Anzahl dieser Elementargebilde bestimmt sind, wie zum Beispiel ein Kegelschnitt durch fünf seiner Punkte vollständig bestimmt ist oder auch, wenn man zu einer gewissen endlichen Anzahl von Punkten der Ebene ihre Polaren in Bezug auf den Kegelschnitt kennt.

Auf diese Weise hat man ein ganz ungeheures Reich von Aufgaben, zu deren Lösung man das Gebiet der linearen Constructionen nicht zu verlassen braucht. Man sieht bald, dass eine Menge Aufgaben, bei deren Lösung man Kreise, also quadratische Constructionen zu benutzen gewohnt ist, schon durch lineare Constructionen erledigt werden können. Die Befriedigung, die man darüber empfindet, dass man bei der Lösung irgend einer Aufgabe die Benutzung von Kreisen vermeiden und mit linearen Constructionen auskommen kann — diese Befriedigung ist rein ästhetischer Natur, denn nicht selten lässt sich die Aufgabe mit Benutzung von Kreisen viel kürzer und anscheinend einfacher, mit einem Worte viel bequemer lösen als durch lineare Construction; wenn jemand trotzdem die letztere vorzieht, so kann das nur darin seinen Grund haben, dass ihm sein ästhetisches Gewissen verbietet, zur Lösung einer Aufgabe andre Hülfsmittel zu benutzen als die, welche im jeweiligen Falle unumgänglich nothwendig sind. —

Die angeführten Beispiele mögen genügen. Sie beweisen, dass es wirklich Gebiete der Mathematik giebt, in denen sich die vorhin aufgestellten allgemeinen Gesichtspunkte durchführen lassen und zwar mit grossem Erfolge. Wir wollen jetzt noch kurz gewisse andre mathematische Bestrebungen der letzten Jahrzehnte besprechen, die ebenfalls in einem ästhetischen Bedürfnisse ihren Ursprung haben und die schliesslich ebenfalls auf jene allgemeinen Gesichtspunkte hinauskommen.

Durch die ganze Geschichte der neueren Mathematik geht der Gegensatz zwischen Analysis und Geometrie. Bald hat die Analysis die unbedingte Herrschaft, bald die Geometrie. Zwar hat schon der Mann, von dem an man gewöhnlich die neuere Mathematik rechnet, zwar hat schon Descartes diese beiden Gebiete der Mathematik in Verbindung zu einander gesetzt, indem er in der analytischen Geometrie zeigte, dass man die Analysis auf die Untersuchung geometrischer Gebilde anwenden kann — aber die so hergestellte Verbindung ist rein äusserlich, sie ist eigentlich nur eine Vermengung beider Gebiete, denn sie beruht darauf, dass man bald die Methoden der Analysis bald die der Geometrie anwendet und auf diese Weise geometrische Sätze herleitet. Gerade in dieser Verbindung tritt sogar der Gegensatz zwischen analytischer und geometrischer Methode am schärfsten zu Tage und es kommt daher in die ganze Untersuchung etwas Unruhiges und Ungleichmässiges. Wo die Methode der Analysis, also die Rechnung eintritt, da ist auch gewöhnlich eine Unterbrechung im Fortschreiten des Gedankens, denn die einzelnen Schritte der Rechnung haben fast nie eine geometrische Bedeutung, sie erscheinen meistens als Kunstgriffe und nur das schliessliche Ergebniss wird wieder in die Sprache der Geometrie übertragen.

So unendlich fruchtbar das Verfahren der analytischen Geometrie auch ist — ein solches Durcheinander von Geometrie und Analysis kann unmöglich auf die Dauer befriedigen. Es hat sich in Folge dessen auch eine Richtung der Geometrie entwickelt, die auf die Hülfsmittel der Analysis gänzlich verzichtet und mit rein geometrischen Methoden, also durch die Vorstellung allein zum Ziele zu kommen sucht. Aber auch diese Richtung ist unbefriedigend. Denn der menschlichen Vorstellungskraft sind ziemlich enge Schranken gesetzt und sowie man zu verwickelteren geometrischen Gebilden übergeht, hört alle Vorstellung gar bald auf.

In der bisherigen Weise liess sich nun freilich der Gegensatz zwischen Geometrie und Analysis nicht versöhnen. Denn bei der Coordinatenmethode, wie sie seit Descartes üblich ist, wird z. B. jeder Punkt im Raume durch drei Grössen x, y, z bestimmt, die seine Coordinaten heissen. In der Rechnung erscheinen diese drei Grössen getrennt, als ob sie gar nichts mit einander zu thun hätten und es wird also der Punkt, der doch begrifflich eine Einheit bildet, in drei Einheiten zerrissen. Schon Leibnitz fühlte diesen Mangel und ahnte, dass es möglich sein müsse, mit den Punkten, Geraden, Ebenen u. s. w. selbst zu rechnen ohne Benutzung des ganz willkürlichen Coordinatensystems. Er rühmt in beredten Worten die Vorzüge eines solchen Kalküls, ja macht sogar einen Versuch ihn aufzustellen. Der erste aber, der diesen Gedanken wirklich ausführte, war Grassmann. In seiner Ausdehnungslehre von 1844 entwickelte er einen Kalkül, der direkt mit den Punkten, Geraden u. s. w. rechnete. Es ergab sich, dass auf diese Weise die Rechnung ganz den geometrischen Ueberlegungen parallel fortschritt, dass jeder Schritt in der Rechnung zugleich auch eine geometrische Bedeutung hatte, während — das folgende sind Grassmanns eigene Worte — während bei der gewöhnlichen Methode durch die Einführung willkürlicher Coordinaten, die mit der Sache nichts zu thun haben, die Idee ganz verdunkelt war und die Rechnung in einer mechanischen, dem Geiste nichts darbietenden und darum geisttödtenden Formelentwickelung bestand.

Es versteht sich nun freilich von selbst, dass man mit einem solchen Kalkül nichts leisten kann, was man nicht auch auf dem gewöhnlichen Wege mit der Coordinatenmethode leisten könnte; dazu kommt noch ein Umstand, der aus dem gegenwärtigen Zustande der Literatur über den Kalkül folgt: es ist wenigstens zur Zeit ein grosser Aufwand von geistiger Anstrengung und von Geduld erforderlich, wenn man sich den Kalkül so aneignen will, dass man im Stande ist, ihn mit Leichtigkeit zu handhaben und mit Erfolg anzuwenden. Ueberhaupt ist auch ein solcher Kalkül nicht jedermanns Sache. Grassmann hat daher erst spät die verdiente Anerkennung gefunden und noch heute erkennt ihn zwar fast jedermann an, aber nur sehr wenige kennen ihn und noch wenigere benutzen seinen Kalkül. Das macht, sein Kalkül ist wesentlich geschaffen, um einem ästhetischen Bedürfniss zu genügen, während doch der Grundsatz, dass man auch die Mathematik nach ästhetischen Gesichtspunkten behandeln muss, sich noch keineswegs allgemeiner Zustimmung erfreut; ja nicht einmal alle, die diesem Grundsatz zustimmen, fühlen sich veranlasst, wirklich nach ihm zu handeln.

Freilich hat der Grassmannsche Kalkül auch nur ein ziemlich begränztes Gebiet seiner Anwendbarkeit; er gehört, so würde man es heutzutage ausdrücken, zu der Gruppe der Euclidischen Bewegungen des Raumes, wenigstens zum Theil; zum Theil gehört er auch zu gewissen andern Gruppen. Wir sehen also, dass auch hier der Gruppenbegriff wieder hineinspielt, auf den wir schon vorhin geführt wurden, als wir unsre allgemeinen Gesichtspunkte aufstellten. Mittlerweile hat sich die Erkenntniss Bahn gebrochen, dass sich für jede Transformationsgruppe ein ähnlicher Kalkül aufstellen lässt. Für die wichtigste Gruppe, für die allgemeine projective Gruppe ist dieser Kalkül auch wirklich aufgestellt: es ist die von Clebsch begründete symbolische Methode, welche für die projektive Geometrie dasselbe leistet, was der Grassmannsche Kalkül für die Euclidische Geometrie.

Durch das Gesagte hoffe ich einigermassen deutlich gemacht zu haben, dass es in der That auch bei mathematischen Untersuchungen möglich ist, nach Grundsätzen zu verfahren, die durch den Geschmack bestimmt sind. Wenn nun auch jedermann mir diese Möglichkeit zugeben sollte, so werden doch viele leugnen, dass es nothwendig ist, sich bei der Behandlung der Mathematik von ästhetischen Gesichtspunkten leiten zu lassen. Darüber will ich nicht streiten, auch gestehe ich ohne Weiteres zu, dass es zur Zeit nur gewisse Gebiete der Mathematik sind, die man in der angedeuteten Weise behandeln kann. So ist z. B. die Zahlentheorie noch weit davon entfernt, dass man jene allgemeinen Anforderungen in ihr verwirklichen könnte. Die Zahlentheorie beschäftigt sich mit den Eigenschaften der ganzen Zahlen, man sollte daher eigentlich verlangen, dass sie alle ihre Sätze bewiese, ohne das Gebiet der ganzen Zahlen zu verlassen. Aber es fehlt noch viel daran, dass sie das im Stande wäre. Eine ganze Anzahl anscheinend äusserst einfacher Sätze hat man bisher nur mit Anwendung eines ungeheuren Apparats von transscendenten Hülfsmitteln, von Sätzen aus der Theorie der elliptischen Functionen u. dgl. beweisen können.

Aber deswegen darf man die Hoffnung nicht aufgeben, dass es mit der Zeit doch noch gelingen wird, auch diese Sätze zu beweisen, ohne das Gebiet der ganzen Zahlen zu überschreiten.

Die Behandlung der Mathematik nach den entwickelten allgemeinen Grundsätzen ist eben das Ideal, dem wir nachstreben müssen; können wir dieses Ideal nicht gleich überall erreichen, so dürfen wir uns doch nicht von vornherein entmuthigen lassen.

Nachwort.

Dass ich diese Vorlesung durch den Druck veröffentliche, geschieht nicht etwa deshalb, weil ich die darin entwickelten Grundsätze für wirklich neu hielte.

Im Jahre 1872 hat Felix Klein in seinem Erlanger Programm gezeigt, dass eine ganze Reihe von mathematischen Theorien sich auffassen lassen als Untersuchungen über Mannigfaltigkeiten unter Zugrundelegung gewisser Gruppen von Transformationen. Die Folgerung, die sich aus diesem Gedanken für die Methoden der Mathematik ergiebt, hat zuerst mein Freund Study gezogen und bei verschiedenen Gelegenheiten ausgesprochen, am schärfsten in seinem Buche über ternäre Formen, Leipzig 1889. Er hat nämlich den Grundsatz aufgestellt, dass man bei Untersuchung einer Gruppe von Operationen wo möglich nur solche Operationen benutzen solle, die der Gruppe selbst angehören und hat diesen Grundsatz auch in seinen Anwendungen auf Geometrie und Invariantentheorie erläutert. Verbindet man hiermit die von Kronecker in die Theorie der algebraischen Gleichungen eingeführten Begriffsbildungen und Grundsätze, so ergeben sich die Gesichtspunkte, die mich geleitet haben. Dagegen darf ich wohl die

Art und Weise, in der ich zu diesen Gesichtspunkten komme, als mein Eigenthum beanspruchen. Deshalb veröffentliche ich diese Vorlesung, ausserdem aber auch, weil mir scheint, dass die besprochenen Gedanken bei Weitem noch nicht die Anerkennung gefunden haben, die sie verdienen, und dass in Folge dessen nichts überflüssig ist, was zu ihrer Verbreitung beitragen kann.

Soviel zur Rechtfertigung des Drucks den Mathematikern gegenüber. Vielleicht darf ich aber auch hoffen, dass mancher, der nicht Mathematiker von Fach ist, nicht verschmäht, sich über Bestrebungen aufklären zu lassen, die sich in der neueren Mathematik geltend machen und die sicher eine grosse Zukunft haben.

Leipzig, im December 1890.

Der Verfasser.

ABGEDRUCKT AUS OSTWALD'S

ANNALEN
DER
NATURPHILOSOPHIE

DRITTER BAND

DAS RAUMPROBLEM
VON
F. HAUSDORFF

VERLAG VON VEIT & COMP. IN LEIPZIG

F. Hausdorfs Gesuch vom 19. April 1895 um Erteilung der venia legendi [Archiv der Karl-Marx-Universität Leipzig, PA 547, Bl. 1]

Das Raumproblem.[1]

Von

F. Hausdorff.

An der Lösung des Raumproblems sind nicht weniger als fünf Wissenschaften beteiligt und interessiert: Mathematik und Physik, Physiologie, Psychologie und Erkenntnistheorie. Daß in einer so vielgestaltigen Frage bisher kein Abschluß, ja noch nicht einmal eine Abgrenzung der gegenseitigen Kompetenzen erzielt worden ist, darf nicht überraschen, und es wäre vermessen, wenn ich an dieser Stelle eine mehr oder minder scheinbare Erledigung des uralten Rechtsstreites versuchen wollte. Nur zur Klärung der Debatte, zur Fragestellung selbst hoffe ich einige Punkte beibringen zu können, deren scharfe Betonung ich in der Literatur der Frage, soweit meine Kenntnis reicht, stets vermißt habe: Punkte, die vielleicht die Lösung hinausschieben und das Problem erschweren, aber wenigstens dieses entwirren und jene planmäßig suchen helfen.

Wenn man die verschiedenen Seiten und Bedeutungen des Raumbegriffs oberflächlich klassifizieren will, ohne sich bereits einer bestimmten Parteimeinung anzuschließen, so wird man ungefähr so unterscheiden. Erstens eine gewisse freie Schöpfung unseres Denkens, keinem anderen Zwange als dem der Logik unterworfen, ein System willkürlich gewählter Voraussetzungen, sogenannter Axiome, nebst den daraus deduktiv abgeleiteten Folgerungen: dies ist der Raum des Gedankens, der Raum der Geometrie, der mathematische Raum. Zweitens ein System wirklicher Erlebnisse und Erfahrungen, das in unserem Bewußtsein tatsächlich vorübergleitende Phänomen der raumerfüllenden Außenwelt: dies wollen wir den subjektiv-psychologischen Raum, den Bewußtseins- oder Erfahrungsraum, den empirischen Raum nennen. Drittens endlich wird ein gewisses Verhalten der Dinge unabhängig von

---

[1] Antrittsvorlesung, an der Universität Leipzig am 4. Juli 1903 gehalten.

unserem Bewußtsein vorausgesetzt, um unsere Raumanschauung zu erklären: das wäre der objektiv-naturwissenschaftliche Raum, der „intelligible" oder absolute Raum. Es ist kein Einwand gegen dieses Schema, wenn man etwa die Klarheit seiner Unterscheidungen leugnen sollte; denn das Unterschiedene nachträglich zu identifizieren, ist immer noch Zeit genug. Im Gegenteil, es ist sein Hauptvorzug, daß es der philosophischen Parteibildung nicht vorgreift und, als bloßes Programm und leerer Rahmen, die verschiedensten Ausfüllungen gestattet. Insbesondere wird das Verhältnis zwischen dem zweiten und dritten Raumbegriff, dem empirischen und absoluten Raum — ein Verhältnis, das ungefähr dem berühmten Kantischen Dualismus zwischen „Erscheinung" und „Ding an sich" entspricht — den Divergenzpunkt der philosophischen Richtungen abgeben; hier wird, je nach Umständen, der zweite Raum als bloße Abschrift des dritten oder als selbständiges unwegdenkbares Erzeugnis unseres Intellekts, als Anschauung a priori, der dritte Raum als identisches Urbild des zweiten oder als unbestimmbar oder vielleicht als gar nicht existierend angesehen werden: je nachdem man sich auf den Standpunkt des Empirismus oder Nativismus, des Realismus, Idealismus oder Illusionismus stellt, wobei noch zahllose Zwischennuancen und Vermittlungen möglich sind. Nun ist aber offenbar die erste Bedingung für eine künftige Regelung der Angelegenheit die, daß man sich für jeden einzelnen der drei Räume die Frage vorlegt, innerhalb welcher Grenzen er überhaupt eindeutig bestimmt ist. Ist der mathematische, der empirische, der absolute Raum nur auf eine einzige, alle Abweichungen ausschließende Art definiert, oder haben wir vielleicht die Wahl zwischen verschiedenen gleichberechtigten Hypothesen? Da ist zunächst klar, daß wir beim zweiten, empirischen Raume keine Wahlfreiheit haben, daß wir die Erfahrungen und Bewußtseinserscheinungen, die ihn konstituieren, als fait accompli über uns ergehen lassen müssen in reiner Receptivität, mögen wir naiv beobachten oder willkürlich experimentieren. Wie steht es aber mit den beiden anderen Räumen? Hier ist in der Tat — und das möchte ich heute in seiner ganzen Paradoxie zur Erwägung stellen — die vermutete Wahlfreiheit vorhanden, und mit dem allergewaltigsten Spielraum: nämlich Wahlfreiheit zwischen unendlich vielen Hypothesen, von denen keine mehr oder weniger berechtigt ist als die andere. Für den mathematischen Raum ist dies Resultat bekannt, seit dem ersten Drittel des 19. Jahrhunderts, nämlich seit der Begründung der sogenannten nichteuklidischen Geometrie; hier befinden wir uns auf gesichertem Gebiet. Für den objektiven Raum ist jene behauptete Unbestimmbarkeit im Grunde zwar identisch mit der Kantischen Lehre, daß die Beschaffenheit der Dinge an sich, also auch die des Raumes an sich, für unser Bewußtsein transzendent und unerkennbar sei, und insofern wäre auch dies Resultat nicht neu; aber die Beweismethode Kants mußte durch eine andere, bisher noch unerprobte, ersetzt werden.

Wenden wir uns also zunächst zum mathematischen Raume, so ist uns die Mehrheit der Hypothesen und die Freiheit der Wahl zwischen ihnen in dreifacher Weise verbürgt: durch den **Spielraum des Denkens**, den **Spielraum der Anschauung**, den **Spielraum der Erfahrung**. In erster Linie steht die Freiheit des Denkens, die schöpferische Freiheit unserer Gedankenbildung: eine Freiheit, die sich die Mathematik nicht ohne Kampf gegen philosophische Unterdrückungsversuche siegreich erstritten hat, und die heute zu dem unveräußerlichen Grundbesitz unserer Wissenschaft gehört. Durch die logische Zergliederung der Grundlagen der Geometrie, die mit der Kritik des Parallelenaxioms vor rund hundert Jahren beginnt und mit Hilberts Göttinger Festschrift[1] nach einer bestimmten Richtung einen vorläufigen Abschluß gefunden hat, ist es uns zur unerschütterlichen Überzeugung geworden, daß dasjenige System von Definitionen, Voraussetzungen und Folgerungen, das wir als die gewöhnliche, euklidische Geometrie bezeichnen, keineswegs das einzig denkbare, sondern nur eines unter unendlich vielen, logisch gleichberechtigten ist. Nicht nur ist jeder Versuch gescheitert, in diesen abweichenden „nichteuklidischen" Geometrien einen Widerspruch zu entdecken — diese negative Instanz wäre ja nicht beweiskräftig, denn die Menschheit hat Jahrtausende lang Begriffe gebildet und Systeme gesponnen, die sich später als unvollziehbar und innerlich widersprechend erwiesen haben; — sondern die Abwesenheit eines Widerspruches ist durch geeignete Abbildungen der nichteuklidischen Geometrien auf euklidische Modelle und der euklidischen Geometrie auf die reine Arithmetik direkt bewiesen worden. Hieran ist nicht mehr zu rütteln, und die Mathematik darf jede aprioristische Konstruktion, die den euklidischen Raum mit seinen speziellen Eigentümlichkeiten, als Denknotwendigkeit, willkürfrei und voraussetzungslos zu deduzieren behauptet, ungeprüft ad acta legen.

Das wäre der Spielraum des Denkens, der dem mathematischen Raume, für sich allein betrachtet, offen steht und der eingeschränkt, aber nicht völlig vernichtet wird durch die Beziehung des mathematischen Raumes zum empirischen. Die Geometrie hat ja zwei Seiten, mit denen sie zugleich in die reine und angewandte Mathematik hineinragt;[2] sie ist nicht ausschließlich die freie logische Phantasieschöpfung, die aus willkürlich gewählten Prämissen die denknotwendige Kette der Schlußfolgerungen ableitet, sondern zugleich die vollkommenste Naturwissenschaft, deren Begriffe im Hinblick auf eine möglichst vorteilhafte Abbildung der empirischen Wirklichkeit ersonnen werden. Wir haben zwar das unantastbare Recht, eine beliebige Kategorie von Dingen als Punkte, eine andere als gerade Linien u. s. w. zu bezeichnen, zwischen diesen freigewählten Objekten freigewählte, nur widerspruchlose Beziehungen der Anordnung und Verknüpfung axiomatisch vorauszusetzen und das System der hieraus fließenden Sätze und Folgerungen eine Geometrie zu nennen; aber in diesem uferlosen Bereich denkbarer Systeme, die der mathematische Spieltrieb auszuhecken vermöchte, wird doch dasjenige oder werden diejenigen sich durch besonderen Wert auszeichnen, die außer dem logischen Daseinsrecht noch einen empirischen Daseinszweck haben. Den hat die euklidische Geometrie: ihre Sätze über Punkte, Gerade, Ebenen, starre Körper finden sich mit jedem Grade der Annäherung bestätigt, wenn wir sie an Perlen, Drähten, Scheiben, Glasstücken prüfen; ihre Dreiecksformeln lassen sich auf den Fall anwenden, daß wir aus Materialien, die die Physik als feste Körper bezeichnet, sowohl ein Dreieck als auch Längen- und Winkelmaßstäbe verfertigen und die Stücke des Dreiecks mit den Stücken der Maßstäbe vergleichen. Diese Eigenschaft also, kurz die empirische Gültigkeit, kommt der euklidischen Geometrie zu und mangelt zahllosen anderen; aber wir haben sofort hinzuzufügen, sie ist kein exklusives Vorrecht der euklidischen Geometrie allein, sondern muß auch denjenigen nichteuklidischen Geometrien zuerkannt werden, deren Abweichung von der euklidischen unterhalb unserer Beobachtungsschwelle bleibt. Erfahrung ist ja immer approximativ, d. h. die Werte stetig veränderlicher Größen sind aus ihr niemals eindeutig, sondern nur innerhalb gewisser Grenzen bestimmbar, während allerdings Größen, die ihrer Natur nach nur isolierter Einzelwerte fähig sind, eindeutig ermittelt werden können. Daß die Dimensionszahl des Raumes nicht von Drei abweicht, können wir garantieren, und im Newtonschen Gravitationsgesetz das Quadrat der Entfernung durch die Potenz 2,000 000 16 zu ersetzen (wie neuerdings[3] zur Erklärung der Perihelbewegung des Merkur vorgeschlagen wurde) ist gewiß ein unglücklicher Gedanke; daß aber das Krümmungsmaß des Raumes absolut Null sei, läßt sich nicht verbürgen, sondern nur, daß es eine winzige positive oder negative Zahl nicht überschreiten darf. Mit dieser Unsicherheit im Kleinen hängt die Unsicherheit im Großen zusammen: die Erfahrung beschränkt uns auf ein endliches Raumgebiet, das wir über seine Grenzen hinaus durch ideale Extrapolation erweitern. Wir werden aber sehen, daß selbst dann, wenn im begrenzten Raumgebiet die absolut fehlerlose Gültigkeit der euklidischen Geometrie gesichert wäre, noch in mannigfaltigster Weise eine „Fortsetzung" dieser Geometrie über die ursprünglichen Grenzen hinaus gestattet ist.

Übrigens hat man philosophischerseits die Denkbarkeit nichteuklidischer Räume und, bei hinlänglich kleiner Abweichung, ihre Vereinbarkeit mit der Beobachtung schließlich zugegeben, um desto hartnäckiger über die dritte von uns behauptete Freiheit, über die Möglichkeit der Anschauung solcher Räume herumzustreiten. Mag uns Logik und Experiment noch die Wahl lassen, die innere Anschauung fordert das Parallelenaxiom, das Gegenteil ist unvorstellbar, — so erklärten die Aprioristen; während auf der anderen Seite aus der Vorstellbarkeit nichteuklidischer Raumverhältnisse auf die empirische Herkunft der euklidischen Geometrie geschlossen wurde. Damit zusammenhängende Debatten, ob es zulässig sei, die Namen Punkt, gerade Linie, Ebene, Raum auf nichteuklidisches Gebiet zu übertragen, ob der Raum als Begriff sui generis die Subsumtion unter einen höheren Begriff und Koordination mit anderen Räumen gestatte u. dergl., können wir wohl als Streit um Worte auf sich beruhen lassen, während die Frage der Anschaulichkeit oder Nichtanschaulichkeit noch weniger als Wortstreit, nämlich ein Streit um Personen und persönliche Begabungen ist. Über denkbar oder undenkbar kann man einig werden, unter geistig normalen Menschen; aber „anschaulich vorstellbar", das bedeutet bei jedem etwas anderes, je nach dem Umfange seiner individuellen Erfahrung und der Stärke seiner analogiebildenden Phantasie. Kant[4] behauptete, alle Dinge im Raume fortdenken zu können, nur den Raum selbst nicht; andere behaupteten auch das zu können: wahrscheinlich haben beide Teile Recht, aber es ist wohl aussichtslos, ein psychologisches Experiment an einzelnen Individuen als erkenntnistheoretisch entscheidende Instanz anzurufen. Helmholtz[5] versucht mit gutem Gelingen, nichteuklidische Raumwahrnehmungen anschaulich auszumalen, und bemerkt mit Recht, daß das nicht schwieriger sei, als einen verwickelten Knoten oder ein vielflächiges Krystallmodell vorzustellen, ohne es gesehen zu haben, während doch die Anschaubarkeit dieser euklidischen Gebilde durch tatsächliche Anschauung erwiesen werden kann. Und wenn wir uns erinnern, daß Hegel[6] von Zukunft, Gegenwart und Vergangenheit als den drei Dimensionen der Zeit spricht, so scheint, daß ein Mathematiker wie Graßmann, der Schöpfer der Ausdehnungslehre, eine deutlichere Anschauung vom vierdimensionalen Raum besaß als Hegel vom dreidimensionalen. Die Frage nach der Vorstellbarkeit der nichteuklidischen Geometrie hat unter solchen Umständen keine allgemeine Bedeutung mehr und sinkt zu einer psychologischen Personenfrage herab, die nunmehr aber, unter geeigneten persönlichen Vorbedingungen, entschieden zu bejahen ist. Der phantasiestarke Mathematiker wird den Gebilden seines Denkens auch die Lebendigkeit der Anschauung einzuhauchen wissen, während Geister von schwächerer Flugkraft oder mehr abstrakter Richtung ihm in sein Reich konkreter Schöpfung und Belebung nicht zu folgen vermögen.

In drei Beziehungen also, im Denken, in der Erfahrung, in der Anschauung, haben wir Spielraum und Wahlfreiheit unter zahllosen Gestaltungen des mathematischen Raumes. Vollkommen fessellos bewegen wir uns im Bereich des Gedankens, eingeschränkter schon ist die Möglichkeit der Anschauung, da sie doch immer, wenn auch in phantastischer Umbildung und Metamorphose, an die Elemente der empirischen Wirklichkeit anknüpfen muß; der engste Spielraum ist der der Erfahrung, der zwar immer noch unendlich viele Hypothesen umfaßt, aber nur solche, die praktisch von einer einzigen, der euklidischen Geometrie, nicht zu unterscheiden sind. Mit dieser dreifachen Freiheit ausgerüstet, möchte ich Ihnen in kurzer Übersicht und ohne jeden Anspruch auf Systematik die interessantesten Raumformen vorführen; wir wollen die charakteristischen Eigenschaften des euklidischen Raumes durchgehen und, indem wir uns Abweichungen davon vorstellen, uns überzeugen, wie speziell, wie reich an Voraussetzungen, wie wenig selbstverständlich diese Eigenschaften sind. Freilich ist nicht zu vermeiden, daß die begriffliche Sonderung in Einzelattribute bisweilen das Zusammengehörige zerreißt; denn die einzelnen Qualitäten sind ja dem Raume nicht lose, der Reihe nach, umgehängt, sondern konstituieren ihn, bedingen und durchdringen einander gegenseitig, und man zerstört das ganze Gewebe, wenn man einen einzigen Faden herauszieht. Diesen Mangel vorweg zugestanden, wollen wir uns überzeugen, mit welchem Rechte oder in welchem Sinne wir unseren Raum als Raum **verschwindender Krümmung, als Raum freier Beweglichkeit, als Raum einfachen Zusammenhanges, als dreidimensionalen stetigen Raum** bezeichnen.

1. Unser Raum ist ein **ebener Raum**, ein Raum verschwindenden Krümmungsmaßes; diese vielfach mißverstandenen Benennungen Riemanns[7] wollen sagen, daß die Winkelsumme unserer geradlinigen Dreiecke gleich zwei Rechten ist oder daß das berühmte Parallelenaxiom gelten soll, dem man unter vielen anderen etwa diese Form geben kann: durch einen gegebenen Punkt läßt sich nur eine gerade Linie ziehen, die mit einer gegebenen anderen Geraden in einer Ebene liegt, ohne sie zu schneiden. An dieses Parallelenaxiom knüpft bekanntlich die Entstehungsgeschichte[8] der nichteuklidischen Geometrie an; nachdem es Euklid unter die αἰτήματα, die Forderungen eingereiht hatte, bemühten sich zwei Jahrtausende vergeblich es zu „beweisen", d. h. als Folgerung aus den übrigen euklidischen Voraussetzungen abzuleiten, bis etwa um das Jahr 1830 seine Unbeweisbarkeit durch die Aufstellung einer widerspruchfreien Geometrie ohne Parallelenaxiom entschieden wurde. In dieser ersten nichteuklidischen Geometrie, deren Entdeckung sich an die Namen Gauß, Lobatschefskij, Bolyai u. a. knüpft, und die man heute **pseudosphärische** oder **hyperbolische** Geometrie nennt, gibt es durch einen gegebenen Punkt zwei Gerade, die einer gegebenen Geraden parallel sind, und unendlich viele, die sie nicht schneiden; die Winkelsumme im Dreieck ist kleiner als zwei Rechte. Hierbei ist jedoch ein zweites Axiom der euklidischen Geometrie, die **Unendlichkeit der geraden Linie**, stillschweigend oder ausdrücklich festgehalten worden. Sobald man dieses opfert, also die Geraden als geschlossene Linien von endlicher Länge annimmt, eröffnet sich neben der pseudosphärischen noch eine zweite nichteuklidische Geometrie, die **sphärische**; beide weichen von der euklidischen im entgegengesetzten Sinne ab und nehmen sie als speziellen Grenzfall in die Mitte. Auf die sphärische

Geometrie, die von jenen ersten Entdeckern aus dem angegebenen Grunde übersehen wurde, haben Riemann und Helmholtz[9] aufmerksam gemacht und dabei ihrerseits die pseudosphärische Möglichkeit anfänglich außer Acht gelassen. In der sphärischen Geometrie ist die Winkelsumme des Dreiecks größer als zwei Rechte; zwei Gerade in einer Ebene schneiden sich stets in zwei Punkten, so daß von parallelen Geraden im üblichen Sinne nicht die Rede sein kann; allerdings gibt es ein gewisses Verhalten zweier Geraden im Raume — nicht in einer Ebene —, das man mit Clifford[10] als Parallelismus bezeichnen kann. So fremdartig übrigens die Gebilde des sphärischen Raumes uns anmuten, so ist uns eigentlich für zwei Dimensionen die sphärische Geometrie sehr geläufig: nämlich als Geometrie auf der Kugel, wie schon der Name besagt. Es ist in der Tat wunderbar, und nur durch unbewußte Gewöhnung an jenes Axiom von der Unendlichkeit der geraden Linie zu erklären, daß man die sphärische Geometrie als nichteuklidische Möglichkeit nicht längst vor der pseudosphärischen entdeckt hat. Ein merkwürdiger Beitrag zur Psychologie der Wissenschaft, aus dem man die auch sonst bestätigte Regel abstrahieren kann, daß neue Dinge entdecken leichter ist, als alte Dinge auf neue Weise anschauen. Um von der wohlbekannten Kugel zu einer zweidimensionalen Mannigfaltigkeit mit sphärischer Geometrie, kurz gesagt, zur sphärischen Ebene, überzugehen, ist gar keine inhaltliche Neuerung, sondern nur eine veränderte Auffassung nötig: man hat die Hauptkreise der Kugel gerade Linien zu nennen, hat alle Begriffe und Sätze, die noch an die Lage der Kugel im Raume anknüpfen, so umzuformen, daß sie nur noch Verhältnisse auf der Kugelfläche selbst betreffen und von Bewohnern, die diese Fläche nicht verlassen dürfen, geprüft werden können, man hat, mit einem Worte, die Kugel nicht mehr als Gebilde unseres euklidischen Raumes, sondern als selbständigen zweidimensionalen Träger einer eigenen, nichteuklidischen Geometrie zu interpretieren. Aber gerade diese rein gedankliche Umdeutung, bei der keine trigonometrische Formel verändert zu werden brauchte, war so schwer, daß nur Lambert[11] ihr nahe kam, und man kann sagen: die sphärische Geometrie blieb unentdeckt, gerade weil ihr euklidisches Modell, die Kugel, schon vorhanden war. Daß ein solches Modell auch für die pseudosphärische Ebene später gefunden wurde, in Gestalt der Flächen konstanter negativer Krümmung,[12] erleichterte nicht nur ihre Erforschung, sondern erfüllte geradezu ein logisches Postulat: erst damit war die Lobatschefskij-Bolyaische Geometrie als widerspruchlos denkbares System tatsächlich legitimiert. Denn der Widerspruch, den Gauß vergeblich suchte und Bolyai schon einmal gefunden zu haben glaubte,[18] konnte ja so tief, so abseits liegen, daß er selbst einem Gauß entgehen mußte; vielleicht war zu seiner Auffindung eine mathematische Entwicklung durch Jahrtausende notwendig, wie von der Kreismessung des Archimedes bis zu Lindemanns Beweis für die Transzendenz der Zahl π. Daß jedes geometrische System, auch das euklidische nicht ausgenommen, einer Prüfung auf Widerspruchfreiheit bedarf, hat wohl mit voller Entschiedenheit zuerst Hilbert ausgesprochen: die sogenannte Anschauung ist weit davon entfernt, auch nur die Denkbarkeit des Angeschauten zu beweisen. Die Frage erledigt sich für die euklidische Geometrie durch zweckmäßige Arithmetisierung, für die nichteuklidische ebenso oder indirekt durch Abbildung auf die euklidische, durch die Erfindung eines euklidischen Modells. Ein solches Modell der pseudosphärischen Ebene ist jede Fläche konstanten negativen Krümmungsmaßes, und zwar ein Modell, wie es der Globus von der Erdoberfläche liefert; daneben gibt es unbegrenzt viele Abbildungen auf die euklidische Ebene, die also den geographischen Karten entsprechen. Die beiden wichtigsten darunter sind diejenigen, die der sogenannten Zentralprojektion und der stereographischen Projektion bei Erdkarten analog sind: in der einen werden die pseudosphärischen geraden Linien durch euklidische gerade Linien, in der anderen die pseudosphärischen Kreise durch euklidische Kreise abgebildet.[14]

2. In den bisher betrachteten Räumen herrscht freie Beweglichkeit, d. h. Unabhängigkeit aller Figuren und Konstruktionen vom Ort; jedes Raumgebilde kann ohne Änderung seiner Winkel, Längen, Flächen, Volumina wie ein starrer Körper beliebig verschoben und gedreht werden. Die Analysis lehrt,[15] daß in solchen Räumen freier Beweglichkeit die von Riemann als Krümmungsmaß bezeichnete Größe konstant, an allen Punkten und nach allen Richtungen dieselbe ist; sie ist positiv für die sphärische Geometrie, negativ für die pseudosphärische, Null für die euklidische. Die von Helmholtz bemerkte Gefahr, „daß sich gewohnte Anschauungstatsachen als Denknotwendigkeiten unterschieben könnten",[16] ist nirgends so groß wie bei diesem Postulat der freien Beweglichkeit; wir haben so viele Millionen harter

Gegenstände ohne nachweisbare Deformation ihren Platz wechseln sehen, daß wir uns einen Raum ungleichförmiger Struktur beinahe nur mit substantiellen Schalen und Wänden denken können, „die durch ihre Kräfte des Widerstandes einer ankommenden realen Gestalt den Eintritt wehren, am Ende aber auch durch den heftigeren Anfall dieser müßten zersprengt werden können" (Lotze).[17] Und doch haben wir noch nie einen ideal starren Körper von absoluter Unveränderlichkeit beobachtet; ja die Hypothese, daß die sogenannten starren Körper nur im Ruhezustande möglich, bei der Bewegung aber gewissen feinen Deformationen unterworfen seien, ist neuerdings in der Physik aufgetaucht, und durchaus nicht rein spekulativ, sondern zur Erklärung des Michelsonschen Interferenzversuches.[18] Strebt doch die moderne elektromagnetische Richtung vielfach dahin, den mathematischen leeren Raum durch den mit physikalischen Eigenschaften ausgestatteten Äther zu ersetzen; und vielleicht ist dies ein Weg, zum Verständnis der paradoxen, von C. Neumann[19] scharf hervorgehobenen Tatsache zu gelangen, daß die absolute Bewegung in der Mechanik unentbehrlich ist. Es könnten also noch einmal empirische Gründe dafür sprechen, die uns so vertraute Homogeneität und Isotropie des Raumes, die Vertauschbarkeit aller Punkte und Richtungen preiszugeben und einen Raum zu imaginieren, dessen Punkte individuell kenntlich sind wie die Punkte in der dreidimensionalen Farbenmannigfaltigkeit, und in dem es bevorzugte Richtungen, natürliche Achsen gibt wie im krystallinischen Medium. Auch der Relativismus kann zum Dogma werden: unser Widerwille gegen absolute Länge, absolute Lage, absolute Richtung ist vielleicht mehr Glaube und Gefühl als klare Einsicht. Jedenfalls ist die freie Beweglichkeit kein Denkgesetz und muß beim Aufbau der Geometrie als besondere Voraussetzung, etwa in Form eines Axioms über kongruente Dreiecke, gefordert werden. Gibt man sie preis, so wird man zunächst auf die Riemannsche Begriffsbildung der Räume variablen Krümmungsmaßes geführt, eine Verallgemeinerung der beliebig gekrümmten Flächen im euklidischen Raume. In einem solchen Raume ist nicht nur jeder Punkt mit jedem anderen unverwechselbar und sozusagen durch ein besonderes „Lokalzeichen" individualisiert, so daß etwaige Bewohner den absoluten Ort ermitteln können, wo sie sich jeweilig befinden; sondern die Raumstruktur in jedem Punkte ist auch nach verschiedenen Richtungen verschieden und es gibt Richtungen ausgezeichneten Verhaltens, Prinzipalrichtungen, ähnlich den Trägheitsachsen eines schweren Körpers oder den optischen Achsen eines Krystalls. Nach einer phantastischen Idee Riemanns,[20] die Clifford zur physikalischen Verwertung vorschlägt, hätte unser Raum zwar in endlichen Teilen konstantes Krümmungsmaß, gewissermaßen als statistischen Mittelwert, im feinsten Detail aber variables, ähnlich wie das scheinbar ebene Papierblatt bei mikroskopischer Betrachtung Höcker und Unebenheiten zeigt; die wellenartige Fortpflanzung der verschiedenen Werte des Krümmungsmaßes sei das, was uns als Bewegung der Materie erscheint. — Andererseits sind die Riemannschen Räume variablen Krümmungsmaßes durch eine gewisse Voraussetzung charakterisiert, die analytisch als quadratische Form des Linienelementes, geometrisch dadurch definiert werden kann, daß in unendlich kleinen Entfernungen die euklidische Geometrie gilt. Auch diese Voraussetzung kann noch geopfert und ein Raum mit nichtquadratischem Linienelement konstruiert werden, der nicht einmal in unmeßbar kleinen Entfernungen Annäherung an unsere gewöhnlichen Raumverhältnisse zeigt;[21] hier ist die Fremdartigkeit des Nichteuklidischen vielleicht auf die Spitze getrieben. In anderer Weise wieder kann man durch geeignete Winkeldefinition die freie Beweglichkeit etwa auf lineare Längen einschränken, so daß ein aus dünnen Stäben oder Drähten gefertigtes Gitterwerk frei beweglich, ein flächen- oder körperhaftes Gebilde aber an seinen Ort gebannt und nur mit Deformation transportabel wäre. Aus der freien Beweglichkeit für Entfernungen folgt also noch nicht die der Winkel oder Flächen oder Volumina: eine Bemerkung, die auf eine Lücke der Riemannschen Betrachtungsweise hindeutet und die Notwendigkeit zeigt, zwischen Entfernungen, Winkeln u. s. w. durch besondere Axiome oder Definitionen eine Verknüpfung herzustellen.

3. F. Klein[22] und Clifford haben zuerst darauf hingewiesen, daß außer der Geometrie in begrenzten Gebieten die Zusammenhangsverhältnisse im ganzen einer Raumform ihr individuelles Gepräge gegeben; zwei Räume können differentialgeometrisch übereinstimmen, aber „topologisch" oder im Sinne der Analysis situs verschieden sein. Wickeln wir ein Papierblatt um einen Lampenzylinder, so gehen Figuren, die auf das Blatt gezeichnet sind, in gewisse Figuren der Zylinderfläche über; verabreden wir, die kürzesten Linien auf dem Zylinder (Schraubenlinien) ebenfalls als gerade Linien zu bezeichnen, so gilt auf dem Glase wie

auf dem Papier die euklidische Geometrie. Trotzdem besteht ein Unterschied: die größeren Figuren des Papierblattes werden die Glasfläche mehrfach bedecken, und auf dem Zylinder gibt es neben unendlichen Geraden, die ihn beliebig oft umwinden, auch geschlossene, in sich zurücklaufende Gerade, nämlich die den Zylinder umspannenden Kreise. Wir sagen, das Blatt habe einfachen, der Zylinder zweifachen Zusammenhang. Denken wir uns in einem solchen Raume lebend, so würden wir die Entdeckung machen, daß von jedem Punkte eine bestimmte Richtung ausgeht, in der fortwandernd man schließlich wieder zum Ausgangspunkte zurückgelangt. Auch hier also würde eine Anisotropie und eine Beschränkung der freien Beweglichkeit auf hinlänglich kleine Figuren eintreten: denn jene geschlossenen Geraden lassen sich, wie ein Blick auf unseren Glaszylinder lehrt, wohl verschieben, aber nicht drehen. Da wir aber Körper von Billionen Meilen Länge noch nicht auf freie oder beschränkte Beweglichkeit geprüft haben, so garantiert uns die Erfahrung nicht, daß wir nicht möglicherweise in einer solchen Raumform mit sehr großem Zylinderumfang leben. Noch merkwürdigere Räume sind die, in denen zwei oder drei Richtungen für geschlossene gerade Linien angenommen werden. Ferner kann man, statt einen rechteckigen Papierstreifen in gewöhnlicher Weise zum zylindrischen Streifen zusammenzukleben, vorher die Ränder kreuzen, wodurch das sogenannte Möbiussche Blatt[23] entsteht, eine Fläche, die nur eine Seite hat und in der folglich Schrift und Spiegelschrift ineinander durch Bewegung überzuführen sind; ein ähnlich konstruierter „einseitiger" Raum würde also, ohne Beihilfe der vierten Dimension, die Verwandlung rechter in linke Handschuhe gestatten, und ein normal gebauter Mensch würde von einer hinlänglich weiten Wanderung mit Dextrokardie behaftet heimkehren. Ähnliche Betrachtungen lassen sich auch für nichteuklidische Räume anstellen; es sei nur erwähnt, daß man aus projektiv-geometrischen Gründen, um das Axiom vom einzigen Schnittpunkt zweier Geraden zu retten, neben die sphärische Geometrie eine Spielart, die elliptische Geometrie, gestellt hat, die man sich ebenfalls als Geometrie auf der Kugel veranschaulichen kann, aber unter der Verabredung, diametral gegenüberliegende Kugelpunkte als identisch, als nur einen Punkt anzusehen. Auch die sphärische und elliptische Geometrie stimmen im begrenzten Gebiet, aber nicht im Zusammenhange des Ganzen überein.

4. Endlich noch ein Wort über **Stetigkeit** und **dreifache Ausdehnung**. Daß die Dimensionenzahl Drei keine Denknotwendigkeit ist, wird heute wohl gutwillig zugestanden werden; der Mathematiker wird seinerseits, mit Ablehnung aller spiritistischen Zauberkunststücke, zugeben, daß hier kein Erfahrungsspielraum für Abweichungen von der Drei offen bleibt. Auch die physikalischen Beziehungen zur quadratischen Abnahme der Lichtstärke und Gravitation haben bisher keinen Realgrund der Dreizahl aufgedeckt. Dagegen ist durch Georg Cantors[24] Forschungen der innige Zusammenhang zwischen Dimensionenzahl und Stetigkeit klar geworden; man kann sämtliche Punkte eines Würfelvolumens auch in einem Quadrat oder einer Strecke unterbringen — aber diese Zuordnung ist unstetig, wenn sie eindeutig, oder mehrdeutig, wenn sie stetig sein soll. Ein beweglicher Punkt kann in der eindimensionalen Zeit alle Punkte des dreidimensionalen Raumes durchlaufen, wenn er entweder beständig springen oder bei stetiger Bewegung manche Lagen mehrmals passieren darf. Daß aber unser Raum stetig, ein dreidimensionales Kontinuum sei, ist ebensowenig beweisbar wie das Parallelenaxiom oder irgend eine andere der von uns geprüften Voraussetzungen, und Abweichungen davon sind ebenso denkbar, wie durch Erfahrung unwiderlegbar. Dedekind[25] und Hilbert[26] haben abzählbare Punktmengen angegeben, die den Raum „überall dicht" wie ein unendlich feiner Staub, aber doch nicht kontinuierlich erfüllen; Punktmengen, innerhalb deren trotzdem im Wesentlichen die euklidische Geometrie gilt. Unser wirklicher Raum könnte eine solche Punktmenge sein, oder er könnte umgekehrt durch Weglassung einer solchen Punktmenge aus dem Kontinuum entstehen; in einem solchermaßen überall durchlöcherten, schwammartigen Raume wäre sogar noch stetige Bewegung möglich.[27]

Damit möge die Aufzählung nichteuklidischer Raumformen beendigt sein. Der ganze Umkreis der Möglichkeiten ist noch keineswegs erschöpft; aber Sie werden schon jetzt genug haben und nach dem **Zweck** dieser Spekulationen fragen, gesetzt, daß Sie ihre Denkbarkeit, Anschaulichkeit und empirische Unwiderlegbarkeit innerhalb gewisser Grenzen zugeben. Ehe ich zum Schluß darüber einige Worte sage, muß ich aber meine zweite These beweisen, nämlich daß auch der **absolute** Raum, das zur Erklärung unserer räumlichen Wahrnehmungen vorausgesetzte objektive räumliche Verhalten der Dinge, an völliger Unbestimmtheit und Unbestimmbarkeit leidet. Entscheiden wir uns also beim mathematischen Raum für eine bestimmte Hypothese, etwa die gewöhnliche euklidische Geometrie, so lautet jetzt die Fragestellung: welche wirkliche Beschaffenheit der Dinge ist anzunehmen, damit wir in einem euklidischen Raume zu leben glauben? Nicht nur der Sinn der Frage, sondern zugleich die Antwort ist für einen Kantianer unzweifelhaft; wir wissen nichts von den Dingen an sich, die den Erscheinungen unserer Bewußtseinswelt entsprechen, folglich auch nichts vom absoluten Raume, der unser empirisches Raumbild erzeugt. Ich halte Kants Behauptung für richtig, seinen Beweis aber für ungiltig; die transzendentalen Realisten haben seit Trendelenburg stets eingewendet, daß der Raum ja beides sein könne, sowohl Bewußtseinserscheinung als auch getreue Kopie eines vom Bewußtsein unabhängigen Originals. Lassen Sie mich daher eine eigene Beweismethode skizzieren und diese zunächst durch ein Gleichnis erläutern.[28]

Was muß man von einer brauchbaren geographischen Karte verlangen? Keine Gleichheit mit dem Original, denn dann müßte die Karte so groß sein wie das Land; nicht einmal Ähnlichkeit, denn nur der Globus, nicht das ebene Papierblatt kann Teile der Erdkugel ähnlich abbilden. Also ohne „Verzerrungen" geht es nicht ab, aber diesen Namen hat die menschliche Bequemlichkeit ersonnen; die Verzerrungen sind, wie die „Störungen" der Planetenbahnen, nichts Naturwidriges, sondern die natürliche Folge der gegebenen Umstände, keine Abweichung von der Norm, sondern die Norm selbst. Was also wird man verlangen? Zunächst Eindeutigkeit; jedem Erdort soll ein Kartenpunkt, jedem Kartenpunkt ein Erdort korrespondieren. Dann Stetigkeit; Karten, die zusammengehörige Flächenstücke zerreißen, gelten als verfehlt. Hauptsächlich aber ein hinreichend feinmaschiges Gradnetz; die geographische Länge und Breite der Orte muß aus der Karte ablesbar sein. Das ist aber auch alles; weitere spezielle Eigenschaften mögen zu speziellen Zwecken nützlich sein, aber der eigentliche Orientierungszweck der Karte wird durch ihr Vorhandensein nicht gefördert und durch ihr Fehlen nicht gehindert. Die Karte mag jede beliebige Gestalt haben; sie mag Meridiane und Parallelkreise wieder durch Kreise oder Ellipsen oder Ovale höherer Gattung darstellen, sie mag Europa als Eimer und das gigantische Asien als Henkel daran abbilden, mag aus dem italienischen Stiefel einen Polypen mit Fangarmen und aus dem spanischen Profil eine dünne Landzunge formen; dies alles stört nicht, die verzerrten Konturen haben, auf das entsprechend verzerrte Gradnetz bezogen, die richtige Lage. Mit anderen Worten, die Korrespondenz, die Zuordnung zwischen Karte und Original ist beliebig. Daraus folgt, daß wir aus der Karte allein die Gestalt des Originals nicht erschließen können; wir müssen auch noch das Abbildungsverfahren kennen, es muß, wie bei unseren Weltkarten, Maßstab und Projektion in einer Ecke vermerkt sein. Nun, unser empirischer Raum ist solch eine körperliche Karte, ein Abbild des absoluten Raumes; aber es fehlt uns der Eckenvermerk, wir kennen das Projektionsverfahren nicht und kennen folglich auch das Urbild nicht. Zwischen beiden Räumen besteht eine unbekannte, willkürliche Beziehung oder Korrespondenz, eine völlig beliebige Punkttransformation. Aber der Orientierungswert des empirischen Raumes leidet darunter nicht; wir finden uns auf unserer Karte zurecht und verständigen uns mit anderen Kartenbesitzern; die Verzerrung fällt nicht in unser Bewußtsein, weil nicht nur die Objekte, sondern auch wir selbst und unsere Meßinstrumente davon gleichmäßig betroffen werden. Die deformierte Karte wird auf ein deformiertes Gradnetz bezogen.

Wenn diese Auffassung richtig ist, so muß man das Urbild einer beliebigen Transformation unterwerfen können, ohne daß das Abbild sich verändert: gerade so wie man einer Karte nicht ansehen kann, ob sie nach dem Original oder nach einer anderen Karte gezeichnet ist. Denken Sie Sich etwa innerhalb eines Hauses alle vertikalen Dimensionen auf die Hälfte verkürzt, die horizontalen aber ungeändert, so daß Türen, Fenster, Öfen, Menschen zu breiten niedrigen Mißgestalten zusammengedrückt werden, wie wir sie in den zylindrisch geschliffenen Vexierspiegeln mancher Zauberkabinette belachen. Bei näherer Überlegung finden wir wirklich, daß wir von dieser Verzerrung weder innerhalb noch außerhalb des Hauses etwas bemerken würden: vorausgesetzt nämlich, daß die Transformation den gesamten physischen Rauminhalt, sei es ponderable Materie oder Äthervibration, gleichmäßig betrifft. Von dem zusammengedrückten Fenster geht das zusammengedrückte Lichtstrahlenbündel aus und trifft auf unsere ellipsoidisch zusammengedrückte Netzhaut, so daß vorher wie nachher dieselben Netzhautpunkte von denselben Strahlen erregt werden und unser Gehirn aus demselben System lokalisierter Empfindungen dasselbe Bewußtseinsbild aufbaut. Auch ein Metermaßstab, mit dessen Hülfe wir uns etwa von der eingetretenen Veränderung überzeugen wollten, würde uns nichts verraten; denn richten wir ihn auf, so schrumpft auch er auf die Hälfte zusammen und wenn das Zimmer 6 m hoch ist, so werden wir nach wie vor den Maßstab sechsmal an die Zimmerwand anlegen können. Aber selbst Beobachter außerhalb des verzauberten Hauses würden nichts bemerken, da die in ihre Augen dringenden Lichtstrahlen immer von den ursprünglichen unverzerrten Objekten herzukommen scheinen; wir wissen ja von den Erscheinungen der Strahlenbrechung in Luft, Wasser oder Glas, daß nur die letzte Richtung des Strahles, mit der er unser Auge trifft, für die Konstruktion des Gesichtsbildes maßgebend ist. — Helmholtz[29] hat diese Dinge sehr schön mit Hilfe eines Konvexspiegels veranschaulicht: man denke etwa an die versilberten Kugeln, die in Gärten aufgestellt zu werden pflegen. „Das Bild eines Mannes, der mit einem Maßstab eine von dem Spiegel sich entfernende gerade Linie abmißt, würde immer mehr zusammenschrumpfen, je mehr das Original sich entfernt, aber mit seinem ebenfalls zusammenschrumpfenden Maßstab würde der Mann im Bilde genau dieselbe Zahl von Zentimetern herauszählen, wie der Mann in der Wirklichkeit; überhaupt würden alle geometrischen Messungen von Linien oder Winkeln, mit den gesetzmäßig veränderlichen Spiegelbildern der wirklichen Instrumente ausgeführt, genau dieselben Resultate ergeben, wie die in der Außenwelt." Helmholtz sagt weiter, daß die Männer im Spiegel unsere Welt für ein Convexspiegelbild erklären würden; und wenn wir uns mit ihnen besprechen könnten, so würde keiner den anderen überzeugen können, daß er die wahren Verhältnisse habe, der andere die verzerrten; ja ein solche Frage hätte überhaupt keinen Sinn, solange wir keine mechanischen Betrachtungen einmischen.

Gerade die Einmischung mechanischer Betrachtungen klärt uns aber über den letzten Grund dieser paradoxen Verhältnisse auf. Nur im erfüllten Raume — mögen wir uns diese Erfüllung substanziell oder energetisch oder sonstwie vorstellen — können wir Messungen vornehmen und Kenntnisse erwerben; die mechanischen und physikalischen Vorgänge sind das Gradnetz, auf das wir unsere Karte beziehen und bei dessen hypothetischer Richtigkeit wir stehen bleiben müssen, weil wir kein anderes Bezugsystem haben. Die Lichtstrahlen im homogenen Medium sind geradlinig; werden sie durch eine Raumtransformation krummlinig, so fehlt uns doch jedes Mittel, diese Krümmung zu konstatieren, weil jedes geradlinige Vergleichsinstrument ebenfalls krumm geworden ist. Woran erkennen wir die Gleichheit zweier Raumstrecken? Durch Messung mit demselben als unveränderlich vorausgesetzten Maßstab. Woran erkennen wir die Unveränderlichkeit des Maßstabes? Daran, daß er bekanntermaßen gleiche Raumstrecken deckt, also durch Vergleichung mit einem anderen Maßstab! Unsere hölzernen Metermaße werden wir vielleicht an stählernen und diese in letzter Linie an dem Pariser Platinstab kontrollieren; aber an die Unveränderlichkeit dieses letzten müssen wir axiomatisch glauben, und wenn er durch beliebige Raumtransformation so verzerrt wird, daß er einem jenseitigen Beobachter als weicher plastischer Körper erscheinen müßte, so haben wir doch keine Möglichkeit, seine Formveränderungen wahrzunehmen. Also bleibt es dabei, daß eine solche Raumtransformation nicht in unser Bewußtsein fallen würde und daß der empirische Raum keine getreue Kopie des absoluten, sondern nur sein Abbild nach einem beliebigen, unbestimmbaren Projektionsverfahren ist. Bei weiterer Ausspinnung dieser Betrachtungen werden wir sogar die Eindeutigkeit und Stetigkeit der Zuordnung zwischen beiden Räumen opfern können, und dann wissen wir nicht einmal, ob der absolute Raum dreidimensional ist; unsere ganze Körperwelt könnte, wie die früher erwähnten Cantorschen Ideen beweisen, objektiv in einer Fläche oder Linie untergebracht sein. Schließlich fehlt uns überhaupt jedes Recht, dem absoluten Verhalten der Dinge noch Räumlichkeit zuzusprechen; unsere geographische Karte braucht weder nach der Erdoberfläche selbst noch nach einer anderen Karte, sondern kann nach einer unanschaulichen ungeometrischen Zusammenstellung von Zahlen und Namen entworfen sein. Eine unbekannte Kategorie unterscheidbarer Dinge entspricht unseren Punkten, eine andere Kategorie unseren geraden Linien, und ein unbekanntes Verhalten dem Tatbestand, den wir mit den Worten bezeichnen: der Punkt liegt auf der geraden Linie.

Diese Auffassung scheint in einen uferlosen Illusionismus auszumünden, aber ganz so verzweifelt steht die Sache doch nicht. Wenn wir auch den absoluten Raum als bestimmbaren Begriff streichen müssen, so soll damit die Gesetzmäßigkeit im empirischen Raum nicht preisgegeben sein. Wir wissen nicht, ob jener Pariser Normalmaßstab in Wirklichkeit ein fester Körper ist; aber wir wissen — und das ist schon viel — daß, wenn wir ihn als festen Körper ansehen, sich auch alle anderen Platin-, Eisen- und Glasstücke als feste Körper ergeben: selbstverständlich mit Rücksicht auf die kleinen bekannten Veränderungen durch Temperatur, Verbiegung u. s. w. Hätten wir eine Wachsmasse als Bezugskörper gewählt, so würden uns Hölzer, Metalle, unsere eigenen Leiber als weiche, beständig deformierte Substanzen erscheinen, und die Unzweckmäßigkeit dieser Festsetzung würde uns bald zu einer anderen Wahl drängen. Aber daß sich überhaupt ein Bezugskörper finden läßt, bei dessen vorausgesetzter Festigkeit z. B. die physikalisch gleichberechtigten Stücke derselben Materie ebenfalls zu festen Körpern werden, schon dies ist ein Glücksfall, eine gar nicht selbstverständliche Eigenschaft des empirischen Raumes, der irgend ein, nur nicht bestimmbares, Verhalten der Dinge an sich entsprechen muß. Es könnte ja ganz anders sein. Denken wir uns eine Welt, in der es keine starren Körper gäbe, d. h. nicht einmal nahezu starre Körper, nur Flüssigkeiten und Gase; wir selbst wären etwa ätherisch zerflossene, aber geistbegabte Bewohner des Orionnebels. Dann könnten wir keine Messungen anstellen, könnten mit unseren rein arithmetisch hergeleiteten trigonometrischen Formeln gar nichts anfangen und sie so wenig auf die Außenwelt anwenden wie etwa auf unsere Träume; wir könnten nicht einmal entscheiden, ob unser Raum ein Raum freier Beweglichkeit, geschweige ob er euklidisch oder nichteuklidisch ist. Bei diesem objektiven Verhalten der Dinge hätten wir also nicht den geringsten psychologischen Anreiz und Anhalt zur Ausbildung einer Raumanschauung, zur Anwendung der Geometrie auf die Wirklichkeit; ein unbesonnener Empirist wie J. St. Mill würde hinzufügen: wir hätten dann überhaupt keine Geometrie. Aber das ist eine Verwechselung zwischen Psychologie und Logik: an dem logischen oder arithmetischen Aufbau der Geometrie wären wir dadurch so wenig gehindert, wie wir durch den euklidischen Raum, in dem wir leben, von der spekulativen Betrachtung nichteuklidischer Räume ausgeschlossen sind.

So münden zum Schlusse die beiden von uns beschrittenen Wege in einen besonnenen Empirismus; von der Unbestimmtheit des mathematischen wie des absoluten Raumes werden wir auf das einzig Gegebene, den empirischen Raum, zurückverwiesen. Ich will nicht behaupten, daß die wissenschaftliche Ausgestaltung dieses besonnenen Empirismus ganz leicht sein wird; jedenfalls bleiben die bisherigen Formen des Empirismus unter seinem Niveau. Eine idealistische Färbung wird ihm, zufolge unseren letzten Darlegungen, nicht fehlen dürfen; der gewöhnliche, naive wie transzendentale, Realismus verwechselt empirischen und absoluten Raum und redet, als ob die beobachteten geometrischen Tatsachen unmittelbare Berichte von per se existierenden Dingen wären. Freilich kommen wir vielfach über ein solches „Als ob" nicht hinaus; wir reden auch, als ob es Atome oder Fernkräfte gäbe; aber dann müssen wir uns der bildlichen, stellvertretenden Natur, dieses Quasi-Charakters unserer Aussagen wenigstens bewußt bleiben. Aber auch der Empirismus, der sich an die nichteuklidische Geometrie anzuschließen pflegt, ist noch reformbedürftig. Die moderne Mathematik zeigt sich zwar in diesen philosophischen Fragen äußerst zurückhaltend; abgesehen von einigen speziellen, z. B. funktionentheoretischen Anwendungen spielt die nichteuklidische Geometrie hier nur die Rolle des logischen Experiments, durch welches wir die Axiome der euklidischen Geometrie isolieren und ihre gegenseitige Unabhängigkeit, ihre Stelle im Gefüge des Ganzen, ihren Beitragswert zum Aufbau des euklidischen Systems erkennen: ohne nichteuklidische Geometrie ist kein prinzipielles Verständnis der euklidischen möglich. Gehen wir aber zurück, so finden wir bei den nichteuklidischen Mathematikern einen Empirismus, der sich an einzelne Punkte, meistens an die Dimensionenzahl und an das verschwindende Krümmungsmaß, klammert, statt eine freie und gleichmäßige Behandlung aller euklidischen Voraussetzungen anzustreben. Da erscheint das Parallelenaxiom als das eigentlich empirische Anhängsel, das gewissermaßen den geistigen Aufbau der Geometrie verunziert; einmal drückt Gauß gegenüber Bessel[30] seine Überzeugung aus, „daß wir die Geometrie nicht vollständig a priori begründen können"; nicht vollständig, das heißt doch: aber wenigstens teilweise! So scheint es, als ob die Prinzipien der Geometrie aus einer Mischung von unantastbarem A priori mit schnöden Erfahrungssätzen bestünden und als ob es zweierlei Axiome gäbe: solche, die eines Beweises nicht bedürftig, und solche, die eines Beweises nicht fähig sind. Aus einer derartigen Auffassung konnten und mußten fruchtlose Streitigkeiten entstehen, ob die Geometrie eine Erfahrungswissenschaft sei oder nicht; — fruchtlos, weil beide Parteien etwas anderes unter Geometrie verstanden. Als Komplex freigewählter Axiome mit denknotwendigen Konsequenzen, als „hypothetisch-deduktives System" ist die Geometrie eine rein logische Konstruktion; darin aber, daß ein bestimmtes Axiomensystem gegenüber anderen gleichberechtigten zu Folgerungen führt, die sich zur Beschreibung realer Vorgänge als geeignet erweisen, darin liegt natürlich ein empirisches Element. Dieser empirische Charakter trifft aber nicht nur das Parallelenaxiom und die dreifache Ausdehnung, sondern auch die freie Beweglichkeit, die Unendlichkeit der geraden Linien, die Isotropie, die Stetigkeit. Alle Axiome und Axiomgruppen der euklidischen Geometrie bedürfen dergestalt einer empirischen Kritik, wobei wiederum das Wort Empirie nur den Gegensatz zur formalen Logik bezeichnen und durchaus nicht so eng gefaßt werden soll, daß es Struktureigentümlichkeiten des menschlichen Bewußtseins ausschließt. Für manche Denkmöglichkeit haben wir vielleicht wirklich keinen Anschauungsspielraum: so scheint es, als ob die Annahme eines begrenzten oder unterbrochenen Raumes, obwohl denkbar und durch Erfahrung nicht widerlegbar, einer Bewußtseinstendenz in uns widerstreite, die wir ja eventuell „Anschauung a priori" nennen mögen. Mit der Berücksichtigung aller dieser Umstände wird der geläuterte Empirismus, den ich meine, kein so leichtes Geschäft haben wie die bisherigen Improvisationen dieser Richtung; und wenn es mir nur gelungen ist, die hier obwaltenden Schwierigkeiten einigermaßen klar zu bezeichnen, so darf ich meine heutige Aufgabe als gelöst betrachten.

Anmerkungen.

Die folgenden Quellennachweise beschränken sich auf das Notwendigste, hauptsächlich auf die im Text berührten modern eren Ergebnisse geometrischer Spekulation; auf die ältere mathematische Literatur ist nur flüchtig, auf die philosophische so gut wie gar nicht eingegangen. Eine von mir geplante ausführliche Behandlung von Raum und Zeit, zu der diese Antrittsvorlesung als erster Versuch angesehen werden möge, wird das hier Versäumte nachholen und sich namentlich auch mit den philosophischen Lehren, Einwänden und Mißverständnissen in schärferer Darstellung auseinandersetzen.

[1] D. Hilbert, „Grundlagen der Geometrie". Festschrift zur Enthüllung des Gauß-Weber-Denkmals in Göttingen. Leipzig 1899. Vergl. auch die mit Zusätzen versehene Übertragung ins Französische (Annales de l'École Normale 1900) und Englische (Chicago 1902). Ferner „Über die Grundlagen der Geometrie", Math. Annalen 56 (1903), p. 381 und „Neue Begründung der Bolyai-Lobatschefskyschen Geometrie", Math. Ann. 57 (1903), p. 137.

[2] Präzisionsmathematik und Approximationsmathematik. Vergl. F. Klein, „Anwendung der Differential- und Integralrechnung auf Geometrie. Eine Revision der Prinzipien". Leipzig 1902 (autographierte Vorlesung).

[3] A. Hall, „A Suggestion in the Theory of Mercur", Astr. Journal 14, p. 45. Um Mißverständnissen vorzubeugen: nicht an der Exaktheit des Newton-

schen Gesetzes zu zweifeln, sondern die eventuelle Ungenauigkeit gerade dem Exponenten 2 aufzubürden, statt die Funktionsform abzuändern, scheint mir ein unglücklicher Gedanke.

[4] J. Kant, „Kritik der reinen Vernunft". Riga 1781, p. 24.

[5] H. v. Helmholtz, „Über den Ursprung und die Bedeutung der geometrischen Axiome". Vorträge und Reden (4. Aufl., Braunschweig 1896), Bd. II, p. 26. „Über den Ursprung und Sinn der geometrischen Sätze". Wissenschaftliche Abhandlungen, Bd. II (Leipzig 1883), p. 645.

[6] G. W. F. Hegel, „Encyklopädie der philosophischen Wissenschaften", § 259.

[7] B. Riemann, „Über die Hypothesen, welche der Geometrie zu Grunde liegen". Habilitationsvortrag 1854. Abhandl. der Göttinger Gesellschaft d. Wiss. Bd. 13 (1867); Ges. Werke (2. Aufl., Leipzig 1892), p. 272.

[8] Vergl. u. a.: P. Stäckel und F. Engel, „Die Theorie der Parallellinien von Euklid bis auf Gauß", Leipzig 1895.

G. Loria, „Il passato ed il presente delle principali teorie geometriche" (auch deutsch, Leipzig 1888); 2. edit. (Torino 1896), cap. X.

N. J. Lobatschefskys erste Publikation fällt in die Jahre 1829/30, J. Bolyais Appendix erschien 1832. C. F. Gauß hat sich seit 1792 mit dem Parallelenaxiom beschäftigt, aber erst 1831 Aufzeichnungen darüber begonnen; Andeutungen in Briefen und Besprechungen finden sich schon in früheren Jahren.

[9] H. v. Helmholtz, „Über die tatsächlichen Grundlagen der Geometrie" (1866) und „Über die Tatsachen, die der Geometrie zum Grunde liegen" (1868); Wissenschaftl. Abh. II, p. 610 und p. 618. Ferner außer den oben zitierten: „Die Tatsachen in der Wahrnehmung" (1878) in den Vorträgen und Reden, nebst Anhängen.

[10] W. K. Clifford, „Preliminary Sketch of Biquaternions". Math. papers (London 1882), p. 192.

[11] Vergl. das obengenannte Buch von Stäckel und Engel, p. 203.

[12] E. Beltrami, „Saggio di interpetrazione della Geometria noneuclidea", Giornale di Matematiche 6 (1868), und „Teoria fondamentale degli spazii di curvatura costante", Annali di Matematica s. II, 2 (1868/69).

[13] Brief von C. F. Gauß an F. A. Taurinus vom 8. Nov. 1824; s. Stäckel und Engel, p. 250. P. Stäckel, „Untersuchungen aus der absoluten Geometrie. Aus Johann Bolyais Nachlaß herausgegeben". Mathem. und naturwissenschaftl. Berichte aus Ungarn, Bd. XVIII.

[14] Die Tendenz dieser Vorlesung gab keinen Anlaß, die für die moderne Mathematik so ergebnisreiche projektive und funktionentheoretische Seite der nichteuklidischen Geometrie zu berühren, zu der gerade die genannten beiden Abbildungen die Vermittlung bieten. Hier sind vor allem die fundamentalen Arbeiten F. Kleins zu nennen:

„Über die sogenannte nichteuklidische Geometrie", Math. Annalen 4 (1871) und 6 (1873); „Zur nichteuklidischen Geometrie", Math. Ann. 37 (1890). Ferner die autographierte Vorlesung über nichteuklidische Geometrie (Göttingen 1889/90).

Vergl. auch A. Clebsch, „Vorlesungen über Geometrie", herausgegeben von F. Lindemann; II, 1 (Leipzig 1891), dritte Abt. über projektive und metrische Geometrie.

R. Fricke und F. Klein, „Vorlesungen über die Theorie der automorphen Funktionen" I (Leipzig 1897); Einleitung über projektive Maßbestimmungen. H. Poincaré, „Théorie des groupes fuchsiens". Acta math. 1 (1882). Bei derjenigen Abbildung der pseudosphärischen Ebene auf die euklidische, die Kreise in Kreise überführt und auf die Bedeckung mit komplexen Zahlen hinauskommt, erfordert die Eindeutigkeit, die pseudosphärische Ebene doppelt (zweiblättrig) zu denken. Deshalb hat E. Study empfohlen, die bestehende Vielheit der Namen zu differentiieren und zwischen pseudosphärischer und hyperbolischer Geometrie — die im Text als Synonyma angesehen werden — ähnlich zu unterscheiden wie zwischen sphärischer und elliptischer, vergl. S. 12. Wir hätten dann auf der einen Seite: Kreisgeometrie (Inversionsgeometrie) oder Geometrie im Kontinuum komplexer Zahlen, die sich in sphärische (auf der Kugel), ebene, pseudosphärische (auf der doppelten Lobatschefskyschen Ebene) Geometrie spaltet: auf der anderen Seite die projektive Geometrie mit ihren drei metrischen Unterfällen: elliptische, parabolische, hyperbolische Geometrie.

[15] Die Herleitung aller möglichen Geometrien aus dem Postulat freier Beweglichkeit ist von Helmholtz zuerst versucht, von S. Lie auf Grund schärferer Definitionen berichtigt und gruppentheoretisch zu Ende geführt worden. S. Lie (unter Mitwirkung von F. Engel), „Theorie der Transformationsgruppen" III, Leipzig 1893, Abt. 5. Vergl. auch die in Anm. 1 genannte Hilbertsche Abhandlung aus Math. Ann. 56.

[16] Vorträge und Reden II, p. 16.

[17] H. Lotze, „Metaphysik" (2. Auflage, Leipzig 1884), p. 266.

[18] P. Drude, „Lehrbuch der Optik" (Leipzig 1900), p. 441.

[19] C. Neumann, „Die Prinzipien der Galilei-Newtonschen Theorie", Antrittsvorlesung (Leipzig 1870).

[20] Am Schlusse der Habilitationsrede. W. K. Clifford (Math. pap. p. 21) „on the space-theory of matter".

[21] In dieser Richtung fehlen eingehende Untersuchungen. Vergleiche H. Minkowski, „Geometrie der Zahlen" (Leipzig 1896). G. Hamel, „Über die Geometrieen, in denen die Geraden die Kürzesten sind", Math. Ann. 57 (1903).

[22] Math. Ann. 37. Vergl. die Darstellung bei W. Killing, „Einführung in die Grundlagen der Geometrie". Bd. I (Paderborn 1893).

[23] A. F. Moebius, „Über Polyeder", Ges. Werke II (Leipzig 1886), p. 484.

[24] G. Cantors Mengenlehre ist in zahlreichen kleineren Abhandlungen niedergelegt. Eine zusammenhängende Darstellung hat A. Schoenflies gegeben: „Die Entwicklung der Lehre von den Punktmannigfaltigkeiten." Jahresberichte der Deutschen Mathematiker-Vereinigung, 8. Bd. (Leipzig 1900). Vergl. dort p. 22 und p. 121 über die eindeutig-unstetige und stetig-mehrdeutige (Peanosche) Abbildung der Strecke auf ein mehrdimensionales Kontinuum.

[25] R. Dedekind, „Was sind und was sollen die Zahlen?" (Braunschweig 1888), p. XII.

[26] Festschrift § 9.

[27] G. Cantor, Math. Ann. 20 (1882), p. 118.

[28] Vergl. P. Mongré, „Das Chaos in kosmischer Auslese", Leipzig 1899. Keime und Ansätze des im Text besprochenen Transformationsprinzips — dem für das Zeitproblem etwas ganz Analoges entspricht — habe ich außer bei

Helmholtz (dessen Convexspiegelbild eigentlich eine andere Tendenz hat) nur bei B. Erdmann finden können: „Die Axiome der Geometrie", Leipzig 1877. In irgendwelcher Form muß es natürlich bei jeder scharfen Darstellung der Axiome zur Geltung kommen; z. B. in Lies gruppentheoretischer Behandlung dadurch, daß ähnliche Gruppen, die sich nur durch die Wahl der Variablen unterscheiden, als identisch angesehen werden; oder bei Hilbert darin, daß die Axiome nirgends eine Definition der Grundbegriffe Punkt, Gerade, Entfernung u. s. w. enthalten, sondern nur die gegenseitigen Beziehungen der Elemente festlegen, wonach also der ganze Aussagenkomplex der Geometrie nicht nur von einem einzigen Elementensystem, sondern auch von dessen eindeutigen Bildern gilt.

[29] Vorträge und Reden II, p. 24.

[30] Briefwechsel zwischen Gauß und Bessel, Leipzig 1880, p. 490.

JAHRESBERICHT DER DEUTSCHEN
MATHEMATIKER-VEREINIGUNG

IN MONATSHEFTEN HERAUSGEGEBEN VON

A. GUTZMER
IN HALLE A. S.

VIERZEHNTER BAND.

MIT DEN BILDNISSEN VON LEJEUNE DIRICHLET (ALS TITELBILD), ERNST ABBE, WILLIAM ROWAN HAMILTON, C. J. KÜPPER, W. FUHRMANN, WILHELM SCHELL, WILHELM WEISS UND G. HAUCK, SOWIE 6 FIGUREN IM TEXT.

LEIPZIG,
DRUCK UND VERLAG VON B. G. TEUBNER.
1905.

Themata zur Probevorlesung v. Dr. H. Liebmann.

1. Über den Verlauf von geodätischen Linien auf Flächen positiver und negativer Krümmung.
2. Über die Minimaleigenschaften der Kugel.
3. Geometrische Discussion des Bäcklund'schen Satzes und verwandter Sätze aus der Theorie der Berührungstransformationen.

Ich stimme für Nr. 1

Hölder

Hmpe Neumann.

" O. Hmm.

H. LIEBMANNS Themata zur Probevorlesung (jeder Habilitationskandidat mußte drei Themata für eine Probevorlesung einreichen; die Prüfungskommission wählte eines davon aus) [Archiv der Karl-Marx-Universität Leipzig, PA 694, Bl. 4]

Notwendigkeit und Freiheit in der Mathematik.[1]

Von H. LIEBMANN in Leipzig.

Ganz unter dem Bann gesetzmäßiger Notwendigkeit scheint die Mathematik zu stehn. Widersprüche, Ausnahmen, Zweifel darf es hier nicht geben. Mathematische Beweisführung ist das Vollkommenste, und was mathematisch bewiesen ist, ist unumstößlich wahr. An dieses Ideal dachte Spinoza, als er seine Philosophie „more geometrico", d. h. nach der Methode Euklids aufbaute. Fest, aber auch einförmig und starr, so erscheint die Mathematik, eben weil sie ganz von der

[1] Akademische Antrittsvorlesung, gehalten in Leipzig am 25. Februar 1905.

Notwendigkeit beherrscht wird. Woher soll der Raum für freie Bewegung in diesen Fesseln, in der Sklaverei der logischen Gesetze kommen? Und doch konnte ein bekannter Mathematiker sagen, daß die Mathematik in ihrer Entwicklung völlig frei ist, ja er hat sogar die Bezeichnung „freie Mathematik" statt „reine Mathematik" vorgeschlagen.[1)]

Der der Mathematik ferner Stehende wird sich über eine solche Behauptung wundern, und so ist vielleicht eine Auseinandersetzung über diesen Widerspruch nicht unwillkommen. Hoffentlich nehmen es auch die Mathematiker selber nicht übel, halten es nicht für müßige Spielerei, wenn hier ein ihnen gewiß überflüssig erscheinender Versuch gemacht wird, zu zeigen, daß unsere Wissenschaft nicht das starre, kalte Marmorbild ist, sondern ein lebendiges Geschöpf, in dessen Adern ein frisches Blut pulsiert.

Wohl muß ich fürchten, daß meine Ausführungen sehr im Hintertreffen bleiben gegen die dialektisch durchgebildete, an markanten Bemerkungen reiche Rede eines Mathematikers[2)], dem es weit mehr als mir zukommt, aufklärend und berichtigend gegen falsche Vorstellungen aufzutreten. Energisch und doch spielend zerpflückt er eine Reihe von groben Mißverständnissen, die sich Träger mehr oder weniger bekannter Namen haben zu Schulden kommen lassen, wenn sie geringschätzig und mit durch Sachkenntnis nicht getrübtem Urteil über die Mathematik den Stab brachen.

Ganz besonders wird Schopenhauer von ihm aufs Korn genommen, der nicht etwa nur die seiner Meinung nach der Anschaulichkeit und Überzeugungskraft entbehrende Methode Euklids bekämpft, sondern von der Mathematik ganz allgemein in einem äußerst abfälligen Ton spricht.

Beiläufig bemerkt, Vermutungen über die Quelle dieses Hasses liegen nahe. Goethe hatte bereits 1798 in einem Brief an Schiller sich über Newton abfällig geäußert[3)], „weil er zur Unzeit den Geometer in seiner Optik macht". Überhaupt, so führt er aus, brauchten (d. h. wohl mißbrauchten) die meisten Forscher die Naturphänomene als eine Gelegenheit, die Kräfte ihres Individuums anzuwenden und ihr Handwerk — also Newton die Mathematik — zu üben. Schopenhauer sowohl wie sein Antipode Hegel sind bekanntlich von Goethe persönlich

---

1) G. Cantor, „Grundlagen einer allgemeinen Mannigfaltigkeitslehre", (Leipzig 1883) p. 19. — Ich zitiere nach dem vortrefflichen „mathematischen Büchmann" (W. Ahrens, Scherz und Ernst in der Mathematik. Leipzig 1904. S. 434).

2) Alfred Pringsheim, Über Wert und angeblichen Unwert der Mathematik. (Diese Berichte XIII, 1904. S. 357—382).

3) Ahrens, a. a. O. S. 368.

über die Farbenlehre unterrichtet worden und haben später das vom verehrten Meister übernommene Urteil über mathematische Naturerklärung weiter verschärft. Deutlich spricht aus Schopenhauers temperamentvollen Worten jene Empfindung Goethes, daß die mathematische Theorie der Natur das Leben raubt. (Schillers Gedicht „die Götter Griechenlands" entspringt auch einem ähnlichen Grundgedanken.[1]))
— Natürlich mußte mit Newton auch sein überflüssiges Handwerkszeug, die Mathematik, in den Staub getreten werden.

Dazu kommt noch, daß der Mathematiker (z. B. Euklid) in seinem eigenen Gebiet (nach Schopenhauers Ansicht) alles Leben vernichtet, wenn er die intuitive Erkenntnis durch überflüssige Beweise stört[2]) und damit in gewisser Hinsicht gegen seine Wissenschaft noch einmal das Verbrechen begeht, was er sich schon gegen die Naturlehre zu Schulden kommen läßt.

So sehn wir, wie ein persönliches Motiv, die eindringlichen Lehren Goethes, hier den Anstoß gegeben hat zu groben und ihren Urheber recht kompromittierenden Verunglimpfungen.

Subjektive Gründe, weniger uneigennützigen Antrieben entsprungen, haben übrigens mehrfache polemische Erörterungen gegen die Mathematik ausgelöst. So berichtet uns Montucla[3]), daß der Philologe Joseph Scaliger den Mathematikern einen schwerfälligen und stumpfsinnigen Geist vorwarf; dabei dürfe man aber nicht vergessen, daß er eine Quadratur des Kreises (Nova cyclometria 1592) und eine Dreiteilung des Winkels veröffentlicht hatte, also Scheinlösungen von Aufgaben, bei denen man niemals in dem vom Autor beabsichtigten Sinne zum Ziel gelangen kann. Die verdiente Kritik, welche dem Scaliger zu teil wurde, verwandelte ihn in einen Gegner der Mathematik. Auch Thomas Hobbes[4]), den man seiner ganzen Richtung nach hier nicht

---

1) Gleich dem toten Schlag der Penduhr,
Dient sie knechtisch dem Gesetz der Schwere,
Die entgötterte Natur.
2) Pringsheim, a. a. O. S. 359.
3) Montucla, Histoires des Mathématiques I, p. 27.
4) Th. Hobbes, Opera latina IV. ed. G. Molesworth. Lond. 1845 ist eine Fundgrube handgreiflicher Irrtümer und maßloser Schmähungen, ein Denkmal lächerlichen Eigenlobs. — Bei der Quadratur des Kreises wird durch Konstruktion einmal der Zahlenwert $\pi = 3\frac{1}{5}$ gefunden (p. 375, 447, 489). An anderer Stelle wird die von Regiomontanus gegebene Widerlegung des arabischen Wertes $\pi = \sqrt{10}$ für unrichtig erklärt (p. 464). In der „Duplicatio cubi" wird eine Konstruktion gelehrt, aus der folgt: $\pi = 2 + 2/\sqrt{3}$ (p. 505). tang $30°$ ist größer als $1 : \sqrt{3}$, daher der Pythagoreische Lehrsatz (Eukl. Elem. I, 47), der damit nicht im Einklang steht, falsch (p. 461). — Von der analytischen Geometrie des Cartesius heißt es: Infecit geometras huius aevi, geometriae verae pestis (p. 442). Die Arithmetik

Notwendigkeit und Freiheit in der Mathematik.

vermuten sollte, findet sich in der Reihe der Widersacher, durch verletzte Eitelkeit aufgestachelt. Außer den bereits von Scaliger „gelösten" Aufgaben steht noch eine Kubatur der Kugel und eine geometrische Verdoppelung des Würfels auf seinem Schuldkonto. John Wallis hat ihn widerlegt, aber Hobbes ließ sich nicht überzeugen, daß seine Konstruktionen Fehler enthielten, er gelangte vielmehr zu dem Ergebnis, daß die Mathematik falsch betrieben wird, insbesondere die Geometrie „mit dem Aussatz der Arithmetik behaftet sei".

Wallis nahm übrigens keinen seiner sechs polemischen Aufsätze in die gesammelten Schriften auf; er wollte nicht über einen Toten triumphieren. (Der erste Band der Werke erschien 1699, zwanzig Jahre nach Hobbes' Tod). —

Schwerer als die Abwehr solcher Angriffe fällt der versprochene Nachweis, daß die Mathematik trotz des festen Panzers der Logik, trotz der ineinander greifenden Kettenglieder der Beweise freie Beweglichkeit besitzt. Freilich kann man sich darauf berufen[1]), daß Männer wie Kronecker und Weierstraß, die doch gerade auf strenge Beweise Wert legen, die Mathematik eine Kunst genannt haben; und diese Mathematiker sind doch sicher über den Verdacht erhaben, die Freude an ciceronianischen Superlativen und feuilletonistischen Phrasen auf Kosten der Wissenschaft zu pflegen.

Aber zwischen gelegentlich hingestreuten Äußerungen und der Begründung im einzelnen ist noch ein Unterschied. Wenn die Mathematik eine freie, schöpferische Kunst ist, so muß auf sie auch der Satz angewendet werden, daß der Künstler schaffen und nicht von sich reden soll, daß er nur durch sein Werk für sich werben soll. Gerade unsere moderne Kunst weist es nach dem Ausspruch eines ihrer anerkannten Meister (Max Liebermann) mit Stolz von sich, zum Publikum zu gehn und ihm gefällig zu sein; sie verlangt vielmehr, daß der Laie sich ihrem Sehn und Empfinden anpaßt. Dieser spröde Stolz steht aber gewiß einer Kunst des Denkens eben so gut wie der bildenden Kunst.[2])

---

nennt er „scabies geometriae" (p. 522). Die Gegenschriften des „vastus geometra Oxoniensis", John Wallis sind „puerilia, rustica, indocta, inficeta" (p. 522). Von den 7 eigenen Werken, Quadratura circula usw. aber heißt es an derselben Stelle, gegen Wallis gerichtet: per te non peribunt. — Der Skeptiker Bayle schreibt in dem Artikel Zeno des „Dictionnaire", wer als Philosoph einen Mathematiker bekämpfen will, muß guter Philosoph und geschickter Mathematiker sein.

1) Ahrens a. a. O. S. 73, 226, 325 usw.
2) Das Thema: „Mathematik und Kunst" ist mehrfach behandelt worden. Die hier im einzelnen zu erörternde Freiheit in der Wahl des Werkzeugs, der Ziele und der Stolz, mit dem die Zumutung, anderen Zwecken zu dienen, zurück-

Wenn die Mathematik hier als eine Kunst des Denkens bezeichnet wird, so steht dem eine weitverbreitete (durch Schopenhauer u. a. genährte) Auffassung gegenüber, sie sei ein trockenes und langweiliges Handwerk, öde und geisttötend. Freilich, für die Schulmathematik gilt dieser Tadel zuweilen. So wird in der Rede eines akademischen Mathematikers gesagt, daß sie manchmal nach der Ansicht des Schülers nur im Konstruieren von Dreiecken aus möglichst unpassend gewählten Stücken, im Hersagen von trigonometrischen Formeln und im Wälzen von Logarithmentafeln besteht.[1]) Nicht immer wird dieser etwas enge Kreis verlassen, nicht immer dem etwas einförmigen Gewebe ein Einschlag gegeben durch Hinweis auf höhere Probleme, durch Andeutungen, daß mit den aufgezählten Gegenständen die Mathematik noch nicht an ihrem Ende angelangt ist.

So kommt es denn mitunter, daß sogar das Studium nach dem Gesichtspunkt gewählt wird, möglichst von Mathematik verschont zu bleiben. Der Lehrer der Mathematik aber hat sich dem Gedächtnis als Spender langweiliger und gefährlicher Formeln eingeprägt.

Trotzdem ruht schon in der Formelsprache eine schöpferische Kraft, wie dies uns bereits in der Wahl der Zahlzeichen entgegentritt.

Nicht umsonst hat Wallis seiner „Mathesis universalis" eine Geschichte der Ziffern einverleibt, nicht umsonst hat Gauß gesagt, er könne es dem Archimedes nicht verzeihen, daß er die Dezimalrechnung nicht erfunden hat.

Gehen wir kurz auf die Geschichte der Zahlzeichen ein. Höhere Zahlen können nicht mehr wie die ersten durch einen einzigen Schriftzug dargestellt werden, man mußte sich also der Gruppen von Zeichen bedienen. Dazu gehört aber eine Abstraktion, man muß, um den Sinn z. B. von $MDCC$ aufzufassen, erst in Gedanken eine Addition vollziehen. Bestimmte Zahlen werden noch durch einzelne Zeichen angegeben, Zahlen,

---

gewiesen wird, verbinden diese Gebiete menschlichen Könnens. Außerdem wäre zu erwähnen, daß es auch in der Mathematik Werturteile gibt. (F. Engel lenkt hierauf in seiner Antrittsvorlesung: Der Geschmack in der neueren Mathematik, Leipzig 1890 die Aufmerksamkeit. Dem Geschmack unterworfen sind natürlich nicht die mathematischen Wahrheiten, wohl aber die Operationen, mit deren Hilfe man sie ableitet. Der Geschmack verlangt „alle Aufgaben, die sich innerhalb eines Gebietes lösen lassen, auch zu lösen, ohne es zu überschreiten" a. a. O. S. 10). Ferner verbindet die Mathematik mit der Musik z. B. die Schwierigkeit der Geschichtsforschung auf diesen beiden Gebieten. Nur wer selbst eine gewisse produktive musikalische Ader fühlt, kann Geschichte der Musik treiben, und Ähnliches gilt für die Mathematik.

1) Lehren und Lernen in der Mathematik. Rede beim Antritt des Rektorats von F. Lindemann. München 1904. S. 14.

die willkürlich herausgegriffen und durch den Bau der Hand, der noch heute viel gebrauchten einfachsten Rechenmaschine[1]), nahe gelegt sind. Der nächste, von späteren Zeiten nicht mehr übertroffene Fortschritt ist die Positionsarithmetik, speziell die aus Indien stammende Dezimalrechnung. In der hingeschriebenen Zeichenfolge erhält jede Ziffer erst durch ihre Stellung ihren vollen Sinn. Jetzt kommt man mit so viel Ziffern aus, als die Grundzahl des Systems Einheiten enthält, also im Dezimalsystem mit zehn, in dem von Leibniz vorgeschlagenen und für viele mathematische Untersuchungen sehr praktischen Zweiersystem mit zwei Zeichen. Unentbehrlich in der Positionsarithmetik ist die Null, die sich aber nur sehr langsam einbürgerte. Daß man dieser Zahl z. B. im Altertum fremd gegenüber stand, zeigt die Bemerkung des Nikomachus[2]): Jede Zahl ist die Hälfte der Summe aus der nächstvorangehenden und der nächstfolgenden Zahl, nur die Eins macht davon eine Ausnahme, denn ihr geht keine Zahl voran.

Der praktische Wert der Positionsarithmetik besteht darin, daß der Zeichensprache auch für beliebig große Zahlen keine Grenzen gesetzt sind. Daneben ist ihre Bedeutung noch heuristisch, wie bei jeder guten Bezeichnung, sie dient der Wissenschaft als Wegweiser auf neuen Pfaden. Als Beispiel seien die unendlichen periodischen Dezimalbrüche genannt, auf die man bei der Darstellung der Brüche 1/3, 1/7 usw. kommt. Hier sieht man direkt, wie eine unendliche (konvergente) Reihe, die nach Potenzen einer Zahl (1/10) entwickelt ist, einen bestimmten Wert hat, und es entsteht die Frage nach den Reihenentwickelungen überhaupt.[3])

Es wäre eine interessante Aufgabe, an anderen Beispielen zu verfolgen, wie mitunter schwerfällige Bezeichnungen als Hemmschuh wirken können und die Erlösung dann durch eine geschickte Formelsprache kam.

---

1) Vgl. W. Ahrens, Mathematische Unterhaltungen nach Spiele. Leipzig 1901. S. 22—23.

2) M. Cantor, Vorlesungen über Geschichte der Mathematik I, 2. Aufl. Leipzig 1894. S. 159.

3) Ähnliches wiederholt sich auf andern Gebieten. Vgl. z. B. die Bemerkung von F. Hausdorff in seinem Artikel: Eine neue Strahlengeometrie (Besprechung von Studys Geometrie der Dynamen), Zeitschrift f. mathematischen und naturwissenschaftlichen Unterricht. 35. Jahrgang, 1905, p. 470 ff. H. betont, daß die Bezeichnung, die Einführung der dualen Größen, keine bloße Stenographie, keine formale Neuerung ist, daß ihr vielmehr eine suggestive Kraft innewohnt. „Ein natürliches Zeichensystem, das seinem Begriffssystem angepaßt und sozusagen in prästabilierter Harmonie zugeordnet ist, läßt sich nicht ohne erheblichen Verlust an Gedankenenergie durch ein anderes ersetzen." Es wirkt, wie z. B. das periodische System der Elemente in der Chemie, es macht auf auszufüllende Lücken der Begriffsbildungen aufmerksam. Inwiefern auch hier wieder, in der Ausfüllung gewisser Lücken, große Freiheit herrscht, das ist ein Kapitel für sich.

So deuten z. B. die Zeichen in den Lehrbüchern des sechzehnten Jahrhunderts darauf hin, daß man sich unter den ersten Potenzen der Unbekannten in einer Gleichung immer Strecke, Quadrat mit der Strecke als Seite, Würfel mit der Strecke als Kante vorstellte; dann liegt aber vorerst gar kein Grund vor, höhere Potenzen als die dritte in Gleichungen aufzunehmen, denn solchen Gleichungen vom vierten Grad an aufwärts, kommt dann ein geometrischer Sinn nicht mehr zu.[1])

Ganz besonderer Wert kommt aber einer geschickten Bezeichnung in der höheren Mathematik zu. Leibniz, bekanntlich selbst ein Meister dieser Kunst, hat darauf mit Vorliebe hingewiesen. Seine Terminologie der Differential- und Integralrechnung ist auch allgemein angenommen worden, sowie in den Elementen die Dezimalrechnung, die Zeichen $+$ und $-$ u. anderes. Newton aber hat merkwürdigerweise weder die Technik der Fluxionslehre noch die der analytischen Geometrie in seinen „Principia" angewendet.[2]) Überall werden gesondert die nötigen Grenzbetrachtungen angestellt, die allgemeine Methode der Differential- oder Fluxionsrechnung aber, für die doch gerade die Ableitung der Keplerschen Gesetze aus dem Newtonschen Anziehungsgesetze eines der schönsten Objekte ist, tritt nirgends hervor. Er mochte fühlen, daß seine Fluxionsrechnung sich nicht bequem genug handhaben ließ. Andrerseits feierte in der raschen Entwickelung der kontinentalen, vor allem der französischen Mathematik Leibniz' Terminologie ihre Triumphe.

Weitere Beispiele dieser Art könnten vielleicht ermüdend wirken. Immerhin wird das eine bereits zur Genüge hervortreten: Die freie durch geschickte und geniale Mathematiker geförderte Entwickelung der Formelsprache hat die Wissenschaft befruchtet, etwa wie die fortschreitende Kunst in der schriftlichen Niederlegung der Gedanken von den ältesten ideographischen Zeichen an bis auf das Alphabet für die Kultur überhaupt von Bedeutung gewesen ist.

Die Freiheit in der Wahl des Werkzeugs tritt uns noch in anderer Gestalt als gerade in der Formelsprache entgegen. Ich erinnere z. B. daran, daß die Forderung des Euklid, nur solche Konstruktionen zuzulassen, bei denen allein Zirkel und Lineal benützt werden, ganz willkürlich ist und eingeschränkt oder erweitert werden kann. Bekannt sind die Konstruktionen mit dem Zirkel allein (Mascheroni) oder mit dem Lineal und einem festgegebenen Kreis (Steiner), weniger verbreitet sind die hübschen Methoden, mit Hilfe des Lineals und eines (oder mehrerer)

---

[1]) Tropfke, Geschichte der Elementarmathematik I. Leipzig 1902. S. 191.
— Für höhere Potenzen werden Bezeichnungen wie sursolidum usw. gebraucht.

[2]) Vgl. Zeuthen, Geschichte der Mathematik im 16. und 17. Jahrhundert. Leipzig 1903. S. 383.

beweglicher rechter Winkelmaße (senkrecht sich schneidender, fest verbundener Lineale) die (trotz Hobbes!) mit Zirkel und Lineal nicht ausführbare Winkeldreiteilung und Würfelverdoppelung konstruktiv zu behandeln.[1])

Ferner wäre die Wahl des Koordinatensystems zu nennen. Den gewöhnlichen rechtwinkligen Cartesischen Punktkoordinaten, den Maßzahlen der senkrechten Abstände eines Punktes von zwei einander senkrecht schneidenden Graden bezw. von drei einander senkrecht schneidenden Ebenen ist eine bunte Fülle anderer Koordinatensysteme an die Seite getreten, Polarkoordinaten, elliptische, parabolische Koordinaten usw., die den einzelnen Problemen angepaßt sind, wie die Schlüssel dem Schloß.

Viel weiter aber noch trägt ein anderes Verfahren, das treffend mit dem Namen „Wechsel des Raumelements" bezeichnet worden ist.[2]) In der Ebene braucht z. B. nicht der Punkt zum Element gewählt zu werden, das durch zwei Zahlen (Koordinaten) bestimmt ist, an seine Stelle kann die Gerade treten. Man bezeichnet bekanntlich die negativen reziproken Maßzahlen der Stücke, welche eine Gerade auf den rechtwinkligen Achsen abschneidet, als „Linienkoordinaten." Die Gerade wird das Element, der Punkt ein abgeleitetes Gebilde. War zuerst die Gerade analytisch wiedergegeben durch die lineare Gleichung, welche die Cartesischen Koordinaten ihrer Punkte erfüllen, so wird jetzt der Punkt analytisch dargestellt durch die lineare Gleichung, welche die Linienkoordinaten der auf ihn sich stützenden Geraden erfüllen. Kurven sind nicht mehr aufzufassen als Orte eines sich bewegenden Punktes, sondern als Gleitbahnen rollender Tangenten[3]) usw.

Ein und dasselbe Gleichungssystem kann in beiden Koordinatenarten gedeutet werden, und so lassen sich ganz verschiedene geometrische Sätze auf dieselbe analytische Grundlage zurückführen, z. B. der Lehrsatz des Pascal, daß die drei Schnittpunkte der Paare von gegenüberliegenden Seiten des dem Kegelschnitt einbeschriebenen Sechsecks auf einer Geraden liegen, und der Lehrsatz des Brianchon, daß die drei Verbindungslinien gegenüberliegender Ecken des dem Kegelschnitt umschriebenen Tangentensechsseits durch einen Punkt gehen.

---

1) Hierher gehört auch die Methode der japanischen Tischler, aus einer Zahl mit Hilfe zweier beweglichen rechten Winkel die Kubikwurzel zu ziehen. (Harzer, die exakten Wissenschaften im alten Japan. Kiel 1905, S. 38.)

2) F. Klein, Einleitung in die höhere Geometrie I. (Autographisches Vorlesungsheft. Göttingen 1893) S. 149.

3) Sophus Lie nannte in seinen Vorlesungen diesen Übergang von einer Auffassung zur andern „philosophisch." In der Tat hat W. Wundt in der „Methodenlehre" (Logik, zweiter Teil Stuttgart 1883) dieses Verfahren in der Geometrie einer Besprechung gewürdigt. S. 158.

Zu den Linienkoordinaten kommen dann im Raum die Ebenenkoordinaten, die Plückerschen Linien- und Studyschen dualen Strahlenkoordinaten usw.

Sehr fruchtbar hat sich dieser „Wechsel des Raumelements" auch für die Auffassung des Problems der Integration von Differentialgleichungen erwiesen. Wenn man die geistige Beweglichkeit erhöht durch Aneignung der Fähigkeit, in Gedanken mit dem neuen Raumelement eben so leicht zu operieren, wie mit dem hergebrachten, dem Punkt, so knüpfen sich daran weitere Begriffsbildungen, wie Linienelement, Flächenelement usw., mit deren Hilfe die rein analytischen Methoden von Cauchy für die Zurückführung partieller Differentialgleichungen auf gewöhnliche durchsichtig werden. Neue Möglichkeiten, manche Gleichungen auf einfachere zurückzuführen, eröffnen sich, scheinbare Ausnahmen ordnen sich von selbst ein, ja wir erkennen in ihnen die einfachsten Beispiele, die allgemeinen Methoden der Lösung zu illustrieren.[1])

Wenn nun in der Wahl des Werkzeugs dem Mathematiker auch große Freiheit zugestanden wird, so ist damit doch noch nicht allzuviel geleistet. Buchstaben erzeugen noch keinen Geist, Farben keine Gemälde, Zeichen keine Mathematik, so wird man gewiß einwenden.

Nun, es kommt eben noch eine höhere Freiheit dazu, die Freiheit in der Wahl der Voraussetzungen, die allerdings vorsichtig gehandhabt werden muß und die durch eine bestimmte Regel einzuschränken ist.

Sehr weit geht in dieser Hinsicht Poincaré[2]), wenn er z. B. behauptet, daß man zwischen den verschiedenen Geometrien wählen kann

---

1) Vgl. z. B. Lie und Scheffers, Geometrie der Berührungstransformationen I. Leipzig 1896. S. 531. An dem Beispiel einer Gleichung, welche Differentialquotienten überhaupt nicht enthält, wird das allgemeine Integrationsverfahren der partiellen Differentialgleichungen erster Ordnung genau verfolgt!

2) Poincaré, Wissenschaft und Hypothese, deutsch von F. und L. Lindemann. Leipzig 1904. S. 75.

Wenn Poincaré zu dem Resultat gelangt, daß die geometrischen Axiome praktische Festsetzungen sind, willkürliche Stempel, dem Bewußtseinsinhalt, soweit er sich auf die Außenwelt bezieht, aufgeprägt, nur von dem etwas schattenhaften Schema der Gruppe beherrscht (S. 70), so überkommt den Leser dabei wohl dasselbe unbehagliche Gefühl, wie bei der philosophischen Lehre vom willkürlichen Gesellschaftsvertrag, eine Lehre, die das moralische Apriori mit demselben Radikalismus ausschaltet, wie Poincaré die synthetischen Urteile a priori bis auf einen schwachen Rest. — (Vgl. auch die Ausführungen weiter unten S. 244). Gegenüber diesem Relativismus in bezug auf Raumanschauung vgl. man z. B. O. Liebmann, Zur Analysis der Wirklichkeit. Dritte Auflage. Straßburg 1900. S. 72—86, wo die Vorstellung des euklidischen Raumes als zwingend betrachtet und diese Auffassung näher analysiert wird.

etwa wie zwischen verschiedenen Maßsystemen. Viele werden sich gerade hiergegen mit ganzer Kraft sträuben; dabei spricht wohl auch eine gewiße Bequemlichkeit mit, die die durch strenge Beweisführung garantierte Eindeutigkeit in den Ergebnissen mathematischer Untersuchungen in den Grundlagen nicht gerne vermissen möchte.

Diesen begreiflichen Wünschen gegenüber wird der Mathematiker nur an der einen Forderung festhalten: Er muß verlangen, daß jedes in einem Beweis als Hilfsmittel gebrauchte Element weder mit sich selbst noch mit andern Elementen in Widerspruch steht (wie etwa das von Gauß[1]) als Beispiel hierfür genannte gleichseitige Dreieck mit einem rechten Winkel).

Noch schärfer und vollständiger können wir die formale Vorschrift in der Gestalt aussprechen: **Wähle die Voraussetzungen für weitere Untersuchungen so, daß sie miteinander verträglich sind und daß keine überzählig ist.**

Wie einfach und selbstverständlich klingt dieses Gebot und doch, wie selten wird es mit aller Strenge befolgt!

Auf die Gefahr hin, die Mathematik in schlechten Ruf zu bringen, will ich darauf hinweisen, wie mit Umgehung des Gebotes oft eine Freiheit erschlichen wird; von der erlaubten Freiheit, die dem Mathematiker bleibt, wird später die Rede sein. (S. 241.)

In der analytischen Geometrie ordnen wir den Strecken Maßzahlen zu, und darin liegen schon sehr viele Voraussetzungen, die im einzelnen herauszuschälen eine sehr sorgfältige und mühsame Arbeit erforderte.[2]) Die geschichtliche Entwicklung ist freilich andere Wege gegangen. Lange bevor jene Fragen beantwortet, ja überhaupt gestellt waren, ist die analytische Geometrie in die Breite gegangen. Von Cartesius und Fermat zunächst für die Ebene aufgestellt, wobei die Entdecker übrigens noch oft mitten zwischen den analytischen Betrachtungen rein geometrische Hilfsmittel hereinziehen[3]), bemächtigt sie sich bald des Raumes, außerdem in der Graderhöhung der zu untersuchenden Gleichung ein ebenso einfaches wie natürliches Erweiterungsprinzip sich schaffend.

Hand in Hand mit der Einführung der Maßzahl in die Geometrie und von ihr gefordert geht die Erweiterung des Zahlbegriffs überhaupt. Es mußten außer den ganzen und gebrochenen (rationalen) Zahlen noch die irrationalen herangezogen werden. Darf man mit diesen neuen Zahlen genau so operieren wie mit den ganzen Zahlen, den gewöhn-

---

[1] Gauß Werke III (Göttingen 1876), S. 6.
[2] Vgl. z. B. Hölder, Die Axiome der Quantität und die Lehre vom Maß (Leipzig 1901, Berichte der K. S. G. d. W.).
[3] Zeuthen, a. a. O., p. 210.

lichen Regeln folgend? Obwohl dies geschehen ist, seitdem man sich zur Einführung dieser allgemeinen Zahlen veranlaßt sah, ist doch an der scharfen Fassung des allgemeinen Zahlbegriffs bis in die zweite Hälfte des neunzehnten Jahrhunderts gearbeitet worden.

Und nun erst die Differential- und Integralrechnung! Die großen Mathematiker des achtzehnten Jahrhunderts haben auf den Grundlagen von Leibniz und Newton in schaffensfreudigem Eifer weiter gebaut, ohne vorher die Fragen gründlich zu erörtern, die bei strenger Beweisführung nicht zu umgehen sind. Konvergenz unendlicher Reihen, mathematisch strenge und verwertbare Definition des Begriffes „Stetigkeit", Vertauschbarkeit von Grenzübergängen — alle die schwierigen Untersuchungen, die mit diesen Überschriften angedeutet sind, wurden einfach ignoriert und mußten später nachgeholt werden. Man darf annehmen, daß auch hier die Eroberung des neuen Gebiets nicht so schnell gelungen wäre, hätte man erst mit der Herstellung geordneter Zustände in jedem neuen Fleckchen vollen Ernst machen wollen.

Vielleicht darf ich hier eine Beobachtung einschalten, die das allgemeine Gesetz vom Parallelismus der Entwicklung des Individuums und der Entwicklung der Gattung bestätigt. Der einzelne spiegelt in seinem Studiengang die Geschichte der Wissenschaft wieder, und gerne wird sich jeder daran erinnern, wie die Differential und Integralrechnung seinem Geist Flügel zu verleihen schien. Ich weiß noch genau, wie mir der kürzlich verstorbene Ernst Abbe in meinem ersten Semester sagte, er beneide den mit den Erstlingsstudien der höheren Mathematik Beschäftigten um seinen schönen Glauben an die allgemeine Gültigkeit der ihm anvertrauten Regeln; er hatte wohl die Überzeugung, es hieße jenen Flug allzusehr erschweren, wenn man gleich auf alle Fallen aufmerksam macht, die hinter den allgemeinen Formeln lauern.

Später freilich darf es keinem erspart bleiben, etwa an der Hand eines modernen, kritischen Lehrbuchs in alle Einzelheiten der schwierigen Fragen einzudringen: sich zu überzeugen, daß die überall stetige Funktion einer Veränderlichen an keiner Stelle einen Differentialquotienten zu haben braucht, daß man vielmehr im allgemeinen statt des einen Differentialquotienten an einer Stelle vier verschiedene Derivierte zu erwarten hat usw.

Fragen der richtigen Pädagogik im mathematischen Hochschulunterricht hier entscheiden zu wollen, liegt mir fern. Ich glaube aber, ein Blick in die Lehrbücher zeigt uns, wie weit wir in vielen Gebieten noch von dem Ideal entfernt sind, die strenge Beweisführung auch zur einfachsten und natürlichsten gestaltet zu haben. —

Die manchmal dem Autor selbst nicht ganz deutlich ins Bewußtsein tretende Kühnheit, nicht hinreichend scharf geprüfte Elemente in den Gang eines Beweises aufzunehmen, begegnet uns noch oft in einzelnen mathematischen Disziplinen; meist war jenes Element gerade das Samenkorn, dem eine neue Frucht entsprang. So gründen sich bekanntlich Riemanns Untersuchungen über Abelsche Funktionen auf drei fundamentale Sätze, bei denen die Existenz von Funktionen mit gewissen Eigenschaften angenommen wird.[1]) Zum Nachweis der Existenz dieser Funktionen bediente sich Riemann des sogenannten Dirichletschen Prinzips, ohne zu bemerken, daß dieses Prinzip nicht streng bewiesen war, worauf bekanntlich Weierstraß aufmerksam machte.

Waren Riemanns Untersuchungen deswegen falsch? Durchaus nicht! Es erwuchs nur die Aufgabe, das Prinzip zu ersetzen, was durch sehr verschiedene, nicht sämtlich gleichweit tragende Methoden geschehen ist, oder aber, es direkt zu begründen, nachzuweisen, daß die gegen ein Minimumsproblem im allgemeinen vorliegenden Weierstraßschen Bedenken im speziellen Fall des Dirichletschen Prinzips sich beseitigen lassen.

Das wäre ein Beispiel, aber ungezählte können angeführt werden, um zu zeigen, wie auch die Abhandlungen namhafter Autoren häufig durchsetzt sind von „stillschweigend gemachten" Annahmen, und gerade solche Unvollkommenheiten gestalten die Lektüre anregend, stellen dem Mathematiker neue Aufgaben.

Soll nun mit dem Hinweis auf die „erschlichenen Freiheiten" etwa dem Leichtsinn das Wort geredet werden? Ein solches Mißverständnis brauche ich wohl nicht zu fürchten, ich wollte nur betonen, daß in den Händen der großen von Intuitionen beflügelten Geister die Mathematik nicht selten zu einem ὕστερον πρότερον wird, ohne deshalb auf die Dauer ins Wanken zu geraten.

Kommen wir jetzt auf unsere Forderung über die Grundlagen eines strengen Beweises zurück und unterrichten wir uns dann, wie viele Freiheiten sie dem Mathematiker noch läßt.

An der Spitze der Zahlentheorie, des Rechnens mit den ganzen Zahlen stehen eine Reihe bekannter Gesetze, das kommutative, das assoziative, das distributive usw. Es ist bekannt, daß man ganz ohne Bedenken einzelne dieser Gesetze fallen lassen kann, d. h. Zahlensysteme sich ausdenken, bei denen nicht alle diese formalen Gesetze gelten.

---

1) Vgl. C. Neumann, Das Dirichletsche Prinzip in seiner Anwendung auf Riemannsche Flächen. Leipzig 1865. — Im übrigen findet sich eine vergleichende Analyse der Arbeiten von C. Neumann, H. A. Schwarz, H. Poincaré, D. Hilbert und anderer Autoren z. B. bei Fouët, Fonctions analytiques II, Paris 1904, S. 49 ff. sowie in andern Lehrbüchern.

Wie fruchtbar sich z. B. die Quaternionen und die dualen Zahlen bei der Behandlung geometrischer Probleme erwiesen haben, nicht nur als künstliche Formelstenographie, sondern als ordnendes Prinzips, zeigt eine ganze mathematische Literatur[1]).

Verweilen wir auch ein wenig bei den vielerörterten Grundlagen der (euklidischen) Geometrie, indem wir zunächst, um von philosophischer Seite keinen Einspruch zu erfahren, noch annehmen, daß unsere geistige Organisation durchaus nur den euklidischen Raum als Realität zu betrachten gestattet.

Die Gesamtheit aller Sätze der Geometrie haben wir uns dann als ein System von unbegrenzt vielen Aussagen vorzustellen, die sämtlich miteinander verträglich sind und in einem gewissen Abhängigkeitsverhältnis stehn. Eine möglichst kleine Anzahl von ihnen können und müssen als Voraussetzungen an die Spitze treten, die übrigen sind Folgen. Die Auswahl und die Formulierung ist bis zu einem gewissen Grad frei und willkürlich, und so kann es kommen, daß ein und derselbe Satz in der einen Darstellung als Axiom benutzt wird, bei einem andern Mathematiker dagegen als Folgerung erscheint. In diesem Verhältnis steht z. B. das euklidische Parallelenpostulat zu dem Satz, daß die Winkelsumme im Dreieck zwei Rechte beträgt.[2])

Wie hat man die Axiome auszuwählen? Die Antwort lautet im Prinzip sehr einfach: Man hat so zu wählen, daß kein Axiom überflüssig ist und daß sie ausreichen. In Wirklichkeit hat es große Mühe gekostet, das Programm durchzuführen, und wer darf es wagen zu behaupten, daß wir bereits die höchste Stufe der Vollkommenheit erreicht haben? Freilich, einem Aprioristen vom Schlage Schopenhauers wird solche Mühe gänzlich vergeudet erscheinen; für ihn sind ja alle geometrischen Sätze selbstverständlich, sie müssen intuitiv klar sein und werden nur von pedantischen Kleinigkeitskrämern in die langweiligen Bruchstücke zerhackt, die einzelnen Schritte, die einen Beweis zusammensetzen. Aber schon Christian Wolff nennt die beiden Einwände gegen die elementare Geometrie: Sie zerre den natürlichen Zusammenhang der Dinge auseinander, und sie beweise selbstverständliche Sachen, und er weist beides als unberechtigt zurück.[3])

---

1) Vgl. die Anmerkung oben (S. 235). Hierher gehören auch die Graßmannschen Zahlen, die Vektoren usw.

2) Sammlung Schubert 49 (Nicheuklidische Geometrie) gibt p. 2—5 eine Übersicht äquivalenter Formen des Parallelenpostulats.

3) Ch. Wolff, Elementa matheseos I 2. ed. Genevae 1743, p. 12. Die „obiectiones" gegen die Mathematiker sind
1) quod multa definiant, quae definitione non habent opus et quod multa probent, quae probatione non indigent.

Um festzustellen, ob wirklich ein gegebenes System von grundlegenden Sätzen lauter unabhängige Axiome darstellt, wird man sich ein System von Objekten aussuchen (am besten ist es, wenn man analytisch einwandfrei definierte hierfür nimmt), die alle Bedingungen bis auf die eine erfüllen. Gelingt dies, dann ist gezeigt, daß die eine Aussage wirklich ein unabhängiges Axiom darstellt. Gerade solche Objekte werden am besten herangezogen, die dem naiven Denken gesucht und paradox erscheinen, um so weniger ist dann zu fürchten, daß man sich durch die Gewohnheit täuschen läßt. Sehr instruktiv für diese ganze Methode ist die von Hilbert in einer Vorlesung gegebene Analyse des Desarguesschen Lehrsatzes. Dieser bekannte Satz aus der projektiven Geometrie (schneiden sich die Verbindungslinien AA_1, BB_1, CC_1 der entsprechenden Ecken zweier Dreiecke ABC, $A_1B_1C_1$ in einem Punkt, dann liegen die drei Schnittpunkte der entsprechenden den Ecken gegenüberliegenden Seiten dieser Dreiecke auf einer Geraden) war immer durch Projektion aus dem Raum bewiesen worden. Die Frage ist: War das wirklich nötig, oder folgt der Satz nicht allein schon daraus, daß die Geraden in der Ebene ein System von Kurven darstellen derart, daß durch zwei Punkte eine Gerade eindeutig bestimmt ist? Gewisse Linien, die sich aus einem Stück einer Geraden und einem als Fortsetzung zu betrachtenden Kreisbogenstück zusammensetzen, dabei aber doch die Grundeigenschaften der Geraden haben, zeigten in der Tat die Unabhängigkeit des Desarguesschen Satz von der Grundeigenschaft; er gilt für diese Pseudogeraden nicht.

In dieser Weise sind die Axiome sämtlich gewissen Elastizitäts-

---

[2]) quod ordinem, quo generaliora et simpliciora specialibus. et compositis praeponi necesse est, negligent, nec ad unum argumentum pertinentia uno loco absolvent. Sehr richtig bemerkt er dazu, daß die Definitionen nicht nur zur Erklärung d. h. zur Erzeugung einer vom Autor gewollten Vorstellung dienen sollen, sondern bestimmt sind, Elemente eines Beweises zu geben, daher ganz besondere Sorgfalt erfordern. Als Beispiel eines „überflüssigen Beweises" wäre etwa der von Pasch in seiner Gießener Rektoratsrede (1894) „Über den Bildungswert der Mathematik", erwähnte Beweis der Gleichheit zweier Scheitelwinkel zu nennen (Pasch betont die Wichtigkeit lückenloser Beweise, im Gegensatz zu einem irgendwoher genommenen Verfahren, aus dem man die Überzeugung von der Richtigkeit einer Behauptung schöpft). Ferner gehört hierher Hilberts Begründung der Lehre vom Flächeninhalt (Grundlagen der Geometrie, zweite Auflage, Leipzig 1903. S. 39—46). Die so selbstverständlich scheinende Annahme, daß einer Figur ein bestimmter, nicht etwa von der Art der Ausmessung abhängiger Inhalt zukommt, muß genauer untersucht, verschiedene Arten der Gleichheit je nach den Mitteln, die zum Nachweis dieser Tatsache dienten, müssen festgestellt werden usw.

proben zu unterziehen, wenn man sich über ihre gegenseitige Stellung logisch strenge Rechenschaft geben will.[1])

An dieser Stelle habe ich jetzt auch der nichteuklidischen Geometrie im engern Sinne, der Geometrie ohne Parallelenpostulat zu gedenken. Man kann sie bekanntlich mit Hilfe gewisser Definitionen in die euklidische Geometrie einbauen. Gewisse Systeme von Kugeln und Kreisen können die „Ebenen" und „Geraden" darstellen, in einer andern Darstellungsform wird eine ovale Fläche zweiten Grades, die nach Euklidischer Maßbestimmung im Endlichen liegt, als unendlich fern liegendes Gebilde interpretiert, endlich gilt auf den Flächen konstanten Krümmungsmaßes die nichteuklidische Geometrie.

Aus dieser bunten Fülle der Bilder zur Veranschaulichung im euklidischen Raum erwächst wohl oft der nichteuklidischen Geometrie der Vorwurf, das seien lauter künstliche Konstruktionen, die den Stempel des Absurden an der Stirne tragen, in Wirklichkeit könne man sich nur die euklidische Geometrie vorstellen. Allein dieser Einwand wäre ebensowenig berechtigt, wie die Behauptung, perspektische Verkürzung bedeute ein wirkliches Zusammenschrumpfen des Objekts.

Übrigens hat Helmholtz sich auf die Seite der Mathematiker gestellt, die die Vorstellbarkeit des nichteuklidischen Raumes zugeben, Cayley, der Mathematiker, dessen Untersuchungen zu dem zweiten der drei aufgezählten Bilder geführt haben, verhält sich ablehnend, ihm war es anfangs durchaus nicht verständlich, wie Klein aus den Cayley-schen Maßbestimmungen die nichteuklidische Raumvorstellung entwickelte. Ich neige zu der an dieser Stelle schon einmal verteidigten

---

1) Eine solche Elastizitätsprobe einer analytischen Definition der Kurve (die rechtwinkligen Koordinaten x und y sind stetige Funktionen eines Parameters t) ist die Peanosche Kurve, die in ihrem Verlauf alle Punkte eines Quadrats trifft. Wie Klein dazu bemerkt (Anwendung der Differential- und Integralrechnung auf die Geometrie. Eine Revision der Prinzipien. Autographierte Vorlesung Göttingen 1902, p. 248) liegt das Paradoxe bei der Peano-Kurve durchaus nicht in der Sache, sondern in der Ausdrucksweise, daß wir nämlich bei ihr das Wort „Kurve" in einem allgemeineren Sinne brauchen, als zulässig ist, wenn wir die Analogie mit den empirischen Kurven festhalten wollen. — Das Beispiel zeigt, wie schwer es ist, eine greifbare Definition zu geben, die mit der Anschauung in Einklang steht, wie vorsichtig mit solchen allgemeinen Begriffen „Kurve, Fläche" etc. umzugehen ist, wenn man nicht von vornherein in die Definition eine Menge einzelner Determinationen aufnimmt. Ebenso erfordern bei der Lehre von den bestimmten Integralen die freien Begriffsbildungen oft sehr sorgfältige Konstruktionen von Beispielen, um sich über den Inhalt einer Definition klar zu werden.

Auffassung, daß die Vorstellbarkeit des nichteuklidischen Raumes Sache der Gewöhnung ist.[1])

Mag der Mathematiker mit einer solchen These in den Augen des Philosophen die ihm gesteckten Grenzen überschreiten, so kann er doch die Geschichte der Wissenschaft für sich in die Schranken rufen. Gerade die ersten Baumeister des Lehrgebäudes, Gauß, Lobatschefskij und Bolyai verfuhren durchaus realistisch; sie zogen Folgerungen aus der (nach ihrer Ansicht durch feine Messungen der Winkelsumme in sehr großen Dreiecken zu prüfenden, also nicht etwa aus der Luft gegriffenen) Annahme, daß das Parallelenpostulat nicht gilt. Sie fragten nicht etwa: Gibt es im euklidischen Raum ein System von Kurven Flächen und Transformationen, das durch künstliche Deutung die Geraden, Ebenen und Bewegungen eines chimärischen, nichteuklidischen Raumes wiederspiegelt.

Von diesem realistischen Gesichtspunkt aus könnte übrigens die Argumentation einfach umgekehrt und gegen die euklidische Geometrie gewendet werden: Kann man sich die nichteuklidische Geometrie oder vielmehr die verschiedenen Arten von nichteuklidischer Geometrie nur durch künstliche Interpretation darstellen, so gilt dasselbe für die euklidische Geometrie im nichteuklidischen Raum: die Grenzfläche des hyperbolischen Raumes und die Cliffordsche Fläche des elliptischen Raumes, auf denen die euklidische Geometrie gilt, sind nicht eben sondern gekrümmt. Das soll kein Argument gegen die euklidische Geometrie sein, es soll nur zeigen, daß ein immer wieder geäußerter Vorwurf gegen die nichteuklidische unberechtigt ist.

Doch, ziehen wir uns von diesem metaphysischen Boden zurück, gehn wir der Freiheit des Mathematikers auf einem gewiß nicht anfecht-

---

[1] F. Hausdorff, Das Raumproblem. Antrittsvorlesung in Leipzig am 4. Juli 1903 gehalten, p. 5—6. (Erschienen in Band III von Ostwalds Annalen der Naturphilosophie). Außer dem a. a. O. erwähnten Veranschaulichungsversuch von Helmholtz wäre noch Poincaré (a. a. O., p. 67—69) zu nennen. Instruktiv ist vielleicht auch folgende Betrachtung: Man denke sich das Bild aus, unter dem eine zu der als unbegrenzte Ebene vorgestellten Wasseroberfläche außerhalb gelegene parallele Ebene von einem Punkt innerhalb erscheint. Sie drängt sich innerhalb eines Kreises zusammen, dessen Radius leicht durch die Tiefe des Punktes unter der Oberfläche und den Grenzwinkel der Totalreflexion zu bestimmen ist. Strecken erscheinen immer kürzer, je weiter sie entfernt sind, das Bild der unendlich fernen Punkte jener Ebene wird ein endlicher Kreis, und man kann an diesem Bild leicht Poincarés Betrachtungen wieder aufnehmen. — Cayley konnte sich nicht überzeugen, daß das erwähnte Bild der nichteuklidischen Geometrie sich auch frei von dem Substrat der euklidischen Geometrie begründen läßt. (Vgl. Cayley, Mathematical Papers II, Cambridge 1889, p. 606.)

baren Gebiete nach, dem Wahl des Ziels seiner Forschung, dessen große Mannigfaltigkeit meist nicht genug gewürdigt wird. Nur wegen der Fülle des Materials fällt es hier schwer, die behauptete Freiheit einleuchtend hervortreten zu lasssen; es müßte eine Heerschau gehalten werden, und wir könnten sehen, wie sich in der Mannigfaltigkeit der Probleme und in ihrer Behandlung Charakter und Rasseneigentümlichkeiten wiederspiegeln.

Greifen wir wenigstens ein dem Laien oft einförmig erscheinendes Gebiet heraus, machen wir aus der Lehre von den algebraischen Gleichungen eine Stufenfolge von Fragen namhaft, die zeigt, wie viel hier zu erledigen ist.

Erste Frage: Eine bestimmte algebraische Gleichung ist vorgelegt, mit gegebenen Zahlenkoeffizienten. Wie berechnet man ihre Wurzeln? Vorfrage: Gibt es überhaupt Zahlenwerte, die die Gleichung erfüllen? Bekanntlich hat die Vorfrage erst Gauß für alle Fälle befriedigend beantwortet, während Newton bereits durch seine Näherungsmethoden zur Hauptfrage beigetragen hat. Analytische und graphische Methoden gingen auf diesen Wegen immer weiter. Die Fragen nach dem Wurzelwert differenzieren sich ins einzelne: Es kommt vielleicht nicht darauf an, die Zahlenwerte der Wurzeln zu bestimmen, sondern nur, festzustellen, wie viele Wurzeln liegen in einem reellen Gebiet. (Beispiel: Wie viele Schwingungsknoten befinden sich auf einem bestimmten Stab- oder Saitenstück?). Dieses für die Praxis wichtige Problem hat die feinsten mathematischen Köpfe von Descartes an beschäftigt. Weiter: Dieselbe Frage soll für das komplexe Gebiet erledigt werden.

Zweite Frage: Die Gleichung liegt nicht als Ausdruck mit gegebenen Zahlenkoeffizienten vor, sondern in allgemeiner Form, z. B. $ax^2 + bx + c = 0$. Kann man die Wurzeln dann auch in die Gestalt einer allgemeinen Formel bringen, so daß man, sobald für die Koeffizienten bestimmte Zahlenwerte gegeben sind, diese nur in die Schlußformel einzusetzen braucht, um die Zahlenwerte der Wurzeln zu erhalten? Antwort: Für die Gleichungen bis zum vierten Grad einschließlich gelingt dies allgemein auf die Art, daß in der Endformel nur über und nebeneinander geordnete Wurzelzeichen vorkommen (z. B. in der Cardanischen Formel). Bei den Gleichungen vom fünften Grade an, kommt man mit so elementaren Funktionen nicht mehr aus. — Von selbst schließen sich daran weitere Fragen, nach der Gestalt der Funktionen, die zur Auflösung der Gleichungen höheren Grades dienen, ferner nach Gleichungen von höheren Grad als vier, die doch noch einer Vereinfachung fähig sind, wie z. B. die sogenannten reziproken Gleichungen. Bei den reziproken Gleichungen ordnen sich die Wurzeln zu Paaren reziproker Zahlen zusammen; die Gleichungen lassen sich vereinfachen, weil es Funktionen der Wurzeln gibt, die bei Vertauschung der Wurzeln ihren Wert nicht ändern, und die Anzahl dieser Funktionen kleiner ist, als die Anzahl der Wurzeln. Für diese Funktionen bekommt man eine Hilfsgleichung, Resolvente, von niederem Grad als die Hauptgleichung, und aus den Wurzelwerten der Resolvente wieder ebenso für die Wurzeln der Gleichung. — Wie kann man allgemein Gleichungen mit niederer Resolvente bilden, resp. die Gleichungen nach diesem Gesichtspunkt klassifizieren? Hier setzt bekanntlich die Galoissche Gruppentheorie ein, eine kräftige Stütze für die Behauptung des Montucla, daß die Algebra genau so gut, wie die Geometrie eine konstruierende, nicht etwa eine analysierende Wissenschaft ist.[1])

Dritte Frage: Systeme von mehreren Gleichungen mit mehreren Unbekannten sind gegeben. Wann sind sie verträglich, wie bestimmt man das allgemeine Wertsystem, das die Gleichungen erfüllt, welches ist die einfachste Form, auf die man die Gleichungen bringen kann, ohne dabei den Wertbereich der Lösungen zu erweitern oder einzuschränken? Eliminationstheorie, Determinantenlehre und die wieder in hohem Maß konstruktiven Charakter zeigende Invariantentheorie haben in diesen Fragen ihre Quellen.

Die Mathematiker bitte ich um Nachsicht bei Kritisierung dieses unvollständigen Schemas; aber dem Vorwurf der Eintönigkeit, den ja manchmal auch die Vertreter einzelner mathemathischer Disziplinen gegen einander erheben[2]), kann nur durch einen solchen Versuch begegnet werden.

Dem Mathematiker ist auch die Tatsache wohlbekannt, daß unter derselben Überschrift sich die verschiedensten Gegenstände und Behandlungsarten verbergen, z. B. haben die Differentialgleichungen, ein und dasselbe Objekt mathematischen Denkens, für die verschiedenen Köpfe die allerverschiedensten Aufgaben gestellt, wobei ein gewisser Parallelismus mit dem eben gewonnenen Schema der Algebra sich aufdrängt. Der Natur des Objektes nach ist aber die Mannigfaltigkeit bei den Differentialgleichungen viel reicher.[3])

---

1) Montucla, Hist. de Math. I, p. 9.

2) Nach dieser Richtung könnte das Buch von Ahrens, Scherz und Ernst in der Mathematik, manche indiscrete Vervollständigung erfahren.

3) Wie wenig Berührungspunkte haben z. B. die Bücher von Lie - Scheffers (Anwendung infinitesimaler Transformationen), Riemann - Weber (Differentialgleichungen der Physik), C. Runge (Approximative Behandlung für die Zwecke der Praxis) und L. Schlesinger (Funktionentheoretische Untersuchungen). Fast nur der Titel „Differentialgleichungen" ist ihnen gemein!

Die neuen Fragen entnimmt die Mathematik zum großen Teil sich selbst, manchmal durch die Unmöglichkeit, die gerade Linie weiter zu verfolgen, auf neue Wege gedrängt, die erst als Umwege erscheinen. Natürlich ist es auf der anderen Seite die angewandte Mathematik, die theoretische Astronomie, die Physik, die physikalische Chemie usw., welche neue Kraftproben der Mathematik verlangt. Da bewährt sich immer von neuem, was einst Baco[1]) gesagt hat: Prout physica maiora in dies incrementa capiet et nova experimenta educet, eo mathematicae nova opera in multis indigebit et plures demum fient mathematicae mixtae.

Die Mathematik wird eben nicht nur, wie es heute oft heißt, als Dienerin nachträglich zur Beschreibung des Beobachteten herangezogen, nein, es werden auch oft schon feine mathematische Hilfsmittel erfordert, um die besten Versuchsbedingungen herauszufinden.

Mit gutem Gewissen kann sie den Vorwurf von sich weisen, daß sie in reserviertem Hochmut die Probleme der Praxis vernachlässigt[2]) (man denke z. B. an die Mühe, die in letzter Zeit auf die approximative Lösung von Differentialgleichungen verwendet worden ist), offen wird sie anerkennen, wieviele Gelegenheiten zu neuen Gedankengängen sie der Praxis verdankt. Aber wehren muß sie sich gegen die Umkehrung des Kantschen Ausspruchs, daß in der Naturlehre nur soviel eigentliche Wissenschaft enthalten ist, als Mathematik in ihr angewandt werden kann, gegen die Umkehrung, welche lautet: Die Mathematik hat nur soweit Wert, als sie für die Anwendung in der Naturwissenschaft, Technik usw. zu brauchen ist.

Wer so urteilt, wird überdies noch häufig darüber klagen, daß der Mathematiker meist nicht in der Lage ist, auf die vorgelegte Frage schnell die gewünschte Antwort in handlicher Form geben zu können. Er ist von seinen selbst gewählten Aufgaben in Anspruch genommen, die volle Konzentration auf den einen Gegenstand erfordern, und er wird die Wissenschaft nicht so treiben, daß ihre Resultate möglichst oft praktisch angewendet werden können, sondern sein Wahlspruch lautet: Treibe die Wissenschaft so, daß Deine Untersuchungen der Ausgangspunkt für weitere Fortschritte innerhalb der Mathematik werden können!

---

1) De augmentis scientiarum Lib. III, cap. 6.

2) Über das Thema „angewandte Mathematik" und die sich daran knüpfenden Diskussionen und Programme soll hier nicht weiter gesprochen werden; das liegt außerhalb des hier gesteckten Zieles.

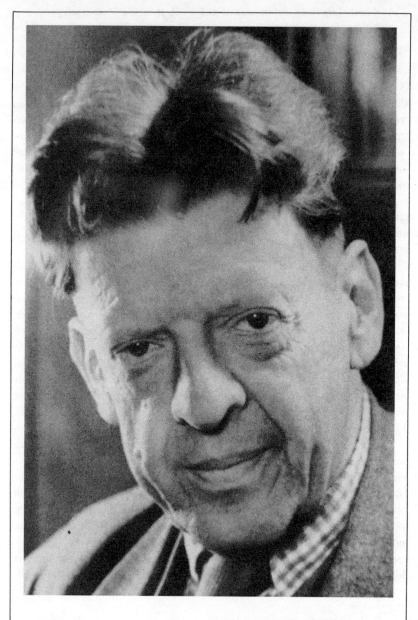

JAHRESBERICHT DER DEUTSCHEN MATHEMATIKER-VEREINIGUNG

IN MONATSHEFTEN HERAUSGEGEBEN VON

A. GUTZMER
IN HALLE A. S.

VIERUNDZWANZIGSTER BAND.
MIT DEN BILDNISSEN VON KARL WEIERSTRASS (ALS TITELBILD), H. BURKHARDT, GEORG HETTNER, JOHANNES KNOBLAUCH UND A. WANGERIN SOWIE 31 FIGUREN IM TEXT

LEIPZIG,
DRUCK UND VERLAG VON B. G. TEUBNER.
1915.

Prag am 14.1.15.

Eingang 18. Jan. 1915.
Reg. No. 12

Euere Spectabilität,

Dekan phil. Fak. [Sig.]

soeben erhalte ich vom Kgl. österreichen Unterrichtsministerium die Verständigung, dass ich vom 1.4.1915 ab als a.o. Professor für Mathematik an Ihrer Hochschule ernannt worden bin. Wie ich höre, habe ich zu Beginn meiner Lehrtätigkeit in Leipzig eine Antrittsvorlesung zu halten. Ich bitte darum, die Vorlesung für einen Ihnen geeignet erscheinenden Tag und zur üblichen Stunde anzukündigen unter dem Titel » Kreis und Kugel «. Wegen der Ankündigung der Vorlesungen habe ich mich bereits mit den andern Mathematikern ins Einvernehmen gesetzt.

Falls ich irgend welche Formalitäten zu erledigen habe, bitte ich Euere Spectabilität um gütige Auskunft. Meine Adresse ist bis 15.3.1915 Prag–Dejvitz 244 und später werde ich in Leipzig, Fockestrasse 51 wohnen.

In besonderer Hochachtung

Ihr ergebenster

Dr. W. Blaschke

Brief W. BLASCHKES an den Dekan der philosophischen Fakultät der Universität Leipzig vom 14. Januar 1915
Archiv der Karl-Marx-Universität Leipzig, PA 321, Bl. 7]

Kreis und Kugel.

Von Wilhelm Blaschke in Leipzig.*)

Wenn ein Mathematiker vor einem weiteren Zuhörerkreise zu sprechen hat, so ist er immer in einiger Verlegenheit. Schon die mathematische Ausdrucksweise scheint ja dem Fernerstehenden recht fremdartig. Goethe soll sich einmal geäußert haben: „Die Mathematiker sind eine Art Franzosen: Redet man zu ihnen, so übersetzen sie es in ihre Sprache, und dann ist es alsobald ganz etwas anderes." Besonders aber wirkt die für unsere Wissenschaft kennzeichnende Länge ihrer Schlußketten abschreckend.

Man pflegt sich nun so zu helfen, daß man von irgendwelchen Beziehungen der Mathematik zu anderen, weniger unnahbaren Wissensgebieten spricht, oder man rückt historische Gesichtspunkte in den Vorder-

---
*) Antrittsrede, gehalten am 15. Mai 1915.

grund. Ich will es nun heute doch versuchen, wirklich von der Mathematik selber zu reden, von Problemen, die, so alt sie sind und so naheliegend ihre Lösung scheint, doch den Geometern manches Kopfzerbrechen verursacht haben.

Als Dido, die Gründerin Karthagos, nach Tunis kam, da versprach ihr der dortige Landesherr ein Grundstück, so groß, wie sie es mit einer Bärenhaut umspannen könne. Sie erinnern sich, wie die schlaue Semitin die unklare Fassung dieses Versprechens ausnutzte: sie schnitt das Fell in Streifen und umgrenzte mit diesen Streifen einen Bezirk von ansehnlicher Größe.

Überlegen wir uns, welche Aufgabe die Königin vor sich hatte, wenn sie die unvorsichtige Schenkung möglichst ausnutzen wollte! Zunächst wurde die Haut jedenfalls in möglichst schmale Riemen zerschnitten, und diese Riemen wurden zu einem möglichst langen Band verknüpft. Wir wollen nun, um die Voraussetzungen zu vereinfachen, annehmen, der Vorgang habe sich nicht an der Küste, sondern im Innern des Festlandes abgespielt. Dann handelte es sich jetzt darum, mit dem geschlossenen Band von gegebener Länge ein Gebiet von möglichst großem Flächeninhalt zu umgrenzen. Also etwas mathematischer ausgedrückt: In der Ebene soll eine geschlossene Linie von gegebener Länge derart gezogen werden, daß sie einen möglichst großen Flächeninhalt umschließt.

Eine derartige Maximumaufgabe, bei der eine Kurve gesucht wird, nennt man ein Variationsproblem und speziell ein *isoperimetrisches Problem*, da der Umfang vorgeschrieben ist. Welche Kurve löst unsere Aufgabe? Nun, das ist nicht schwer zu erraten: „Offenbar" die Kreislinie. Der kreisförmig ausgelegte Streifen wird der karthagischen Königin den größten Landbesitz verschafft haben. Diese Eigenschaft, von allen geschlossenen ebenen Kurven gegebener Länge den größten Inhalt zu umgrenzen, nennt man die **isoperimetrische Eigenschaft des Kreises**.

Eine ganz analoge isoperimetrische Eigenschaft hat die Kugel: sie umschließt von allen geschlossenen Flächen gegebener Oberfläche den größten Rauminhalt, was auch durch die Erfahrung bestätigt wird, daß eine freischwebende Seifenblase Kugelgestalt annimmt.

Schon Geometer des alten Griechenlands, wie Archimedes und Zenodor, haben sich die Aufgabe gestellt, diese Eigenschaften von Kreis und Kugel zu beweisen, das heißt auf die Axiome des Euklid zurückzuführen.[1]) Aber so einfach und so plausibel diese Tatsachen erscheinen, es sind darin erhebliche Schwierigkeiten verborgen, und von der Problemstellung durch die alten Griechen bis zur völligen Lösung durch Weierstraß und H. A. Schwarz sind rund zweitausend Jahre verflossen. Von diesen isoperimetrischen Aufgaben und ihrer Lösung will ich Ihnen in dieser Vorlesung zunächst etwas berichten.

Eines kann man an der Geschichte unseres Problems deutlich erkennen: Die Erfindung der Infinitesimalrechnung — für uns kommt davon besonders die Erfindung der Variationsrechnung durch Euler und Lagrange in Frage — war der Weiterentwicklung der strengen mathematischen Denkweise, wie sie die griechischen Geometer ausgebildet hatten, zunächst durchaus nicht förderlich. Die Macht der neuen Rechenmethoden drängte in dieser „heroischen" Zeit der Analysis das scharfe logische Denken zurück, und erst einer abgeklärteren kritischeren Zeit war es vorbehalten, das Erbe des Archimedes anzutreten und neben anderen klassischen Problemen auch unsere isoperimetrischen Probleme völlig zu überwinden.

Von der älteren Geschichte unserer Fragestellung will ich nicht reden. Der erste Geometer, der in neuerer Zeit, nämlich in den dreißiger und vierziger Jahren des vergangenen Jahrhunderts, die Lösung dieser Aufgaben erheblich gefördert hat, war Jakob Steiner.[2]) Einen seiner Beweisansätze für die Kreiseigenschaft will ich kurz andeuten.

Gehen wir von folgender elementargeometrischen Aufgabe aus: Von einem ebenen Viereck seien der Reihe nach die vier Seitenlängen vorgeschrieben; es sollen die Winkel dazu so bestimmt werden, daß die Vierecksfläche möglichst groß ausfällt. Es ist nicht schwer zu zeigen, daß dieses Maximum des Flächeninhalts dann erreicht wird, wenn das Viereck einem Kreise einbeschrieben ist, wenn also seine vier Eckpunkte auf einem Kreise liegen. Auf Grund dieser Maximumeigenschaft des Sehnenvierecks zeigt Steiner in der einfachsten Weise, daß keine andere Kurve als die Kreislinie die isoperimetrische Eigenschaft haben kann.

Ist nämlich irgendeine andere geschlossene ebene Kurve[3]) gegeben, so kann ich auf ihr vier Punkte wählen, die (in dieser Aufeinanderfolge) auf keinem Kreise liegen. Verbinde ich die vier Punkte der Reihe nach zu einem Viereck, so zerfällt die von der gegebenen Kurve umschlossene Fläche in fünf Stücke: die Vierecksfläche und vier daran angesetzte zum Teil krummlinig begrenzte Flächen, die wir etwa „Monde" nennen können. Die Monde denke ich mir aus starrem Material, etwa aus Pappe, ausgeschnitten und miteinander in den Vierecksecken gelenkig verbunden. Das so entstandene „Viergelenk" deformiere ich derart, daß die Gelenke auf einen Kreis zu liegen kommen. Dabei wird die Vierecksfläche, wie zuvor besprochen wurde, vergrößert, die Monde bleiben ungeändert, also ist die Gesamtfläche der das Viergelenk umschließenden Linie gewachsen, ohne daß ihre Länge verändert worden ist.[4])

Wir haben so einen „Viergelenkprozeß" gefunden, der zu jeder geschlossenen nicht kreisförmigen Kurve eine neue zu finden ermöglicht,

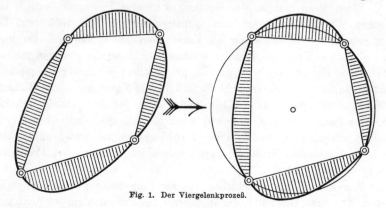

Fig. 1. Der Viergelenkprozeß.

die *gleichen* Umfang, aber *größeren* Inhalt hat. Ist damit die Maximumeigenschaft des Kreises bewiesen? Steiner schien davon überzeugt und wollte sich — ein etwas starrköpfiger Schweizer wie er war — keines besseren belehren lassen.[5])

Oskar Perron hat neuerdings ein nettes Beispiel angegeben[6]), das die Lückenhaftigkeit dieser Schlußweise recht deutlich macht. Nehmen wir alle positiven ganzen Zahlen 1, 2, 3 ...; ich will „beweisen", daß Eins die größte unter ihnen ist. Quadriert man eine von Eins verschiedene dieser Zahlen, so erhält man wieder eine positive ganze Zahl, und zwar eine größere. Das Quadrieren ist also ein Prozeß, der jede der Zahlen, die Eins ausgenommen, vergrößert. Daraus folgt offenbar, daß keine von Eins verschiedene ganze Zahl die größte sein kann. Damit ist aber natürlich nicht gezeigt, daß Eins die größte Zahl ist, weil es keine größte Zahl gibt.

Genau dieselbe Lücke hat die frühere Schlußweise: Es fehlt der Nachweis, daß es unter allen geschlossenen ebenen Kurven gegebenen Umfangs wirklich eine gibt, die größten Inhalt hat.[7])

Karl Weierstraß war der erste Mathematiker, der mit scharfer Kritik auf derartige unerledigte Existenzfragen hingewiesen hat, wie sie besonders beim sogenannten Dirichletschen Prinzip auftreten. Von Weierstraß rührt auch der einfachste allgemeine Existenzsatz her, der sich auf die Extreme stetiger Funktionen bezieht, und dieser Satz reicht gerade dazu aus, um die vorgetragene Steinersche Schlußweise zu vervollständigen. Nämlich in folgender Weise.

Kreis und Kugel.

Wir wollen den Viergelenkprozeß zunächst nur auf (geschlossene) *Polygone* anwenden mit vorgeschriebener Eckenzahl und etwa lauter gleichen Seiten. Dann finden wir wieder, daß der Flächeninhalt bei gegebenem Umfang nur dann ein Maximum sein kann, wenn die Ecken der Reihe nach auf einem Kreise liegen, wenn also unser gleichseitiges Polygon regelmäßig ist. Nun ist aber der Flächeninhalt eine *stetige* Funktion der Eckpunktskoordinaten, und die gleichseitigen n-Ecke bilden, wenn man etwa einen Eckpunkt festhält, eine abgeschlossene Menge. Daraus folgt aus dem Existenzsatz von Weierstraß, daß es wirklich ein gleichseitiges n-Eck größten Inhalts gibt. Damit ist die Maximumeigenschaft des gleichseitigen regelmäßigen n-Ecks bewiesen. Bezeichnet U_n seinen Umfang und F_n seinen Flächeninhalt, so gilt, wie man leicht nachrechnet, die Ungleichung

$$U_n^2 - 4\pi F_n > 0,$$

und dieselbe Ungleichung gilt nach dem eben bewiesenen um so mehr für ein beliebiges gleichseitiges n-Eck.

Ist nun irgendeine geschlossene Kurve gegeben, so kann man sie durch gleichseitige Polygone annähern, und so findet man durch Grenzübergang aus der eben hingeschriebenen Ungleichung zwischen Umfang U und Flächeninhalt F einer beliebigen geschlossenen ebenen Kurve die Beziehung

$$U^2 - 4\pi F \geqq 0.$$

Das ist aber der analytische Ausdruck für die Maximumeigenschaft des Kreises, denn für die Kreislinie gilt das Gleichheitszeichen, und sonst ist immer

$$F < \frac{U^2}{4\pi},$$

wie die nochmalige Anwendung des Steinerschen Viergelenkprozesses lehrt.

Damit ist die isoperimetrische Eigenschaft des Kreises ohne jede Einschränkung bewiesen.[8]

Ich wende mich jetzt zum analogen räumlichen Problem, zum Beweise für die **Maximumeigenschaft der Kugel**. Da sind erheblich größere Schwierigkeiten zu überwinden. Der erste vollgültige Beweis wurde 1884 von H. A. Schwarz erbracht unter Verwendung von Hilfsmitteln, die Weierstraß in die Variationsrechnung eingeführt hat. Später, um die Jahrhundertwende, hat Hermann Minkowski einen neuen Beweis auf ganz anderer Grundlage geführt, nämlich mit Hilfe geometrischer Sätze, die Hermann Brunn angegeben hatte.[9]

Hier möchte ich kurz skizzieren, wie man einen Beweisansatz von Steiner wieder durch die Erledigung der bei Steiner offen gebliebenen Existenzfrage zu einem einwandfreien Verfahren ausgestalten kann. Dabei werde ich mich, so wie das auch bei Minkowski geschieht, auf *konvexe* Vergleichskörper der Kugel beschränken.

Man sagt von einer räumlichen Punktmenge, sie bilde einen konvexen Körper, wenn die Verbindungsstrecke zweier beliebiger Punkte der Menge immer wieder der Menge angehört. Die Punkte in einer Kugel, die Punkte innerhalb eines Ellipsoids oder eines Würfels bilden einen solchen konvexen Körper. Dagegen ist z. B. ein Körper von der Form eines Hörnchens nicht konvex. Dieser Begriff „konvex" geht bis auf Archimedes zurück und ist neuerdings wieder für die Mathematik besonders wichtig geworden.

Es soll nun gezeigt werden: Unter allen konvexen Körpern gegebener Oberfläche hat die Kugel den größten Rauminhalt. Oder, was auf dasselbe hinausläuft: *Unter allen konvexen Körpern gegebenen Inhalts hat die Kugel die kleinste Oberfläche.*

Steiner hat ein Verfahren angegeben, wir wollen es die *Symmetrisierung* nennen, jeden nicht kugelförmigen konvexen Körper in einen neuen konvexen Körper umzuwandeln, der *gleichen* Inhalt und *kleinere* Oberfläche hat. Durch dieses Verfahren wird genau so wie früher im Falle des ebenen Problems Alles auf die bloße Existenzfrage zurückgeführt.

Die Symmetrisierung besteht in Folgendem: Ist ein nicht kugelförmiger konvexer Körper gegeben, so können wir immer eine Ebene finden — wir wollen sie etwa „horizontal" nennen —, zu der es keine parallele Symmetrieebene des Körpers gibt. Dann denken wir uns den Körper aus lauter dünnen Stäben bestehend, die

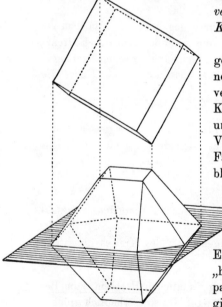

Fig. 2. Symmetrisierung eines Würfels.

vertikal nebeneinanderliegen. Alle diese Stäbe werden nun in der vertikalen Richtung so lange verschoben, bis ihre Mittelpunkte in einer horizontalen Ebene liegen. Die verschobenen Stäbe erfüllen dann einen konvexen Körper, der diese horizontale Ebene zur Symmetrieebene hat und nach dem sogenannten Prinzip von Cavalieri dem ursprünglichen Körper inhaltsgleich ist. Durch Grenzübergang von Polyedern kann man auch zeigen, daß der neue symmetrische Körper kleinere Oberfläche hat als der alte.[10])

Jetzt die *Existenzfrage!* Hier kommt man nicht mehr aus mit dem einfachen Weierstraßschen Satz über stetige Funktionen. David Hilbert hat bei seiner Ausgestaltung des schon erwähnten Dirichletschen Prinzips gezeigt, daß sich auch bei gewissen Variationsproblemen allgemeine Existenzsätze aufstellen lassen.[11]) Nach dem Vorbild dieser Untersuchungen will ich hier ein *Konvergenzprinzip für konvexe Körper* aufstellen, das uns an das gewünschte Ziel bringen wird.

Dieses Konvergenzprinzip läßt sich etwa so fassen: *Ist innerhalb einer Kugel irgendeine unendliche Menge konvexer Körper gegeben, so läßt sich aus dieser Menge immer eine Folge von Körpern aussondern, die gleichmäßig gegen einen konvexen Körper konvergieren.*[12])

Der Beweis dafür gelingt in einfacher Weise mittels des von Georg Cantor herrührenden Diagonalverfahrens. Die gleichmäßige Konvergenz ist dabei derart, daß Inhalt und Oberfläche der Körper der Folge gegen Inhalt und Oberfläche des Grenzkörpers konvergieren. Aus unserem Konvergenzprinzip folgt daher sofort der *Existenzsatz:*

Hat man in einer Kugel eine abgeschlossene Menge konvexer Körper, so gibt es unter ihnen einen Körper mit kleinster Oberfläche.

Nehmen wir nun irgendeinen konvexen Körper $\mathfrak{K}$ an; ich will von ihm zeigen, daß er größere Oberfläche hat als die inhaltsgleiche Kugel. Ich denke mir in $\mathfrak{K}$ eine kleine Kugel einbeschrieben und betrachte die abgeschlossene Menge aller zu $\mathfrak{K}$ inhaltsgleicher konvexer Körper, die diese kleine Kugel enthalten. Diese Körper liegen dann sicher im Innern einer genügend großen konzentrischen Kugel. Aus dem Existenzsatz folgt, daß es in dieser Menge konvexer Körper einen mit kleinster Oberfläche gibt, und vermittels der Symmetrisierung erkennt man, daß dieser Körper eine Kugel sein muß. Dabei ist zu beachten, daß dieser Prozeß sich auf einen konvexen Körper, der eine kleine Kugel enthält, so anwenden läßt, daß der transformierte Körper dieselbe Kugel enthält: Man braucht dazu die Symmetrieebene nur durch den Kugelmittelpunkt zu wählen.

Damit ist der gewünschte Nachweis erbracht. Zwischen dem Inhalt J und der Oberfläche O einer Kugel besteht die Beziehung

$$O^3 - 36\pi J^2 = 0.$$

Für jeden andern konvexen Körper gilt nach dem Bewiesenen

$$O^3 - 36\pi J^2 > 0,$$

und diese kubische Ungleichung ist die analytische Formulierung der isoperimetrischen Eigenschaft der Kugel.

Minkowski hat für konvexe Körper noch andere, und zwar quadratische Ungleichungen abgeleitet, und ich möchte hier nebenbei erwähnen, daß sich auch diese mittels der vervollständigten Steinerschen Methode in einfacher Art nachweisen lassen. Das zuvor genannte Konvergenzprinzip für konvexe Körper läßt sich auch noch auf andere Aufgaben über Maxima und Minima bei konvexen Körpern mit Erfolg anwenden.[13])

Ich habe den Titel dieses Vortrages so allgemein gewählt, da ich Ihnen noch von einer Eigenschaft der Kugel erzählen wollte, die von ganz anderer Art ist.

Denken wir uns eine Schweinsblase prall aufgeblasen. Dann ist es, wie ein Versuch sofort zeigt, unmöglich, diese Schweinsblase zu deformieren ohne sie irgendwo einzuknicken. Fassen wir dieses Versuchsergebnis etwas schärfer! Denken wir uns die Oberfläche einer Kugel aus einem biegsamen, aber undehnbaren Material hergestellt, wie es ziemlich gut durch Papier verwirklicht werden kann. Dann ist diese Kugel in dem Sinne starr, daß es unmöglich ist, sie zu „verbiegen", d. h. sie ohne Dehnung und ohne Knickung zu deformieren.

Diese **Unverbiegbarkeitseigenschaft** kommt nicht bloß der Kugel, sondern auch allen geschlossenen konvexen Flächen zu, wie wohl zuerst 1899 von Heinrich Liebmann unter gewissen Regularitätsannahmen bewiesen worden ist, nachdem das entsprechende Ergebnis über konvexe Polyeder, dessen Richtigkeit schon Euklid behauptet hatte, 1813 von Cauchy abgeleitet worden war.[14]) Ich will etwa unter Beschränkung auf den einfachsten Fall der Kugel Ihnen einen, wie mir scheint, einfachen und naheliegenden Beweis dieses Satzes andeuten.

Greifen wir einen Augenblick eines stetigen Verbiegungsvorganges einer Fläche heraus! Jedes Element der Fläche erfährt dabei eine infinitesimale Schraubung, und die darin enthaltene infinitesimale Drehung denken wir uns nach der in der Kinematik üblichen Weise durch einen Vektor dargestellt. So ist jedem Flächenpunkt ein Vektor zugeordnet. Tragen wir diese Vektoren von einem Punkt aus ab, so beschreibt der Endpunkt im allgemeinen eine krumme Fläche, die durch parallele Normalen auf die ursprüngliche Fläche punktweise bezogen ist und etwa als *Hodograph der Verbiegung* bezeichnet werden mag. Der Hodograph hängt mit der ersten Fläche durch eine lineare partielle Differentialgleichung zweiter Ordnung zusammen.

Ist die ursprüngliche Fläche ein Kugelstück, so ist der Hodograph eine *Minimalfläche*. Gäbe es also eine stetige Verbiegung der Kugel, so müßte es eine geschlossene Minimalfläche geben, die durch parallele Normalen eineindeutig auf die Kugel abgebildet werden kann. Benutzt man zur analytischen Darstellung der Minimalflächen die Formeln von Weierstraß, so sieht man, daß es dann eine nicht konstante analytische Funktion geben müßte, die auf der ganzen Riemannschen Zahlenkugel regulär wäre, was nach dem Satze Liouvilles unmöglich ist. Diese Beweisführung läßt sich auch auf beliebige konvexe Flächen ausdehnen.[15])

Hilbert hat von der Kugel noch mehr gezeigt, nämlich daß jede reguläre und geschlossene Fläche, die man auf eine Kugel eineindeutig stetig und mit Erhaltung der Bogenlängen abbilden kann, selbst eine Kugel sein muß.[16]) Der analoge Satz für beliebige konvexe Flächen ist bisher noch nicht bewiesen worden.

Auch noch andere derartige Sätze hat man vermutet, z. B. daß ein Flächenstück der Kugel, das über eine Halbkugel hinausgreift, unverbiegbar sei, doch ist bisher, so einfach diese Behauptung auch scheinen mag, dafür wohl noch kein einwandfreier Beweis gelungen.[17]) Die einfache Betrachtungsweise, die sich des Hodographen bedient, reicht nämlich in diesem Falle nicht mehr aus. Selbst auf diesem viel durchackerten Gebiet der Flächenbiegung gibt es also noch mancherlei zu erledigen, wenn man sich mit Verbiegung von Flächen „im Großen" und nicht bloß mit genügend kleinen Stückchen beschäftigen will.

Zum Schluß will ich noch darauf hinweisen, daß der eingeführte „Hodograph" einer Verbiegung auch eine *mechanische Deutung* zuläßt, nämlich als Maxwellscher reziproker Kräfteplan zu den Zug- und Druckspannungen in der ursprünglichen biegsamen und undehnbaren Fläche, wenn sie unter dem Einfluß von tangentiell an ihrem Rande angreifenden Kräften im Gleichgewicht ist.

Was wird aus unserem Unverbiegbarkeitssatz, wenn wir ihn mechanisch oder genauer statisch umdeuten? Nehmen wir ein geeignetes krummes Flächenstück, so sind darin auch Spannungen denkbar, ohne daß äußere Kräfte angreifen. Die Techniker nennen solche Spannungen, die bei ungleichmäßig abgekühlten Gußstücken recht gefährlich werden können, *Montierungsspannungen*. Die Umdeutung unseres Unverbiegbarkeitssatzes ergibt nun folgendes gleichwertige und recht einleuchtende Theorem: *Ist eine geschlossene konvexe Fläche aus einem biegsamen und undehnbaren Material hergestellt, so können in ihr keine Montierungsspannungen herrschen.*[18])

Der Fernerstehende rühmt — oder tadelt — an der Mathematik die unumstößliche Sicherheit ihrer Schlüsse. Wenn man die Geschichte unserer Probleme näher besieht, so merkt man nicht viel von dieser unwandelbaren Sicherheit. An Irrtümern und Fehlschlüssen ist kein Mangel und, was vor hundert Jahren als zwingend geachtet wurde, gilt heute oft als mangelhaft. Sogar zur selben Zeit sind verschiedene Mathematiker manchmal nicht einig, wenn auch die Differenzen gering sind in Vergleich zu dem, was in dieser Beziehung bei anderen Fächern üblich ist. So will ich Ihnen nicht verheimlichen, daß bei dem Beweis für die isoperimetrische Eigenschaft der Kugel, den ich Ihnen vorgetragen habe, ein wesentlicher Punkt, nämlich der Auswahlsatz für konvexe Bereiche, nicht von jedem Fachmann gebilligt werden wird. Dabei spielt neben der Logik allerdings auch Geschmack und Gewohnheit eine Rolle, über die sich nicht rechten läßt.

Unleugbar klar erkenntlich ist aber an der tausendjährigen Geschichte der geometrischen Probleme die Entwicklung und der Fortschritt, eine tröstliche Erkenntnis gerade auch für unsere Zeit.

Anmerkungen.

1) Vgl. W. Schmidt, Geschichte der Isoperimetrie im Altertum, Bibliotheca mathematica (3) 2 (1901), S. 5—11. Besonders hervorzuheben ist die Schrift Zenodors: Περὶ ἰσοπεριμέτρων σχημάτων, die in die erste Hälfte des zweiten Jahrhunderts v. Chr. verlegt wird.

2) J. Steiner, Gesammelte Werke, Bd. II, Berlin 1882, S. 177 bis 308, Über Maximum und Minimum...

3) Der Begriff *„geschlossene ebene Kurve"* ist hier in voller Allgemeinheit zu nehmen, nämlich gleichbedeutend mit eindeutiges (nicht notwendig eineindeutiges) und stetiges ebenes Abbild eines Kreises. Ein Umlaufsinn ist auszuzeichnen. Wählt man auf dem Kreise im richtigen Umlaufsinn eine endliche Anzahl von Punkten und verbindet man die entsprechenden Punkte auf der Kurve der Reihe nach geradlinig, so erhält man ein der Kurve „eingeschriebenes" Polygon. Die obere Grenze der (absolut zu nehmenden) Umfänge der eingeschriebenen Polygone gibt den *„Umfang der Kurve"*. Ist dieser endlich, so nähern sich die (mit einem Vorzeichen versehenen) Flächeninhalte der eingeschriebenen Polygone bei gleichmäßig vermehrten Eckpunkten einer bestimmten ebenfalls endlichen Grenze, dem *„Flächeninhalt der Kurve"*.

4) Vgl. in Steiners Werken II die Anm. auf S. 254. Der geschilderte Prozeß ist auch auf eine mehrfach überdeckte Kreislinie anwendbar.

5) Man siehe den Nachruf von Geiser. Vgl. auch E. Lampe, Bibliotheca mathematica (3) 1 (1900), S. 134.

6) O. Perron, Zur Existenzfrage eines Maximums oder Minimums, Jahresber. d. Deutschen Math.-Ver. 22 (1913), S. 140—144.

Kreis und Kugel. 205

7) Ganz klar ist die Stellung Steiners zur Existenzfrage nicht. Einmal erscheint ihm die Existenz der Lösung selbstverständlich (Werke II, S. 193), ein andermal scheint er doch gewisse Bedenken zu haben (Anm. auf S. 197).

8) Eine ähnliche Vervollständigung desselben Steinerschen Beweisansatzes ist, wie mir durch briefliche Mitteilung bekannt ist, von E. Study durchgeführt worden. Dabei hat Study noch die Anwendung des Weierstraßschen Satzes durch ein konvergentes Verfahren ersetzt. — Durch ein *endliches* Verfahren, das ebenfalls an Steiner anknüpft, ist die Ungleichung $U^2 - 4\pi F > 0$ für konvexe Polygone von F. Edler bewiesen worden: Vervollständigung der Steinerschen elementargeometrischen Beweise..., Göttinger Nachrichten 1882, S. 73 bis 80. — Man vgl. ferner C. Carathéodory und E. Study, Zwei Beweise des Satzes, daß der Kreis unter allen Figuren gleichen Umfanges den größten Inhalt hat. Mathem. Ann. 68 (1910), S. 133—140. Hier werden Beweise Steiners mittels unendlicher Prozesse ergänzt. — Das in dem vorstehenden Texte gegebene Verfahren ist vielleicht das kürzeste und hat auch den Vorteil, daß der Beweis sofort in größter Allgemeinheit erbracht wird, während die anderen Methoden zunächst nur für konvexe Vergleichskurven ausreichen. Das Viergelenkverfahren läßt sich auch dual übertragen. Man vgl. meine Arbeit: Beweise zu Sätzen von Brunn und Minkowski ..., Jahresbericht der Deutschen Math.-Ver. 23 (1914), S. 210—234.

9) H. A. Schwarz, Beweis des Satzes, daß die Kugel kleinere Oberfläche besitzt, als jeder andere Körper gleichen Volumens. Göttinger Nachrichten 1884, S. 1—13, und Gesammelte Abhandlungen, II. Bd. (Berlin 1890), S. 327—340. — H. Brunn, Über ovale und Eiflächen. Dissertation München 1887. — H. Minkowski, Über die Begriffe Länge, Oberfläche und Volumen. Jahresbericht der Deutschen Math.-Ver. 9 (1901), S. 115—121, und Gesammelte Abhandlungen, II. Bd. (Leipzig und Berlin 1911), S. 122—127. Volumen und Oberfläche, Mathem. Annalen 57 (1903), S. 447—495, und Abhandlungen II., S. 230—276. — D. Hilbert hat die Ergebnisse Minkowskis neu begründet, Grundzüge einer allgemeinen Theorie der linearen Integralgleichungen (Leipzig u. Berlin 1912), S. 242—258. Abgedruckt aus den Göttinger Nachrichten 1910, 6. Mitteilung.

10) Vgl. Steiners Werke II, S. 83—89 und S. 300—304. Diese Ausführungen Steiners bedürfen einer kleinen Ergänzung: Es wird nämlich dort nur gezeigt, daß die Oberfläche des „symmetrisierten" Körpers kleiner *oder gleich* der Oberfläche des ursprünglichen ist. Die Ausschaltung dieser zweiten Möglichkeit bietet aber keine Schwierigkeiten.

11) Math. Annalen 59 (1901), S. 161. Daran schließt sich eine umfangreiche Literatur. Man vgl. bes. C. Carathéodory in Math. Ann. 62 (1906), S. 493.

12) Ein beschränkter konvexer Körper läßt sich etwa so analytisch erklären: Er ist mit der Gesamtheit der Punkte (x, y, z) identisch, die den Ungleichungen

$$\alpha x + \beta y + \gamma z \leq H(\alpha, \beta, \gamma)$$

genügen. Dabei durchläuft der Punkt (α, β, γ) die ganze Einheitskugel

$$\alpha^2 + \beta^2 + \gamma^2 = 1,$$

und die „Stützwinkelfunktion" H ist auf der ganzen Kugel stetig und hat die Eigenschaft, daß stets

$$\begin{vmatrix} H_1 & \alpha_1 & \beta_1 & \gamma_1 \\ H_2 & \alpha_2 & \beta_2 & \gamma_2 \\ H_3 & \alpha_3 & \beta_3 & \gamma_3 \\ H_4 & \alpha_4 & \beta_4 & \gamma_4 \end{vmatrix} : \begin{vmatrix} 1 & \alpha_1 & \beta_1 & \gamma_1 \\ 1 & \alpha_2 & \beta_2 & \gamma_2 \\ 1 & \alpha_3 & \beta_3 & \gamma_3 \\ 1 & \alpha_4 & \beta_4 & \gamma_4 \end{vmatrix} \geq 0$$

ist für

$$\alpha_k^2 + \beta_k^2 + \gamma_k^2 = 1,$$
$$H(\alpha_k, \beta_k, \gamma_k) = H_k,$$
$$k = 1, 2, 3, 4.$$

Eine Folge konvexer Körper „*konvergiert gleichmäßig*" gegen einen konvexen Grenzkörper, wenn die zugehörigen Stützwinkelfunktionen gleichmäßig konvergieren. Es ist übrigens leicht einzusehen: Wenn eine Folge von Stützwinkelfunktionen gegen eine auf der ganzen Kugel stetige Funktion konvergiert, so konvergiert sie notwendig gleichmäßig.

13) Beispielsweise ergibt sich sofort die Existenz einer Lösung für folgende Aufgabe: Unter allen konvexen Körpern gegebener konstanter Breite ist der Körper kleinsten Rauminhalts zu bestimmen. Die Lösung des analogen Problems in der Ebene habe ich mittels einer an Steiner anknüpfenden elementaren Methode erbracht: Konvexe Bereiche gegebener konstanter Breite und kleinsten Inhalts. Soll nächstens in den Math. Annalen erscheinen.

14) A. L. Cauchy, J. éc. polyt. cah. 16 (1813), S. 87. Beispiele nicht konvexer beweglicher Polyeder hat R. Bricard angegeben, Octaèdre articulé, J. de math. (5) 3 (1897), S. 113. Diese Oktaeder Bricards sind einseitig (nicht zweiseitig, wie in dem Enzyklopädieartikel III D 6 a. Anmerkung 187 auf S. 400 angegeben ist) und durchdringen sich selbst. — H. Liebmann, Mathem. Ann. 54 (1901), S. 505.

Ein von J. H. Jellett, Dublin. Trans. 22 (1855), S. 375 angestellter Beweisversuch ist nicht stichhaltig ebenso wie sein Beweis für die isoperimetrischen Sätze.

15) Man vgl. meine Note in den Göttinger Nachrichten 1912: Ein Beweis für die Unverbiegbarkeit geschlossener konvexer Flächen.

16) D. Hilbert, Über Flächen konstanten Gaußschen Krümmungsmaßes. Amer. math. soc. trans. 2 (1901), S. 87. Abgedruckt in den Grundlagen der Geometrie.

17) Ein Beweisversuch Liebmanns in den Leipziger Berichten 52 (1900), S. 33 ist mißlungen. Liebmann geht nämlich dabei von folgender Behauptung aus: Das eindeutige sphärische Abbild eines endlichen, einfach zusammenhängenden Flächenstückes negativer Krümmung kann nicht eine Halbkugel im Innern enthalten. Das ist aber, wie man etwa am Beispiel der Minimalflächen einsehen kann, nicht richtig: Dieses Abbild kann im Gegenteil die ganze Kugel mit Ausschluß eines einzigen Punktes erfüllen. Es ist recht amüsant, an der scheinbar so einfachen und anschaulichen Schlußweise Liebmanns die Lücke aufzusuchen.

18) Weitere Angaben über diese Beziehungen zur Statik findet man in meiner Note: Reziproke Kräftepläne zu den Spannungen in einer biegsamen Haut. International Congress of Mathematicians, Cambridge 1912. Proceedings II, S. 291—294.

Bemerkungen zu der vorstehenden Antrittsrede von W. Blaschke.

Von Heinrich Liebmann in München.

In der Veröffentlichung seiner am 15. Mai 1915 gehaltenen Antrittsrede („Kreis und Kugel") an der Universität Leipzig widmet der Verfasser die zehn Zeilen umfassende Anmerkung 17 einem mißlungenen Beweisversuch von mir und sagt dabei: „Es ist recht amüsant, an der scheinbar so einfachen und anschaulichen Schlußweise Liebmanns die Lücke aufzusuchen."

Herr Blaschke hat mir zum erstenmal am 24. Oktober 1912 in ausführlicher Darstellung mitgeteilt, wie man Minimalflächen konstruieren kann, deren sphärisches Bild die Kugel mit Ausnahme eines einzigen Punktes erfüllt, und den Widerspruch dieser Tatsache mit meiner

Behauptung festgestellt, daß das eindeutige sphärische Abbild eines endlichen, einfach zusammenhängenden Flächenstückes negativer Krümmung in seinem Innern nicht die Halbkugel enthalten, d. h. nicht über einen Hauptkreis hinausreichen kann. In zwei weiteren Mitteilungen erkennt er den *Kern* meines Fehlers darin, daß ich folgende Annahme für berechtigt hielt: Berührt ein (vertikaler) Zylinder ein einfach zusammenhängendes reguläres Flächenstück mit überall von Null verschiedenem, also nur positivem oder nur negativem Krümmungsmaß längs dessen Randkurve, so liegen die den Randpunkten benachbarten Teile des Flächenstückes stets auf ein und derselben Seite der Randkurve, im Sinne der Achsenrichtung (also sämtlich oberhalb oder sämtlich unterhalb). Eine Umkehr, d. h. ein Umschlagen von oben nach unten, so meinte ich, könne nicht stattfinden! — Herr Blaschke glaubte zunächst, mein Fehlschluß läge daran, daß ich den Fall übersehen hätte, indem die Randkurve Spitzen aufweist, verbesserte sich selbst aber auf eine Bemerkung von mir hin und erklärte, es sei nur notwendig, daß der längs der Randkurve berührende Zylinder einen Querschnitt mit Spitzen hat.

So wurde in regem Gedankenaustausch ein Irrtum schrittweise völlig enthüllt, der 12 Jahre lang unbeachtet geblieben war.

Zur völligen Aufklärung meines Irrtums lege ich das folgende einfache und anschauliche Gegenbeispiel vor: Man betrachte die Dupinsche Ringzyklide und dazu ihre Abbildung durch parallele Normalen auf die Kugel. Jedem Punkt der Zyklide entspricht natürlich ein Punkt auf der Kugel, einem Punkte der Kugel entsprechen umgekehrt im allgemeinen zwei Punkte der Fläche, von denen der eine dem negativ, der andere dem positiv gekrümmten Teil angehört. Ausnahmen sind die beiden Verzweigungspunkte des sphärischen Bildes, denen auf der Zyklide die beiden Kreise entsprechen, in welche die parabolische Kurve zerfällt. Diese beiden Punkte liegen, wenn die Zyklide ein gewöhnlicher Kreiswulst ist, einander diametral gegenüber, können aber durch geeignete Konstantenwahl einander beliebig angenähert werden. Aus einer solchen Ringzyklide kann man also auf dem negativ gekrümmten Teil, ohne die parabolische Randkurve zu erreichen, ein einfach zusammenhängendes Stück negativer Krümmung abgrenzen, dessen sphärisches Bild sogar von der *Gesamtoberfläche der Kugel* nur ein beliebig kleines Stück nicht umfaßt.

Legt man jetzt etwa die zum Schnitt der beiden Symmetrieebenen der Zyklide parallelen Tangenten an die Fläche, so erkennt man leicht durch Betrachtung des sphärischen Bildes, daß der Ort der Berührungspunkte in zwei getrennte Kurven K_1 und K_2 zerfällt, von denen die eine

(K_1) völlig im Gebiet positiver, die andere (K_2) völlig im Gebiet negativer Krümmung verläuft. Der die Fläche längs K_1 berührende Tangentialzylinder (C_1) fügt sich meiner Behauptung, der andere, die Fläche längs K_2 berührende Zylinder (C_2) aber nicht, es findet die oben bestrittene „Umkehr" statt. Man kann die symmetrisch verteilten „Umkehrstellen" auch leicht angeben; der Querschnitt in C_2 oder „scheinbare Umriß" nämlich hat vier Spitzen, und die Berührungspunkte der die Spitzen enthaltenden Mantellinien mit der Zyklide sind die Umkehrpunkte. — In diesem Sinne hat mich Herr Blaschke damals bereits auf den Kreiswulst aufmerksam gemacht, bei dem freilich die Bilder der parabolischen Kurve zwei diametral gegenüberliegende Punkte der Kugel sind. Die naheliegende und maßgebende Betrachtung der Ringzyklide ist erst in diesen Tagen entstanden; vielleicht in unbewußter Erinnerung an die mir in den Einzelheiten entschwundenen Ausführungen in unserem Briefwechsel, den ich erst nachträglich wieder vorfand.

Die erwähnte Anmerkung 17 legt mir die Pflicht auf, die Einzelheiten des jetzt wohl *trivial* erscheinenden, aber 12 Jahre lang unbeachteten, dann aber nicht ohne Mühe von *beiden Seiten* aufgeklärten Irrtums zu erläutern.

Berichtigung zur Antrittsrede über Kreis und Kugel.

Von Wilhelm Blaschke in Leipzig.

Liebenswürdigerweise bin ich mehrfach darauf aufmerksam gemacht worden, daß es in Vergils Aeneis (I, 367, 368) heißt:

„Mercatique solum, facti de nomine Byrsam,
taurino quantum possent circumdare tergo."

Es handelte sich also bei der Königin Dido nicht, wie ich angegeben habe, um eine Bärenhaut, sondern vielmehr um eine Kuhhaut.

Ferner habe ich versehentlich den Satz von der Unverbiegbarkeit der Kugel Hilbert zugeschrieben, der hierfür einen besonders durchsichtigen Beweis erbracht hat, während, wie auch bei Hilbert erwähnt wird, dasselbe Ergebnis schon 1899 von Liebmann erzielt worden war.

L. Lichtenstein

ASTRONOMIE UND MATHEMATIK IN IHRER WECHSELWIRKUNG

MATHEMATISCHE PROBLEME IN DER THEORIE DER FIGUR DER HIMMELSKÖRPER

VON

Dr. LEON LICHTENSTEIN
O. Ö. PROFESSOR DER MATHEMATIK
AN DER UNIVERSITÄT LEIPZIG

VERLAG VON S. HIRZEL IN LEIPZIG 1923

Erstes Kapitel.
Bewegung der Himmelskörper.

Daß enge Beziehungen die Astronomie mit der Mathematik verbinden, darf als bekannt vorausgesetzt werden. Man trägt diesen Beziehungen Rechnung, indem man die Astronomie neben der Physik in die Reihe der „exakten" Naturwissenschaften einordnet. Indem wir von der „astronomischen Genauigkeit" sprechen, geben wir der Überzeugung Ausdruck, daß die Methoden und die Ergebnisse der Astronomie auf einen hohen Grad der Sicherheit und eine vorbildliche Schärfe Anspruch erheben dürfen. Sie verdanken diese beneidenswerten Eigenschaften ihrem innigen Zusammenhang mit der Mathematik. Ohne Mathematik wären Physik und Astronomie nur mehr oder weniger gut geordnete Anhäufungen von Erfahrungen und Beobachtungen und nicht, wie dies tatsächlich der Fall ist, harmonisch aufgebaute, von einfachen, übersichtlichen Gesetzen beherrschte Wissensgebiete. *Einleitung.*

Indem die Physik umfassende Klassen von Erscheinungen als Folgen gewisser oberster Gesetzmäßigkeiten ableitet, stellt sie eine *Theorie* auf, die das betreffende Gebiet zu einer organischen Einheit zusammenfaßt. Für den Mathematiker ergibt sich dabei die Aufgabe, aus jenen Grundgesetzen auf rechnerischem Wege Folgerungen zu entwickeln. Zeigt sich an irgendeiner Stelle zwischen den Ergebnissen der Rechnung und denjenigen der Beobachtung eine Unstimmigkeit, so ist die betrachtete Theorie zu verwerfen, — die zunächst angenommenen Gesetze sind durch andere zu ersetzen. Die Arbeit des Mathematikers ist also für den Physiker von grundlegender Bedeutung. Auf der anderen Seite erwachsen wiederum dem Mathematiker aus den Anregungen, die ihm die Physik bietet, reiche Aufgaben. Wie es auf der einen Seite ohne Mathematik keine Physik als Wissenschaft geben würde, so hätten sich andererseits ohne Physik manche Kapitel der Mathematik gar nicht oder zumindest nicht zu ihrer heutigen Blüte entwickelt.

Lichtenstein, Astronomie und Mathematik.   1

Erstes Kapitel.

Was wir soeben von der Physik sagten, gilt erst recht von der Astronomie. Sie ist in einem noch viel stärkeren Maße als die Physik auf die Mitwirkung der Mathematik angewiesen, da sie nicht die Möglichkeit hat *Versuche* auszuführen und ihre Schlüsse auf die Beobachtungen allein aufbauen muß. Wenn der Physiker die Natur befragen will, so stellt er einen Versuch an. Er schafft sich dabei künstlich die für seine Absichten möglichst günstigen Begleitumstände. Der Astronom muß die Umstände nehmen, wie sie einmal sind, und muß versuchen, die von der Natur gegebenen Komplikationen auf dem Wege der Rechnung zu entwirren. Handelt es sich zum Beispiel um das Studium der Bewegung der Gestirne, so muß bei der Auswertung der Beobachtungsergebnisse dem Umstande Rechnung getragen werden, daß die Erde selbst eine äußerst verwickelte Bewegung im Raume vollführt, daß die Lichtstrahlen in der Luft von der geradlinigen Bahn abgelenkt werden usw. Soviele Aufgaben, soviele reizvolle Anregungen für den Mathematiker. Die Zusammenarbeit des Astronomen und des Mathematikers, vielfach in einer Person, hat für die beiden eng verbündeten Gebiete des Wissens reiche Ergebnisse getragen. Die zunächst folgenden Ausführungen sind einer Schilderung dieser fruchtbaren Wechselwirkung gewidmet.

Allgemeine Übersicht. Wir beginnen mit dem Ende des 17. Jahrhunderts, das in doppelter Hinsicht einen Markstein in der Entwicklung der Astronomie und der Mathematik bildet.

Im Jahre 1687 bewies Newton endgültig, daß die Kraft, die den Mond in seiner Bahn um die Erde hält, mit der Kraft, die die Bewegung eines fallenden Körpers auf der Erde veranlaßt, identisch ist[1]. Indem Newton dieses Resultat verallgemeinerte, formulierte er das Prinzip der allgemeinen Gravitation, d. h. das Grundgesetz, wonach zwei beliebige Massenteilchen sich mit einer Kraft anziehen, die dem Produkte ihrer Massen proportional, dem Quadrate der Entfernung aber umgekehrt proportional ist. Die Postulierung des Prinzips der allgemeinen Gravitation bildet eine Epoche in der Entwicklung der Astronomie. Da die Kräfte, die in unserem Sonnensystem wirken, nunmehr als bekannt angenommen

---

[1] Die ersten dahin zielenden Rechnungen sind von Newton schon früher ausgeführt worden. Sie scheiterten zunächst an der damals nur sehr ungenauen Kenntnis gewisser astronomischer Fundamentalgrößen.

werden durften, so mußte es, den von Galilei und Newton begründeten Gesetzen der Dynamik zufolge, möglich sein, die Bewegung der einzelnen Körper des Systems zu bestimmen. Es ergab sich so zunächst die Aufgabe, die Bewegung der Planeten und ihrer Satelliten zu berechnen. Der Vergleich der vorausbestimmten Lagen der Gestirne mit den tatsächlich beobachteten hätte dann erlaubt, die Genauigkeit des Newtonschen Gravitationsgesetzes zu prüfen.

Der erste, der sich der Bearbeitung des in seiner Tragweite unabsehbaren Gebietes hingab, war Newton selbst. In seinem für alle Zeiten bewunderungswürdigen Werke *Philosophiae naturalis principia mathematica* hat Newton zumeist mit elementaren Mitteln gewisse Bewegungsvorgänge im Planetensystem als Folgeerscheinungen der allgemeinen Gravitation erkannt und in großen Zügen verfolgen können. Ferner hat er die Abplattung der Erde und die Ozeanbewegung der Ebbe und Flut als Folgeerscheinungen der universellen Attraktion und der bei der Rotation auftretenden Zentrifugalkräfte bezeichnet. Die *genaue* rechnerische Durchforschung der Bewegungsvorgänge in unserem Planetensystem bietet jedoch die größten Schwierigkeiten dar. An die Bewältigung dieses großartigen Problems hätte nie gedacht werden können, hätte nicht die Wende des 17. Jahrhunderts noch eine zweite bahnbrechende Leistung gebracht, eine Leistung, die für die Entwicklung der exakten Wissenschaften, ja unserer Kultur überhaupt, von unermeßlichem Wert wurde, — die Entdeckung der Methode der Unendlichkleinen durch Newton und Leibniz. Durch die Gedankenarbeit eines Cavalieri, Wallis, Fermat, Pascal, Huygens vorbereitet, in ihren Wurzeln stellenweise ins klassische Altertum zurückreichend, hat die Infinitesimalrechnung, namentlich in der ihr von Leibniz erteilten Gestalt, vor den Augen der erstaunten Zeitgenossen eine Welt der damals ungeahnten Möglichkeiten enthüllt. Es kamen Jahrzehnte sich überstürzender Entdeckungen eines Leibniz, eines Newton, der beiden Bernoulli, von Taylor, Maclaurin, Clairaut, d'Alembert, Euler und vielen anderen. Und nun beginnt die fruchtbare Wechselwirkung zwischen der Astronomie und der Mathematik in der zweiten Hälfte des 18. und den ersten Dezennien des 19. Jahrhunderts. Die allseitige mathematische Erforschung der Dynamik unseres Planetensystems bringt Klarheit und System in das scheinbar unentwirrbare Durcheinander der beobachteten Bewegungsvorgänge und läßt Einheit in der Viel-

1*

4 Erstes Kapitel.

heit erkennen. Anderseits verdanken manche Kapitel der Mathematik ihre Entstehung den neuartigen Fragestellungen der Astronomie. Bedenkt man, worauf wir gleich zurückkommen werden, daß schon das zweiteinfachste Bewegungsproblem der Himmelsmechanik, wie die Lehre von der Bewegung und der Gestalt der Himmelskörper seit Laplace genannt wird, der mathematischen Behandlung Schwierigkeiten entgegenstellt, die bis heute nicht völlig überwunden sind, so wird man leicht ermessen können, wie groß der Antrieb der mathematischen Forschung durch die Beschäftigung mit den astronomischen Problemen in jener Zeit sein mußte. Seitdem hat sich das Band zwischen der mathematischen Wissenschaft und der Astronomie und Physik gelockert, — die Entwicklung der Mathematik ging, vielfach durch naturwissenschaftliche Anwendungen unbeeinflußt, eigene Wege. Erst die neueste Zeit mit ihren großen wissenschaftlichen Leistungen des allgemeinen Relativitätsprinzips, der Quantentheorie, der neuen Atomphysik auf der einen, der wesentlichen Vervollkommnung der mathematischen Hilfsmittel durch die Schaffung der Theorie der Integralgleichungen, die großzügige Entwicklung der Funktionen- und der Potentialtheorie, der Theorie der Randwertaufgaben usw. auf der anderen Seite hat aufs neue Voraussetzungen für eine innige gegenseitige Befruchtung der beiden Zweige der exakten Wissenschaften gegeben. An dieser Entwicklung wird auch die Himmelsmechanik ihren Anteil haben, indem manche bisher der Rechnung unzugänglich gewesene Probleme sich mit den neu geschaffenen Mitteln der Lösung näher bringen lassen.

Das Zweikörperproblem. Doch kehren wir zu unserem Ausgangspunkte zurück. Das einfachste Bewegungsproblem der Himmelsmechanik, das sogenannte „Zweikörperproblem", läßt sich wie folgt formulieren. Im Weltraume seien zwei homogene, kugelförmige Körper, deren Entfernung verglichen mit ihren Abmessungen als sehr groß angesehen werden kann, gegeben. Denkt man sich in unserem Sonnensystem alle Planeten und Satelliten außer der Erde fort, so wird die Sonne und die Erde mit großer Annäherung ein solches Paar von Körpern darstellen. Ihre Bewegung ist in den wesentlichen Zügen bekannt, wenn man die Bewegung der beiden Schwerpunkte, d. h. der Kugelmittelpunkte, kennt. Und diese ist nach den Grundgesetzen der Galilei-Newtonschen Dynamik für alle Zeiten bestimmt, sobald in einem einzigen Augenblick die Lage der beiden Punkte und ihre Geschwindigkeiten in bezug auf ein ruhendes Koordinatensystem gegeben sind. Die wirkliche Bestimmung der Bewegung ist schon von Newton in seinen „Prinzipien" in aller Strenge durchgeführt worden. Bezieht man die Bewegung der Erde nicht auf das feste Koordinatensystem, sondern auf die Sonne, d. h. betrachtet man die relative Bewegung der Erde gegen die Sonne, so findet man für die Erdbahn eine Ellipse.

Ganz andere Schwierigkeiten treten auf, sobald wir den beiden Körpern einen dritten zugesellen, — wenn wir z. B. die Bewegung des Systems: Sonne, Erde, Jupiter betrachten. Die übrigen Planeten und die Satelliten hat man sich dabei wieder als nicht existierend zu denken. Augenscheinlich wird die bei Nichtvorhandensein des Jupiter elliptische Bahn der Erde um die Sonne durch die Anziehung dieses Planeten gestört. Das Maß der Störung ließe sich bestimmen, wenn die jeweilige Lage des Jupiter bekannt wäre. Sie ist es aber nicht, da ja die ursprüngliche elliptische Bahn des Jupiter gegen die Sonne ihrerseits durch die Einwirkung der Erde gestört wird. Die exakte Lösung dieses „Dreikörperproblems" bietet, wie schon erwähnt, Schwierigkeiten dar, die bis an den heutigen Tag nicht ganz überwunden sind. Zwar ist heute das Dreikörperproblem durch die Arbeiten von Sundman in gewissem Sinne endgültig gelöst, doch bedeutet diese Lösung für die Himmelsmechanik an sich eigentlich keinen Fortschritt. — Was für drei Körper gilt, gilt natürlich in verstärktem Maße für ein System von beliebig vielen Körpern.

Was man als Astronom wissen will, wenn es sich um das n-Körperproblem handelt, ist zweierlei. 1. Wenn in einem bestimmten Augenblick die Lage der n Punkte und ihre Geschwindigkeiten bekannt sind, wie findet man ihre Lage und Geschwindigkeiten in einem willkürlichen späteren Zeitpunkt. 2. Wie werden sich die Körper in einer beliebig fern liegenden Zukunft verhalten: Stoßen sie nicht zusammen, werden sie sich nicht vielleicht im Unendlichen verlieren? Die Beantwortung der ersten Frage ist für die Prüfung des Grundgesetzes der Gravitationstheorie von der größten Wichtigkeit, da sie den Vergleich der vorausberechneten Lagen der Planeten mit den beobachteten ermöglicht. Sie hat aber auch eine erhebliche praktische Bedeutung für die Zeitbestimmung und für die Schiffahrt. So war einmal eine im Interesse der Schiffahrt ausgeschriebene Preisbewerbung der Pariser Akademie der Ausgangspunkt für eine Reihe wichtiger Arbeiten

6   Erstes Kapitel.

von Euler über die Mondbewegung. Auch wäre z. B. die Vorausberechnung der Mond- und Sonnenfinsternisse, deren letztere für die Erforschung der physischen Konstitution der Sonne von der größten Wichtigkeit sind, undenkbar, besäße man nicht jetzt eine recht genaue Kenntnis der Bewegungsvorgänge innerhalb der Hauptglieder des Sonnensystems. Dennoch war es vor allem die Beantwortung der zweiten Frage, der Laplace, Lagrange, Poisson — führende Mathematiker ihrer Zeit — hartnäckige Bemühungen widmeten. Schien doch bei einer günstig lautenden Beantwortung dieser Frage die Stabilität unseres Sonnensystems bis in die fernsten Zeiten gesichert zu sein. Das Ziel blieb unerreicht, trotz mancher bemerkenswerter Einzelresultate. Aber selbst wenn die mechanische Stabilität des Sonnensystems zu beweisen wäre, so würde dies doch nicht seine unbeschränkte Fortdauer in dem jetzigen Zustande garantieren. Denn über das Schicksal des Weltganzen machen wir uns jetzt, im Zeitalter des Energie- und Relativitätsprinzips, Vorstellungen, für die vor 150 Jahren noch fast alle tatsächlichen Voraussetzungen fehlten.

Angenäherte Berechnung der Störungen. Wie bereits erwähnt, bietet die Behandlung des n-Körperproblems außerordentliche Schwierigkeiten dar, wenn eine Genauigkeit erreicht werden soll, die den Ansprüchen der beobachtenden Astronomie genügt. Erleichtert, ja man kann sagen, praktisch erst ermöglicht wird die Lösung freilich dadurch, daß die Masse der Sonne diejenige der Gesamtheit aller Planeten bei weitem überwiegt, so daß die Störungen der elliptischen Bahnen der einzelnen Planeten relativ gering sind. Trotzdem stellt die Berechnung der Planeten- und in gleicher Weise der Kometenbahnen eine mühevolle Arbeit dar, die in den Sternwarten oder besonderen Instituten ausgeführt wird. In einzelnen Fällen sind freilich die Störungen doch recht erheblich, — dann wachsen entsprechend auch die Schwierigkeiten der Bahnbestimmung. Dieser Fall liegt beispielsweise bei dem Erdmond vor, wo als der zentrale, die Bewegung beherrschende Körper die Erde, als der hauptsächliche störende Körper aber die Sonne mit ihrer gewaltigen Masse auftritt. Die Theorie des Erdmondes bildet denn auch ein Kapitel für sich[2]). Ein weiteres Sondergebiet bildet die Berechnung der Stö-

---

[2]) Um eine Vorstellung von der Riesenarbeit an Rechnungen zu geben, die für eine hinreichend genaue Bestimmung der Bahn des Erdtrabanten nötig sind, sei bemerkt, daß Delaunay, der um die Mitte des vergangenen Jahr-

rungen kleiner Planeten, der sog. Asteroiden, die etwa 400 an Zahl in dem Raume zwischen dem Mars und dem Jupiter um die Sonne herumschwirren: Hier sind es die starken Störungen durch den Jupiter, die eine besondere Behandlung des Problems erheischen.

Die Unsumme von Arbeit, die die Astronomen und Mathematiker seit nahezu 200 Jahren auf die theoretische Erforschung der Planetenbahnen aufgewandt haben, ist nicht umsonst gewesen[3]). Zweimal hatte die Geschichte der astronomischen Wissenschaft einen Triumph der rechnerischen Methoden zu verzeichnen. Das erste Mal, vor ungefähr 75 Jahren, war es die Entdeckung des äußersten zurzeit bekannten Planeten, des Neptun, durch Leverrier und Adams, das andere Mal in unseren Tagen die Erklärung einer durch die bisherige Störungstheorie nicht vorausgesagten Ungleichheit in der Bewegung des Merkur, der sog. „Perihelbewegung des Merkur" durch Einstein auf Grund seiner Gravitationstheorie. Vor Leverrier und Adams gelang es nicht, die wirklich beobachtete Bewegung des Planeten Uranus in Einklang mit der Theorie zu bringen. Als Grund nahmen Leverrier und Adams das Vorhandensein eines bis dahin noch nicht bekannten Planeten jenseits der Bahn des Uranus an, dessen durch die Theorie nicht berücksichtigter Einfluß jene Unstimmigkeit verursachte. Sie stellten auf Grund ihrer Rechnungen die augenblickliche Lage des neuen Planeten fest; in der nächsten Nähe der zuerst von Leverrier angegebenen Lage wurde der neue Planet von Galle in Berlin wirklich vorgefunden. Dieses Resultat wäre nicht möglich gewesen, hätte man nicht zuvor die Bewegung des Uranus und der anderen Planeten mit der größten Sorgfalt rechnerisch untersucht. Das gleiche gilt für die Einsteinsche Erklärung der Perihelbewegung des Merkur, die heute eine starke Stütze der allgemeinen Relativitätstheorie geworden ist.

Entdeckung des Neptun. Erklärung der Perihelbewegung des Merkur.

Wie bereits erwähnt, hat die rechnerische Verfolgung der Störungen elliptischer Planetenbahnen durch die Mittel der höheren Analysis mit Clairaut und Euler um das Jahr 1740 begonnen. Die Mathematik zog aus den Bemühungen um die Vervollkomm-

Förderung der Mathematik durch die Beschäftigung mit der Störungstheorie im 18. Jahrhundert.

hunderts eine Theorie des Erdmondes entwickelte, nicht weniger als 497 rechnerische Einzeltransformationen vorzunehmen hatte.

[3]) Eine gute Übersicht über die Geschichte des Dreikörperproblems bietet die Schrift von R. Marcolongo, Il problema dei tre corpi da Newton ai nostri giorni, Milano 1919 (Manuali Hoepli).

Erstes Kapitel.

nung der Theorie der Planetenbahnen reiche Früchte. Namentlich verdanken die Integralrechnung und die Theorie der Differentialgleichungen der Beschäftigung mit der Astronomie die stärkste Förderung. Ein Zweig der mathematischen Wissenschaft kam vor allem damals zur schönsten Blüte: die analytische Mechanik, d. h. die Lehre von den Bewegungen fester und flüssiger Körper. Das zuerst im Jahre 1788 erschienene zweibändige Werk *Mécanique analytique* von Lagrange stellt eine Gipfelleistung der Epoche dar, es ist ein Meisterwerk, dessen Bedeutung bis auf den heutigen Tag ungemindert fortbesteht.

rechnung Kometenbahnen. Doch die Berechnung der Planetenbahnen war es nicht allein, die die Aufmerksamkeit der Mathematiker jener Zeit auf sich zog. Nicht weniger wichtig erschien es, die Bahnen der Kometen, jener rätselhaften Wanderer im Sonnensystem, zu erforschen, seitdem Halley Ende des 17. Jahrhunderts die Vermutung aussprach, daß manche dieser Körper sich auf sehr langgestreckten Ellipsen bewegen und demnach zur Sonne periodisch wiederkehren. Als im Jahre 1759 die von Halley vorausgesagte Wiederkehr eines Kometen zu erwarten war, da übernahm Clairaut die umfangreiche Arbeit, mit den damaligen noch recht unvollkommenen Mitteln die Lage des Halleyschen Kometen für das Jahr 1759 zu berechnen. Der Komet wurde dann auch tatsächlich wiedergefunden, wenn auch um einen Monat später, als es die Rechnungen erwarten ließen. Seitdem sind die Methoden zur Berechnung der Kometenbahnen durch die Arbeiten von Euler, Lambert, Olbers, Gauß und vielen anderen wesentlich vervollkommnet worden.

Methode der kleinsten Quadrate. Hat man einen Planeten oder Kometen dreimal an verschiedenen Orten beobachtet, so muß es im Prinzip möglich sein, die Elemente seines augenblicklichen Bahnkegelschnitts zu berechnen, — Elemente, die natürlich durch die Einwirkung der übrigen Körper des Sonnensystems im Laufe der Zeit langsamen Änderungen, „Störungen", unterworfen sind. Die wirkliche Berechnung ist sehr umständlich und führt nur zu angenähert richtigen Resultaten, wenn die drei ursprünglichen Beobachtungen, wie das nicht selten der Fall ist, in kurzen Zeitabständen aufeinanderfolgen. Es liegt darum nahe, mehr als drei, unter Umständen recht viele Beobachtungen der Rechnung zugrunde zu legen. Dann ist aber die Bahn überbestimmt, und es entsteht die Aufgabe, von den vielen durch die Rechnungen gelieferten, möglicherweise voneinander verschiedenen Bahnen ausgehend, die „wahrscheinlichste"

Bahn zu ermitteln. Diese Aufgabe wird durch die von Legendre und von Gauß erfundene „Methode der kleinsten Quadrate" geleistet, eine mathematische Disziplin, die bei wissenschaftlichem Bearbeiten eines jeglichen Beobachtungsmaterials heute völlig unentbehrlich ist.

Wir kehren für einen Augenblick zu dem Zwei- und dem Vielkörperproblem zurück. Handelt es sich um zwei Körper, etwa die Erde und die Sonne, so ist die relative Bewegung der Erde um die Sonne periodisch, — in regelmäßigen Zeiträumen nimmt die Erde immer wieder dieselbe Stellung gegen die Sonne ein. Dies wird, wie wir schon wissen, sofort anders, wenn noch ein dritter, störender Körper, etwa der Jupiter, hinzukommt. Von höchstem Interesse ist nun die Frage, ob es nicht besondere Anordnungen der drei Massen gibt derart, daß ihre gegenseitige Lage periodisch wiederkehrt. Systeme dieser Art hat bereits Lagrange angegeben. Man denke sich z. B., um nur den einfachsten Fall zu betrachten, drei gleich große punktförmige Massen in den Eckpunkten eines gleichseitigen Dreiecks angebracht und das ganze System in Rotation um seinen Schwerpunkt versetzt. Ist die konstante Geschwindigkeit der Rotation passend gewählt, so wird das Ganze dauernd wie ein starrer Körper um den Schwerpunkt gleichförmig rotieren. Mit der Aufsuchung periodischer Bahnen hat man sich in den letzten 50 Jahren seit dem Erscheinen der einschlägigen Arbeiten von Hill vielfach beschäftigt. Eine Theorie von allgemeinem Charakter hat zuerst Poincaré aufgestellt[4]). Er bewies den fundamentalen Satz, daß in der Nachbarschaft einer periodischen Bahn im allgemeinen weitere periodische Bahnen liegen. Mit anderen Worten, ändert man die Massen, die Lage und die Geschwindigkeiten der drei bzw. n-Körper ein wenig, freilich nicht beliebig, sondern in geeigneter Weise, so werden die neuen Massen abermals periodische Bahnen beschreiben. Dieser Satz ist durch neue von Poincaré in de mathematische Theorie der Differentialgleichungen eingeführte Methoden gewonnen worden. Seitdem bildet das Studium der periodischen Bahnen ein neues, wichtiges Kapitel der Mathematik und der theoretischen Astronomie[5]). Später ist durch Poincaré und in erfolgreicher Durchführung der von ihm angedeuteten Gedanken

---

[4]) Man vergleiche sein grundlegendes dreibändiges Werk, Les méthodes nouvelles de la mécanique céleste, drei Bände, Paris 1893—1899.

[5]) Näheres über die periodischen Bahnen vergleiche man in dem groß angelegten Werk von F. R. Moulton, Periodic orbits, Washington 1920.

10 Erstes Kapitel.

durch Birkhoff eine Verbindung zwischen der Theorie periodischer Lösungen und einem ganz anderen Zweig der mathematischen Wissenschaft, der „Topologie" oder „Analysis Situs", hergestellt worden. Die Untersuchung periodischer Bahnen ist für die Kenntnis des Zusammenhanges aller überhaupt möglichen Bahnen von großer Wichtigkeit. Da eine erschöpfende analytische Behandlung des Problems zurzeit noch nicht möglich ist, so bleibt nichts anderes übrig, als spezielle periodische Bahnen numerisch zu berechnen. Einzelne Bahnen dieser Art sind von Hill und von Darwin ermittelt worden. Von der Kopenhagener Sternwarte ist diese Art Untersuchung periodischer Bahnen in systematischer Weise organisiert worden. An den Rechnungen beteiligen sich eine Anzahl Astronomen und Mathematiker in Dänemark und außerhalb seiner Grenzen.

Mit dem Drei- bzw. Vielkörperproblem sind die reinen Bewegungsprobleme der theoretischen Astronomie bei weitem nicht erschöpft. Bei dem Vielkörperproblem handelt es sich, wie vorhin ausgeführt, um die Bewegung der Schwerpunkte der Planeten. Wären diese Körper homogene Kugeln, so könnte man ihre Bewegung als im wesentlichen bekannt ansehen, sobald diejenige der Schwerpunkte einmal ermittelt ist. Sie sind aber nicht genau kugelförmig, und dieser Umstand ist nicht ohne Einfluß auf den ganzen Bewegungsvorgang. So hat bereits im klassischen Altertum (etwa 150 Jahre v. Chr.) der Astronom Hipparch die Entdeckung gemacht, daß der gesamte Sternenhimmel in einer langsamen Bewegung gegen die Erde begriffen zu sein scheint, die auf eine langsame Rotationsbewegung der Erdachse um eine im Raume feste Richtung schließen läßt. Die Erde rotiert rasch um ihre Achse, während diese ihrerseits sich sehr langsam um eine im Raume feste Richtung dreht. Ein vollständiger Umlauf dauert 26 000 Jahre. Diese Bewegung, die sich ähnlich bei der Bewegung eines bekannten Kinderspielzeugs, des Kreisels, beobachten läßt und den Namen *Präzession* führt, kommt nach einer zuerst von Newton aufgestellten Theorie dadurch zustande, daß die Erde keine vollkommene homogene Kugel darstellt, vielmehr am Äquator abgeplattet ist. Die Kraft, mit der die Sonne und der Mond den Äquatorialwulst anziehen, bringt die beobachtete Bewegung der Erdachse hervor. Da die gegenseitige Lage der Erde und der beiden störenden Gestirne sich im Laufe der Zeit ändert, so ist die Bewegung der Erdachse in Wirklichkeit nicht ganz so einfach, sie zeigt verschiedene periodische Unregelmäßigkeiten, die mit dem Sammelnamen *Nutation* bezeichnet werden. Für die theoretische Astronomie ergab sich aus diesem Sachverhalt schon zu Zeiten Newtons die Aufgabe, die beobachteten Erscheinungen der Präzession und Nutation als Folgen der allgemeinen Anziehung zu entwickeln. Die rechnerische Durchforschung der Bewegung der Erdachse ist aber auch für die praktische Astronomie und für die Geodäsie von wesentlicher Bedeutung. Die astronomischen Beobachtungen ergeben unmittelbar die Lagen der Gestirne, bezogen auf ein mit dem Beobachtungsort fest verbundenes Bezugssystem. Da sich dieses im Raume nach verwickelten Gesetzen bewegt, so würde die Vergleichung der zu verschiedenen Zeiten ausgeführten Beobachtungen nicht möglich sein, wäre nicht die Bewegung des Bezugssystems, d. h. der Erde selbst, genau bekannt. Da, wie gesagt, die Präzession und die Nutation daher kommen, daß die der Sonnen- und Mondanziehung ausgesetzte Erde keine homogene Kugel darstellt, so ist ferner zu erwarten, daß die theoretische Erforschung der Bewegung der Erdachse Aufschlüsse über die Verteilung der Massen im Innern der Erde ergeben wird. Daher die große Wichtigkeit dieser Untersuchungen für die Lehre von der Gestalt und der physischen Beschaffenheit der Erde, die Geodäsie und die Geophysik.

Doch nicht die Erde allein führt eine so komplizierte Bewegung aus. Ähnliche Verhältnisse liegen bei unserem nächsten Nachbar, dem Monde, vor. Der Mond rotiert um eine in seinem Körper feste Achse, und zwar ist die Dauer einer Umdrehung gleich derjenigen eines vollen Umlaufes um die Erde, er wendet darum dieser stets dieselbe Seite zu. Die Umdrehungsachse des Mondes hat nun ihrerseits keine im Raume feste Richtung; die hieraus resultierende Bewegung heißt die „wahre Libration" des Mondes. Die Kenntnis dieser Bewegung ist für die Theorie des Mondes von erheblichem Interesse. Auch hier sind Aufschlüsse über die Verteilung der Massen im Mondkörper zu erwarten.

Die wahre Libration Mondes

D'Alembert, Clairaut, Euler und Tobias Meyer waren die ersten, die sich mit der Erdpräzession und der Libration des Mondes eingehend befaßten. Es zeigte sich bald, daß das Vorhandensein einer Erdabplattung auch auf die Bewegung des Mondes um die Erde einen merklichen Einfluß hat. Durch Beschäftigung mit diesen damals ganz neuartigen Problemen trug die Mathematik, vor allem die analytische Mechanik, reiche Frucht. Unter den

Erstes Kapitel. Bewegung der Himmelskörper.

Begründung der Mechanik fester Körper. Potentialtheorie.

Händen von d'Alembert und Euler entstand die Mechanik fester Körper. Gleichzeitig ist die Lehre von der Anziehung körperlicher Massen, die sich bald zur Potentialtheorie entwickeln sollte, begründet worden.

Störungstheorie und die Kometenbahnen.

Bevor wir diese skizzenhaften Bemerkungen über das Drei- und Vielkörperproblem schließen, wollen wir noch eine sehr wichtige Anwendung der Störungstheorie erwähnen. Sie betrifft die Kometenbahnen. Bei den meisten bisher beobachteten Kometen führt die auf Grund von drei oder mehr Beobachtungen durchgeführte Rechnung auf eine Bahn, die in der Sprache des Mathematikers eine Parabel oder eine Hyperbel, deren Exzentrizität nahezu gleich 1 ist, darstellt. Diese Kurven unterscheiden sich in ihrem in der Nähe der Sonne gelegenen Teile nur wenig von sehr langgestreckten Ellipsen, sind aber nicht geschlossen. Es scheint darum eine Möglichkeit vorzuliegen, daß Kometen von fremden Fixsternen herkommen und „zufällig" in unser Sonnensystem hineingeraten sind. Sie beschreiben unter der Gravitationswirkung der Sonne einen Kurvenbogen um diese herum und verlieren sich sodann im Unendlichen. — Neuerdings sind nun die Bahnen aller bisher näher bekannten Kometen unter sorgfältiger Berücksichtigung der durch die Anziehung der Planeten hervorgerufenen Störungen noch einmal systematisch durchgerechnet worden. Und siehe da, es zeigte sich, daß die ursprünglichen Bahnen aller dieser Kometen in großer Entfernung von der Sonne den Charakter einer langgestreckten Ellipse und allenfalls einer Parabel hatten. Das heißt aber, wie sich zeigen läßt, daß keiner der uns bekannten Kometen tatsächlich von der „Unendlichkeit" bzw. von fremden Gestirnen herkommt. Sie sind vielmehr alle vollberechtigte Mitglieder unseres Sonnensystems selbst[6]). Dieses für die Astrophysik und Kosmogonie sehr wichtige Ergebnis ist einer wohl recht mühevollen und umständlichen, aber doch letzten Endes lohnenden Anwendung der mathematischen Theorie zu verdanken[7]).

---

[6]) Zu dem Sonnensystem sind hierbei, falls es sich um parabolische Bahnen handeln sollte, die Sterne zuzuzählen, die die gleiche Eigenbewegung wie die Sonne haben. Es kann als sicher gelten, daß diese Sterne und die Sonne einen gemeinsamen Ursprung haben.

[7]) Man vergleiche die lichtvollen Ausführungen von E. Strömgren in seiner populären Schrift „Astronomische Miniaturen", Berlin 1922 (Verlag von Julius Springer), S. 5—28.

Zweites Kapitel.
Gestalt und Entwicklung der Himmelskörper.

Mit den zuletzt skizzierten Betrachtungen sind wir bei dem zweiten Hauptproblem der theoretischen Astronomie, der Lehre von der Gestalt und der Entwicklung der Himmelskörper, angelangt. Newton und Huygens haben als die ersten auf theoretischem Wege erkannt, daß die Gestalt der Erde von einer Kugel verschieden sein muß. Es kann nämlich als sicher gelten, daß die Erde sich einmal in einem „feuerflüssigen" Zustande befand. Beachtet man dies, so findet man nach den Gesetzen der Dynamik, daß sie unter der alleinigen Wirkung der Eigengravitation und der Zentrifugalkräfte die Gestalt eines an den Polen abgeplatteten Ellipsoides annehmen mußte. Diese Folgerung, die durch direkte geodätische Messungen bestätigt wurde, bildete den Ausgangspunkt für die nunmehr beginnende theoretische Erforschung der Gestalt der Himmelskörper. Hier ist man noch viel mehr als bei der Lehre von der Bewegung der Planeten auf die Theorie, d. h. die Rechnung, angewiesen. Nur der Erde allein können wir nämlich durch Messungen direkt beikommen, — bei unserem nächsten Nachbar, dem Monde, und noch mehr bei den sonstigen Planeten zeitigt die unmittelbare Beobachtung nur recht spärliche Ergebnisse. Aber auch bei der Erde ist man fast ganz an die Oberfläche gebunden; Aufschlüsse über die Verteilung und den Zustand der Massen im Innern der Erde sind nur auf indirektem Wege zu erlangen. Man macht geeignete Annahmen, zieht daraus auf theoretischem, rechnerischem Wege Schlußfolgerungen und vergleicht diese mit gewissen an der Erdoberfläche anzustellenden Beobachtungen.

Wie aus den einleitenden Worten hervorgeht, ist das theoretische Problem der jetzigen Gestalt der Himmelskörper mit dem kosmogonischen Problem ihrer Entwicklung unlösbar verbunden. Die Vergangenheit und die Zukunft des Sonnensystems wie des ganzen Universums hat den menschlichen Geist seit je beschäftigt. Doch erst nach der Erfindung und Ausbildung der höheren Rechenmethoden eröffnete sich eine Aussicht auf erfolgreiches Eindringen in dieses ebenso reizvolle wie spröde Gebiet. Die Schwierigkeiten, die sich hier der Forschung entgegentürmen, sind ganz gewaltig. Zunächst sind wir über das Verhalten der Materie in den fernen Himmelskörpern, wo die physikalischen Bedingungen ganz

Allgemeine Übersicht.

anders wie in unseren Laboratorien aussehen, nur mangelhaft unterrichtet. Man beachte, daß im Innern der Sonne Temperaturen herrschen, die möglicherweise nach Millionen von Graden der Zentesimalskala zählen, daß zugleich der Druck dort mehrere Millionen Atmosphären betragen dürfte. In manchen kosmischen Nebeln stellt man sich demgegenüber Materie im Zustande einer ganz außerordentlichen Verdünnung vor. Über das Spiel der Kräfte sind wir in dem einen wie in dem anderen Falle noch nicht genügend unterrichtet. Ein gesicherter Angriffspunkt für eine mathematische Behandlung ist darum zurzeit im allgemeinen noch nicht vorhanden. In Ermangelung eines solchen muß man sich auf Annahmen von einem mehr oder weniger hypothetischen Charakter verlassen und die Ergebnisse der Rechnung dementsprechend nur als einen ersten Schritt auf dem Wege zur Erkenntnis ansehen. Das ist die eine große Schwierigkeit, die sich der theoretischen Erforschung der Gestalt und der Entwicklung der Himmelskörper entgegenstellt. Eine weitere nicht minder ernste Schwierigkeit bildet die große Kompliziertheit der Probleme, die eine vollständig befriedigende Durchführbarkeit der Theorie nur in besonders einfachen Fällen erwarten läßt. Auch mit Rücksicht auf den trotz einer mehr als zweihundertjährigen Entwicklung noch recht unvollkommenen mathematischen Apparat, der uns zur Verfügung steht, sieht man sich also gezwungen, zu vereinfachenden, idealisierenden Annahmen zu greifen. Tatsächlich ist die Zahl völlig gesicherter theoretischer Ergebnisse auf diesem Gebiete auch heute noch sehr gering. Freilich gehören diese mit zu den schönsten und beziehungsreichsten Resultaten der mathematischen Forschung überhaupt. Sie sind durch hartnäckige, jahrelange Bemühungen von Mathematikern ersten Ranges wie Maclaurin, Legendre, Laplace, Lejeune-Dirichlet, Jacobi, Liouville, Riemann, Poincaré, Liapounoff errungen worden. Die reine Mathematik, Mechanik, Hydrodynamik auf der einen, die theoretische Astronomie auf der anderen Seite haben aus ihren Arbeiten die größten Vorteile gezogen. Doch was gewonnen ist, wiegt leicht gegen das, was uns verschlossen bleibt. Probleme, die dieses Gebiet birgt, werden noch viele Menschenalter lang die Mathematiker und Astronomen beschäftigen.

Die Problemstellung. Doch kehren wir zu dem Ausgangspunkte dieser Betrachtungen zurück. Wie bereits erwähnt, wird eine flüssige oder gasförmige gravitierende Masse, die in gleichförmiger Rotation begriffen ist, etwa unsere Erde, wie sie vor Jahrmillionen war, eine Gestalt annehmen, die gewiß von derjenigen einer Kugel verschieden ist. Da der Druck und die Temperatur nach innen wachsen, wird auch die Dichte sich im allgemeinen von Ort zu Ort ändern. Die Flüssigkeit bzw. das Gas wird also nicht homogen sein. Es ist leicht einzusehen, daß ein Gleichgewichtszustand überhaupt nicht möglich ist. In der Tat ist ja die fragliche Masse in einer Bewegung um die Sonne begriffen. Ihre Lage gegenüber der Sonne ändert sich mit der Zeit, schon darum, weil die Rotationsachse gegen die Ebene der Bahnellipse, die Ekliptik, schräg gestellt ist. Damit ändert sich die Richtung der Sonnenanziehung fortwährend, was einen Gleichgewichtszustand ausschließt. In der Flüssigkeit bilden sich Strömungen, die mit den Strömungen der Gezeiten nahe verwandt sind. Im vorliegenden Falle handelt es sich freilich um Strömungen, die den ganzen flüssigen Erdkörper durchsetzen, während bei den Gezeiten sich nur der Ozean bewegt, allerdings unter dem vereinten Einfluß der Sonnen- und der Mondanziehung. So gefaßt, ist das Problem einer exakten mathematischen Behandlung heute noch nicht zugänglich. Selbst wenn man es erheblich vereinfacht, indem man annimmt, daß erstens die Flüssigkeit homogen ist, zweitens ihre Bahn um die Sonne eine Kreislinie darstellt, in deren Mittelpunkt sich die Sonne befindet, und schließlich drittens, daß die Umdrehungsachse auf der Ebene der Ekliptik senkrecht steht, — selbst dann ist die Aufgabe heute noch für eine strenge mathematische Behandlung zu schwer. Es bleibt nichts anderes übrig, als das Problem noch weiter zu vereinfachen und von der Gravitationswirkung fremder Massen ganz abzusehen.

Wir kommen so zu dem berühmten Problem der Gleichgewichtsfigur rotierender homogener Flüssigkeiten, deren Teilchen einander nach dem Newtonschen Gesetze anziehen[8]): Eine im Raume isolierte, d. h. der Anziehung fremder Massen entzogene homogene, gravitierende Flüssigkeitsmasse rotiert gleichförmig wie ein starrer Körper um eine im Raume feste Achse. Welche Gestalt kann sie dabei annehmen? Die Figuren der Himmelskörper, sofern sie heute

Gleichgewichtsfiguren rotierender Flüssigkeiten deren Teilchen einander nach dem Newtonschen Gesetz anziehen.

---

[8]) Zur umfangreichen Literatur über die Gleichgewichtsfiguren rotierender Flüssigkeiten vergleiche die Encyklopädie der Mathematischen Wissenschaften mit Einschluß ihrer Anwendungen: VI 2, 21, S. Oppenheim, Die Theorie der Gleichgewichtsfiguren der Himmelskörper, S. 1—79. Siehe ferner P. Appell, Traité de mécanique rationelle, t. 4. Figures d'équilibre d'une masse liquide homogène en rotation sous l'attraction newtonienne de ses particules, Paris 1921, S. 1—297, sowie J. H. Jeans, Problems of cosmogony and stellar dynamics, Cambridge 1919, S. 1—293.

Zweites Kapitel.

noch flüssig sind und unter Bedingungen rotieren, die den vorhin genannten angenähert entsprechen, dürften sich von diesen „Gleichgewichtsfiguren" nicht wesentlich unterscheiden. Nimmt man ferner an, daß die Figur eines Himmelskörpers sich beim Erstarren nicht merklich ändere, so gilt das gleiche auch für Körper, die ganz und gar oder nur auf ihrer Oberfläche starr geworden sind. Man erkennt leicht die große Wichtigkeit des Problems der Gleichgewichtsfiguren rotierender Flüssigkeiten für die theoretische Astronomie. Da dieses Problem auch mathematisch höchst anziehend ist, so wird man verstehen, daß es die meisten führenden Mathematiker des 18. und des 19. Jahrhunderts beschäftigte.

Maclaurinsche Ellipsoide. Maclaurin hat als erster gezeigt, daß, wenn die Winkelgeschwindigkeit unterhalb einer oberen Schranke liegt, d. h. die Rotationsbewegung hinreichend langsam vor sich geht, abgeplattete Rotationsellipsoide Gleichgewichtsfiguren sein können. Es entsprechen dabei einem jeden Wert der Winkelgeschwindigkeit zwei verschiedene mögliche Ellipsoide, nur für den höchsten überhaupt möglichen Wert der Winkelgeschwindigkeit fallen diese in eins zusammen. Ruht die Flüssigkeit vollkommen, so nimmt sie die Gestalt einer Kugel an, die „Abplattung" verschwindet. Man pflegt von einer linearen Reihe der Maclaurinschen Flüssigkeitsellipsoide zu sprechen.

Jacobische Ellipsoide. Durch die Ergebnisse von Maclaurin fand die Abplattung der Erde eine erste angenäherte Erklärung. Lange Zeit, etwa 100 Jahre, glaubte man, die Maclaurinschen Ellipsoide wären die einzigen möglichen Gleichgewichtsfiguren rotierender homogener Flüssigkeiten. Erst Jacobi zeigte im Jahre 1834, daß dem nicht so ist. Er konnte sich bei seinen Untersuchungen auf die Ergebnisse mathematischer Forschung stützen, die neue Potentialtheorie und die Theorie der Anziehung der Ellipsoide, die nicht zum wenigsten der Beschäftigung mit der Theorie der Gleichgewichtsfiguren selbst ihren Ursprung verdanken. Zum größten Erstaunen seiner Fachgenossen zeigte Jacobi, daß Flächen, die selbst keine Umdrehungsflächen sind, nichtsdestoweniger Gleichgewichtsfiguren rotierender Flüssigkeiten sein können. Die von Jacobi entdeckten Gleichgewichtsfiguren sind gewisse längs der Rotationsachse abgeplattete Ellipsoide. Sie sind nur möglich, wenn die Winkelgeschwindigkeit unterhalb eines bestimmten Höchstwertes liegt, der kleiner als der vorhin genannte Maclaurinsche Höchstwert ist. Liegt die Winkelgeschwindigkeit unterhalb der Jacobischen

Schranke, so gibt es nunmehr drei mögliche Gleichgewichtsfiguren, zwei Maclaurinsche und ein Jacobisches Ellipsoid. Erreicht die Winkelgeschwindigkeit die Jacobische Schranke, so fällt das Jacobische Ellipsoid mit einem der beiden Maclaurinschen zusammen.

Es liegt nunmehr die Frage nahe, ob die Erde nicht etwa ein Jacobisches Ellipsoid darstellt. Wie geodätische Messungen ergeben haben, ist dies nicht der Fall. Die Erde ist angenähert ein Rotationsellipsoid, freilich kein Maclaurinsches, da sie ja nicht homogen ist. Wir werden auf diesen Gegenstand später zurückkommen.

Neben der Frage nach den Gleichgewichtsfiguren einer rotierenden Flüssigkeit spielt diejenige nach deren Stabilität eine hervorragende Rolle. Darunter versteht man folgendes. Wird eine in gleichförmiger Rotation begriffene homogene Flüssigkeitsmasse auf irgendeine Weise, zum Beispiel durch neu hinzutretende, vorübergehend wirkende innere Kräfte in ihrer Bewegung gestört, so kann die ursprüngliche Gleichgewichtsfigur nicht erhalten bleiben. Zweierlei kann dann eintreten. Die unter dem Einfluß der Gravitation, der Zentrifugalkräfte und der anfänglichen Störung sich fortwährend ändernde Figur der Flüssigkeit bleibt, wenn jene Störung hinreichend klein war, dauernd in der Nachbarschaft der Gleichgewichtsfigur, man nennt alsdann jene „stabil", oder sie entfernt sich im Laufe der Zeit immer mehr von ihrem Ausgangszustande, auch wenn die vorübergehende Störung noch so geringfügig war, — die ursprüngliche Gleichgewichtsfigur ist alsdann „instabil". Es leuchtet ein, daß Himmelskörper nur stabile Gleichgewichtsfiguren sein können.

Stabilität einer Gleichgewichtsfigur.

Stabilitätsuntersuchungen gehören mit zu den schwierigsten Problemen der Mathematik und theoretischen Mechanik. — Woher die Schwierigkeiten kommen, ist leicht einzusehen. Um über die Stabilität einer Gleichgewichtsfigur zu entscheiden, muß man den Bewegungszustand der Flüssigkeit in einer beliebig fernen Zukunft beurteilen können. Dabei handelt es sich um die Bewegung von unzählig vielen einzelnen Massenteilchen, die einander in ihrer Bewegung beeinflussen. Das Stabilitätsproblem ist heute noch ungelöst und wird vielleicht noch lange Zeit ungelöst bleiben. Man begnügt sich mit provisorischen Kriterien, die die Frage auf ein rein mathematisches Problem der Feststellung, ob in einer gewissen Schar gleichartiger Größen eine bestimmte unter ihnen den klein-

Variationsrechnung.

18 Zweites Kapitel.

sten Wert hat, zurückführen. Solche Minimumaufgaben, — Mathematiker pflegen im vorliegenden Falle von Aufgaben der Variationsrechnung zu sprechen, — spielen in der Mathematik und ihren Anwendungen, insbesondere in der mathematischen Physik, seit je eine große Rolle. Bei den Stabilitätsbetrachtungen handelt es sich um Minimumaufgaben einer besonderen Art, die erst in den letzten fünfzehn Jahren einer strengen Behandlung zugänglich gemacht worden sind[9]). Diese Theorie befindet sich noch ganz in den Anfängen.

Wir sehen an dieser Stelle wieder einmal, daß die Entwicklung der theoretischen Astronomie eng mit derjenigen der Mathematik verknüpft ist. Problemstellungen der Astronomie bilden einen starken Anreiz für die mathematische Forschung, Fortschritte des mathematischen Wissens ziehen wiederum solche der Astronomie nach sich.

Ringförmige Gleichgewichtsfiguren. In einem im Jahre 1867 erschienenen Werke über theoretische Physik[10]) haben Thomson und Tait sich unter anderem mit den Gleichgewichtsfiguren rotierender Flüssigkeiten und ihrer Stabilität beschäftigt und eine Anzahl wichtiger, wenn auch unbewiesener Behauptungen aufgestellt. Sie gaben beispielsweise an, daß die lineare Reihe der Maclaurinschen Ellipsoide von der Kugel an bis zu derjenigen Figur, von der die Jacobischen Ellipsoide abzweigen, sowie die Anfangsglieder der Jacobischen Ellipsoide stabil seien. Außerdem ist von Thomson und Tait die Vermutung ausgesprochen worden, daß ringförmige Gleichgewichtsfiguren existieren können. Solche Figuren sind schon früher von Laplace in seiner Theorie der Saturnringe untersucht worden. Laplace betrachtet einen Flüssigkeitsring und in seinem Mittelpunkt einen Zentralkörper; bei Thomson und Tait handelt es sich demgegenüber in erster Linie um Ringe ohne Zentralkörper. Denken wir uns eine Flüssigkeit, die einen Raum von der Form eines Ringes ausfüllt. Sie wird diese Lage, ganz gleich, ob ein Zentralkörper vorhanden ist oder nicht, im Ruhezustande unmöglich dauernd behalten können. Unter der Wirkung der Gravitationskräfte wird der Ring sofort in sich zusammenfallen. Anders kann der Fall liegen, wenn der Flüssigkeitsring um seine Achse rotiert, da dann die Zentrifugalkräfte der Anziehung entgegenwirken. Manche kosmische Nebel haben die Form eines Ringes und drehen

---
[9]) Man vergleiche die Ausführungen des dritten Kapitels, § 1.
[10]) W. Thomson and P. G. Tait, Treatise on natural philosophy, 1. ed. Oxford 1867, 2. ed. 2. Vol. Cambridge 1879 and 1883.

sich, wie die Beobachtung zeigt, langsam um ihre Achse. Gelingt es, die Thomson-Taitsche Behauptung von der Existenz ringförmiger Gleichgewichtsfiguren rotierender Flüssigkeiten streng zu beweisen, so hat man damit den ersten Schritt getan, um die Gestalt und die Bewegung jener kosmischen Gebilde den uns bekannten physikalischen Gesetzen unterzuordnen, d. h. ihre Natur kennen zu lernen. Es wird dies natürlich nicht mehr als der erste Schritt sein, denn die fraglichen Nebel sind keine homogenen Flüssigkeiten, sie sind wohl Gase, zum Teil im Zustande einer äußerst weit getriebenen Verdünnung. Sie bewegen sich auch nicht wie feste Körper, vielmehr ist die Winkelgeschwindigkeit der zur Achse näheren Schichten größer als die der weiter außen gelegenen. Gleichwohl liegt das Interesse, das sich an die Thomson-Taitschen Betrachtungen knüpft, auf der Hand. Sie haben denn auch sehr anregend gewirkt und vor allem, worauf wir noch zurückkommen werden, wichtige Untersuchungen von Poincaré veranlaßt[11]).

Der berühmte russische Mathematiker Tschebyscheff sprach als erster die Vermutung aus, daß die ellipsoidischen Gleichgewichtsfiguren nicht die einzigen sind, die aus einer in sich geschlossenen Masse von dem Zusammenhang einer Kugel bestehen. Dies hat folgendes zu bedeuten. Schneidet man einen Ring an einer Stelle quer durch, so bleibt er zusammenhängend, d. h. zerfällt nicht in Stücke. Bei einer Kugel oder einem Ellipsoid ist dies anders. Tschebyscheff nahm also an, daß es Gleichgewichtsfiguren gebe, die dieselbe Art des Zusammenhanges wie eine Kugel haben und die von den Maclaurinschen und den Jacobischen Ellipsoiden verschieden sind. Er meinte weiter, daß, ebenso wie die Jacobischen Ellipsoide von den Maclaurinschen abzweigen, die neuen Gleichgewichtsfiguren von den Maclaurinschen und Jacobischen Ellipsoiden abzweigen dürften. Die Tschebyscheffsche Vermutung ist nun der Ausgangspunkt einer langen Reihe grundlegender Untersuchungen eines seiner Schüler, des im Jahre 1918 verstorbenen Mathematikers A. Liapounoff, geworden. Bereits in seiner im Jahre 1884 in russischer Sprache abgefaßten Dissertation[12]) konnte

Neue Gleichgewichtsfiguren in der Nachbarschaft der Ellipsoide.

---

[11]) Die Hauptschrift von Poincaré zur Theorie der Gleichgewichtsfiguren rotierender Flüssigkeiten ist im Jahre 1885 erschienen. Vgl. H. Poincaré, Sur l'équilibre d'une masse fluide animée d'un mouvement de rotation, Acta mathematica 7 (1885), S. 259—380.

[12]) Sie ist in den Annales de Toulouse 6 (1904), S. 5—116 in französischer Übersetzung erschienen.

2*

Zweites Kapitel.

Liapounoff zeigen, daß aller Wahrscheinlichkeit nach von den Maclaurinschen und Jacobischen Ellipsoiden tatsächlich unendlich viele lineare Reihen neuer Gleichgewichtsfiguren abzweigen. Ein strenger Beweis der Existenz der neuen Figuren konnte der Schwierigkeit des mathematischen Problems wegen zunächst noch nicht geführt werden.

Eine kosmogonische Betrachtung.

Die ganze vorangehende Problemstellung ist für kosmogonische Betrachtungen von einem außerordentlichen Interesse. Man hat sich nämlich seit Kant und Laplace über den Entwicklungsgang des Sonnensystems die folgende Vorstellung gebildet. Ein in langsamer Rotation befindlicher Riesenball äußerst stark verdünnter gasförmiger Materie zieht sich unter der Wirkung der Eigengravitation allmählich zusammen. Seine Dichte und Temperatur werden dabei langsam zunehmen. Nach den Gesetzen der Dynamik wächst zunächst auch die Winkelgeschwindigkeit. Allmählich wird der Zustand instabil, von der Gesamtmasse löst sich ein Teil ab und zieht sich zu einem um den Zentralkörper umlaufenden Planeten zusammen. Ein erstes, wenn auch sehr unvollständiges Bild der Vorgänge gibt nun die vorhin skizzierte Theorie der Maclaurinschen und Jacobischen Ellipsoide. Die ursprünglich nahezu kugelförmige Flüssigkeitsmasse wird mit wachsender Dichte die Gestalt eines immer stärker abgeplatteten Maclaurinschen Ellipsoides annehmen, bis dasjenige Ellipsoid erreicht ist, von dem die lineare Reihe der Jacobischen Ellipsoide abzweigt. Steigt die Dichte infolge fortschreitender Zusammenziehung weiter, so nimmt die Flüssigkeit nunmehr die Gestalt eines immer stärker abgeplatteten dreiachsigen Ellipsoids an, da die Maclaurinschen Ellipsoide nicht mehr stabil sind. Der Vorgang geht so weiter, bis ein Ellipsoid erreicht ist, von dem eine lineare Reihe neuer, nicht mehr ellipsoidischer Gleichgewichtsfiguren abzweigt, von denen soeben die Rede war. — Es erscheint nun von besonderer Wichtigkeit, festzustellen, ob diese Gleichgewichtsfigur stabil ist. Ist sie es nämlich nicht, so ist bei einer weiteren Zunahme der Dichte eine plötzliche katastrophenartige Änderung des Zustandes der Gasmasse, vielleicht eine Ablösung eines Teiles der Gesamtmasse im Sinne der Kant-Laplaceschen Theorie, zu erwarten. Wären die Verzweigungsfigur sowie die sich zunächst anschließenden neuen Gleichgewichtsfiguren stabil, so würde eine plötzliche Umwälzung höchstens dort eintreten können, wo die neuen Gleichgewichtsfiguren etwa instabil werden sollten. — Poincaré, der unabhängig von Liapounoff

Gestalt und Entwicklung der Himmelskörper.

und wenig später als dieser zu denselben Ergebnissen gekommen war, zeigte, daß die neuen in Frage kommenden Gleichgewichtsfiguren an einem Ende dünner, „birnenförmig", sind. Es lag nun nahe, anzunehmen, daß das dünne, von der Rotationsachse entfernte Ende der birnenförmigen Gleichgewichtsfiguren, falls diese stabil sind, sich *allmählich* von der Hauptmasse ablösen wird. Man würde so scheinbar zu einer Planetenbildung ohne katastrophale Umwälzungen im Leben des Zentralkörpers, der Sonne, kommen[13]).

Die Frage nach der Stabilität des zu den birnenförmigen Gleichgewichtsfiguren herüberleitenden Jacobischen Ellipsoids ist von Poincaré, Darwin und namentlich A. Liapounoff studiert worden. Die Untersuchungen von Poincaré, die im Jahre 1884 begannen, haben in hohem Maße anregend gewirkt, — seine mathematischen Entwicklungen haben jedoch größtenteils nur einen heuristischen Wert und lassen sich auf dem von ihm angedeuteten Wege nicht streng begründen. Was die Stabilität der fraglichen Verzweigungsfigur betrifft, so hat Poincaré eine Methode zu ihrer Beurteilung angegeben, ohne die nötigen Spezialrechnungen selbst ausgeführt zu haben. Diese sind von Darwin durchgeführt worden. Darwin kommt zu dem Ergebnis, die betrachtete Gleichgewichtsfigur sei stabil, was eine allmähliche Ablösung eines Planeten von dem Sonnenkörper, eines Mondes von dem Mutterplaneten als möglich erscheinen läßt. — Leider ist dieses Ergebnis von Liapounoff, der seit 1903 in einer Reihe grundlegender Arbeiten[13 a]) für die ganze Theorie der neuen von den Ellipsoiden abzweigenden Gleichgewichtsfiguren eine feste Grundlage schuf, bestritten worden. Liapounoff gelang jetzt auch der lückenlose Existenzbeweis der neuen Gleichgewichtsfiguren in der Nachbarschaft der Ellipsoide. Er gab ferner strenge Methoden an, um ihre Stabilität in dem vorhin auseinandergesetzten beschränkten Sinne zu prüfen. Das Ergebnis, das später von Jeans und P. Humbert bestätigt wurde, war negativ. Das kritische Jacobische Ellipsoid ist in-

Instabilität desjenigen Jacobischen Ellipsoids von dem die birnenförmigen Gleichgewichtsfiguren abzweigen

---

[13]) Man vergleiche hierzu die Ausführungen bei Poincaré, loc. cit. [11]) S. 378—380. Siehe ferner K. Schwarzschild, Die Poincarésche Theorie des Gleichgewichtes einer homogenen rotierenden Flüssigkeitsmasse, Inaugural-Dissertation, Neue Annalen der K. Sternwarte München, Bd. III, 1896, S. 1—69. Weitere Literatur: A. Véronnet, Variation du grand axe dans les figures ellipsoïdales d'équilibre, C. R. **169** (1919), S. 328—331; Journal de mathématiques **12** (1919), S. 211—247, auch bei Appell. loc. cit.[8]), S. 76—85.

[13a]) Vgl. S. Oppenheim, loc. cit.[8]), S. 4.

stabil, Katastrophen im Leben der Sonne bei Entstehung der einzelnen Planeten — im Sinne der Kant-Laplaceschen Theorie — sind unvermeidlich[14]).

Wert einer mathematisch strengen Behandlung naturwissenschaftlicher Probleme.

An dieser Stelle zeigt sich recht deutlich der Wert einer strengen mathematischen Behandlung naturwissenschaftlicher Probleme. Im allgemeinen wird man geneigt sein, bei Behandlung schwieriger Aufgaben astronomischer oder physikalischer Natur sich mit Annäherungsrechnungen zu begnügen, von der Ansicht geleitet, daß eine weiter getriebene Genauigkeit unverhältnismäßig mehr Mühe kosten würde, ohne das Ergebnis wesentlich zu ändern. Diese Ansicht mag im großen ganzen das Richtige treffen, in einzelnen Fällen aber können Annäherungsrechnungen sicherlich zu ganz falschen Ergebnissen führen. So gelingt es, bei Behandlung des Dreikörperproblems die Lösung unter Umständen auf eine Form zu bringen, die scheinbar für beliebige Zeiträume gilt. Die Formeln bestehen ausschließlich aus Gliedern, die periodischen Charakter haben, — der Schluß auf die Stabilität der Bewegung erscheint naheliegend. Poincaré hat jedoch gezeigt, daß die in Frage kommenden Entwicklungen derartige Schlußfolgerungen nicht gestatten, sie sind, wie die Mathematiker zu sagen pflegen, divergent. — Ebenso kann eine angenäherte Analyse zu dem Schluß führen, daß in bestimmten Fällen neue Gleichgewichtsfiguren abzweigen, wo eine exakte Untersuchung lehrt, daß dies doch nicht der Fall ist. Zur Beurteilung, in welchen Fällen eine strenge mathematische Begründung lohnend und selbst notwendig ist, gehört wissenschaftlicher Takt, Erfahrung, manchmal eine glückliche Intuition.

Es ist ein Verdienst von Liapounoff, die Theorie der neuen Gleichgewichtsfiguren in der Nachbarschaft der Ellipsoide auf eine feste Grundlage gestellt zu haben. Leider sind die Entwicklungen von Liapounoff ungemein kompliziert. Zum Teil liegt dies an einer ungeeigneten Wahl geometrischer und mechanischer Hilfsgrößen und der Schwerfälligkeit der Darstellung, zum Teil an der Methode selbst. Sie sind darum auch nur wenig bekannt geworden, die meisten neueren Arbeiten bedienen sich noch der alten heuristischen Methoden von Poincaré.

---

[14]) Man darf freilich nicht vergessen, daß die Theorie der Gleichgewichtsfiguren rotierender *homogener Flüssigkeiten* die tatsächlichen Vorgänge nur in großen Zügen wiedergibt. Die Schlußfolgerungen des Textes sind darum nicht zwingend, sie können höchstens als wahrscheinlich bezeichnet werden.

In seiner wiederholt genannten Schrift[11]) hat **Poincaré** unter anderem die Behauptung aufgestellt, daß Gleichgewichtsfiguren sozusagen nicht einzeln auftreten, vielmehr sich in der Regel zu linearen Reihen zusammenschließen. Dies bedeutet mit anderen Worten, wenn einmal eine Gleichgewichtsfigur vorliegt, daß sich dann in ihrer nächsten Nähe weitere Gleichgewichtsfiguren vorfinden. Die Winkelgeschwindigkeit der neuen Gleichgewichtsfiguren ist von derjenigen der zunächst betrachteten Figur nur wenig verschieden. Für diesen sehr weitgehenden Satz ist neuerdings ein exakter Beweis erbracht worden, wodurch auch die **Liapounoff**schen Ergebnisse, die Existenz neuer Gleichgewichtsfiguren in der Nähe der Ellipsoide betreffend, auf einem wesentlich einfacheren Wege wiedergewonnen werden. Auch für die Stabilitätsbetrachtungen ergaben sich dabei zum Teil neue Gesichtspunkte und eine vereinfachte Darstellung. (Vgl. S. 38—65.) Durch die Abhandlungen von **Liapounoff** und die erwähnten neueren Arbeiten ist eine Anzahl klassischer Probleme in der Theorie der Figur der Himmelskörper einer strengen mathematischen Behandlung zugänglich geworden. Es sind die in den letzten 20 Jahren ausgebildeten mathematischen Theorien: die neue Theorie der Integralgleichungen, Potential- und Funktionentheorie, Theorie der Randwertaufgaben, Variationsrechnung — die die neuen Fortschritte ermöglicht haben. Wir sehen an dem Beispiel der Gleichgewichtsfiguren wieder einmal den Wert mathematischer Forschung für die exakten Naturwissenschaften. Es braucht kaum hervorgehoben zu werden, daß auch umgekehrt die Mathematik durch die sich hier darbietenden reizvollen Problemstellungen starke Anregungen für die Ausbildung ihrer Forschungsmethoden empfängt. Es ist eine altbewährte Regel, daß diejenigen mathematischen Fragestellungen, die im Zusammenhang mit fundamentalen Problemen der Naturwissenschaft stehen, meist besonders beziehungsreich und in ihren Auswirkungen von grundlegender Wichtigkeit sind.

Wie die Frage nach der Gestalt der Erde, so hat auch diejenige nach der Gestalt unseres nächsten kosmischen Nachbars, des Mondes, zahlreiche Untersuchungen veranlaßt. Man geht hierbei natürlich wieder von der Annahme aus, daß der Mond sich einst in „feuerflüssigem" Zustande befand. Ein wirklicher Gleichgewichtszustand war freilich damals ebensowenig wie bei der flüssigen Erde möglich. Dies kommt allein schon daher, daß die Achse des Mondes gegen die Ebene seiner Bahn um die Erde schräg geneigt

Zweites Kapitel.

ist, so daß die Lage des Mondkörpers gegen den Erdkörper sich fortwährend ändert. Wie die Erde, so war auch der Mond von Strömungen, Gezeiten durchzogen. Da indessen die Mondachse auf der Ebene der Mondbahn nahezu senkrecht steht, diese Bahn selbst sich nur wenig von einem Kreise unterscheidet, da schließlich die Dauer einer Umdrehung des Mondes um die Achse der Dauer seines Umlaufs um die Erde gleich ist, so spielen jene Strömungen nur eine unwesentliche Rolle. Man kommt zu einer guten Näherung, wenn man von den störenden Einflüssen absieht und der mathematischen Behandlung das folgende idealisierte Problem zugrunde legt: Eine homogene gravitierende Flüssigkeitmasse von dem Zusammenhang einer Kugel rotiert wie ein starrer Körper gleichförmig um ein entferntes punktförmiges Attraktionszentrum. Welche Gleichgewichtsfigur nimmt sie unter der Wirkung der fremden Anziehung, der Eigengravitation und der Zentrifugalkraft an? Auf diese Frage hat Laplace die folgende Antwort gegeben: Die Flüssigkeit nimmt die Gestalt eines dreiachsigen Ellipsoids an, dessen lange Achse nach dem Attraktionszentrum, d. h. nach der Erde hin gerichtet ist. Für die Längen der drei Achsen des Ellipsoids finden sich ganz bestimmte Zahlen. Die Gleichgewichtsfigur ist nur sehr wenig von einer Kugel verschieden. Laplace begnügt sich bei seinen Untersuchungen, wie damals nicht anders zu erwarten war, mit einer Annäherungsrechnung. Die wirkliche Existenz und die „Stabilität" der Laplaceschen Gleichgewichtsfigur ist neuerdings streng bewiesen worden[15]). Ihre Gestalt ist im wesentlichen so, wie sie Laplace angegeben hatte, also, wie gesagt, nur sehr wenig von einer Kugel verschieden. Durch eine direkte Beobachtung des Mondes läßt sich darum das Laplacesche Resultat nicht prüfen. Wohl aber ist eine indirekte Prüfung möglich. Wie wir in dem ersten Kapitel gesehen haben, hat der Umstand, daß der Mond keine Kugel darstellt, eine komplizierte Bewegung seiner Rotationsachse im Raume, die „wahre Libration", zur Folge. Diese ist der Beobachtung zugänglich und kann zur Prüfung der Theorie der Mondgestalt herangezogen werden. Das Ergebnis ist negativ: die aus der beobachteten wahren Libration abgeleiteten Bestimmungsstücke der Mondfigur weichen nicht unerheblich von den von Laplace angegebenen ab. Der Mond ist

---

[15]) Vgl. das dritte Kapitel dieser Schrift, S. 63—65, sowie die in der Fußnote [26]) unter d) genannte Arbeit.

also keine Gleichgewichtsfigur rotierender homogener Flüssigkeit. Dieses Ergebnis der mathematischen Theorie ist von großer Wichtigkeit, fordert es doch den Astronomen auf, nach den möglichen Ursachen der Abweichung zu forschen. Laplace schreibt diese den bei Erstarrung wirkenden Kräften zu. Wie vorhin angedeutet, vertritt Darwin die Auffassung, daß der Mond sich ohne gewaltsame Vorgänge von der Erde gelöst und langsam im Laufe von Jahrmillionen entfernt hatte. Im Anschluß daran machte neulich Armellini die Bemerkung[16]), daß sich die jetzige Gestalt des Mondes einfach durch die Annahme erklären läßt, daß der Mond zu einer Zeit erstarrt ist, als seine Entfernung von der Erde etwa 0,39 des jetzigen Wertes betrug. Eine endgültige Lösung des Problems der Mondgestalt liegt zurzeit noch nicht vor; es steht nur fest, daß sich diese etwa durch Berücksichtigung der Inhomogenität des Mondkörpers nicht erbringen läßt.

Das vorhin formulierte mathematische Problem der Gestalt des Erdmondes ist ein spezieller Fall des folgenden von Roche Mitte des vorigen Jahrhunderts in Angriff genommenen weitergehenden Problems. Eine homogene gravitierende Flüssigkeitsmasse rotiert wie ein starrer Körper gleichförmig um ein festes punktförmiges Attraktionszentrum. Die möglichen Gleichgewichtsgestalten der Flüssigkeit sind zu bestimmen. Während es sich vorhin bei dem Erdmonde um ein weit entferntes Attraktionszentrum handelte, werden jetzt keinerlei Voraussetzungen mehr über die Entfernung des Zentralkörpers gemacht. Roche nimmt den flüssigen Satelliten als sehr klein an und findet, daß er die Form eines dreiachsigen Ellipsoids hat, dessen lange Achse nach dem Erdmittelpunkt gerichtet ist. Bei sehr großer Entfernung des Satelliten von dem Zentralkörper hat dieser nahezu die Form einer Kugel. Es handelt sich offenbar einfach um den vorhin besprochenen Laplaceschen Mondkörper. Lassen wir jetzt die Entfernung des Mondes von dem Attraktionszentrum kleiner und kleiner werden, so wächst die Winkelgeschwindigkeit, zugleich wird das Ellipsoid in der Richtung nach dem Erdkörper hin immer mehr gestreckt. Man kommt dabei nicht unter einen bestimmten kleinsten Abstand des Zentralkörpers herunter. Die Gesamtheit der so gefundenen Gleichgewichtsfiguren bildet eine lineare Reihe. Wie Roche ferner zeigte,

Die Rocheschen Ellipsoide

---

[16]) Vgl. G. Armellini, Sopra la forme dello sferoide lunare, Atti della Reale Accademia dei Lincei, 25_2 (1916), S. 225—229.

gibt es noch eine weitere lineare Reihe dreiachsiger Ellipsoide, die sich an die erste Reihe an der Stelle anschließt, wo die Entfernung von dem Zentralkörper den kleinstmöglichen Wert annimmt. Diese Ellipsoide werden mit wachsender Entfernung von dem Attraktionszentrum immer spitzer. Die Untersuchungen von Roche gründen sich auf Annäherungsrechnungen. Die neuen analytischen Hilfsmittel gestatten, seine Ergebnisse exakt zu begründen. (Vgl. das dritte Kapitel dieser Schrift, S. 63—65.) Eine Untersuchung der von den beiden linearen Reihen etwa abzweigenden neuen Gleichgewichtsfiguren wie auch die sehr wichtigen Stabilitätsbetrachtungen stehen noch aus. Es dürfte sich hier um Rechnungen handeln, die ähnlich, womöglich noch komplizierter sind wie die Rechnungen, die Liapounoff bei den Untersuchungen der Maclaurinschen und Jacobischen Ellipsoide durchgeführt hatte. Ein erster Versuch in dieser Richtung ist von Schwarzschild unter Zugrundelegung der Poincaréschen heuristischen Methoden unternommen worden[17]).

ppelsterne. Von den Rocheschen Gleichgewichtsfiguren wird man naturgemäß zu dem nahe verwandten Problem der Gleichgewichtsfiguren geführt, die aus *zwei oder auch mehr Flüssigkeitsmassen* bestehen, die um eine gemeinsame Achse wie ein starrer Körper gleichförmig rotieren. Die einzelnen Massen können einander gleich sein oder auch nicht. In der Natur finden sich Systeme dieser Art in den Doppel- und Mehrfachsternen angenähert verwirklicht. Natürlich nur angenähert, — denn die Materie der Sterne ist wohl weder homogen noch flüssig; auch werden diese gewiß von mächtigen Flutströmungen durchzogen, sobald die Entfernung der einzelnen Komponenten des Systems mit ihren eigenen Dimensionen vergleichbar ist. Ein sorgfältiges Studium dieses neuen Problems, namentlich was die Stabilität betrifft, ist für kosmogonische Fragen von hohem Interesse. Sind die einzelnen Sterne des Systems weit voneinander entfernt, so ermöglichen die wiederholt erwähnten neuen Resultate einen strengen Existenz- und Stabilitätsbeweis[17a]). Von besonderem Interesse ist aber gerade ein Fall, bei dem die bisherigen Methoden nicht ohne weiteres zum Ziele führen, der Fall nämlich, wenn die beiden Körper einander sehr nahe liegen und von gleicher Größenordnung sind.

---

[17]) Vgl. K. Schwarzschild, loc. cit. [13]).
[17a]) Vgl. die in der Fußnote [26]) unter e) genannte Arbeit.

Gestalt und Entwicklung der Himmelskörper. 27

Hier scheinen vorderhand nur eingehende zahlenmäßige Berechnungen einen Fortschritt bringen zu können. Rechnungen dieser Art sind bereits früher von Darwin ausgeführt worden. Sie müßten auf breiter Basis fortgesetzt und systematisch organisiert werden, ähnlich wie dies zur Bestimmung periodischer Lösungen des Dreikörperproblems geschieht. Denn die Anwendung der analytischen Methoden ist doch nur auf verhältnismäßig einfache Fälle beschränkt. Bei dem Rocheschen Problem z. B. sieht man sich gezwungen, den Abstand des Satelliten von dem Attraktionszentrum größer als einen bestimmten Wert anzunehmen und zugleich die Abmessungen des Mondes klein gegenüber jenem Abstande vorauszusetzen. Die erstere Voraussetzung liegt in der Natur der Sache begründet, die zuletzt genannte hingegen nicht. Sie entspringt lediglich der Unvollkommenheit des verfügbaren mathematischen Apparats. Will man sich von dieser Einschränkung befreien, so bleibt fürs erste nichts anderes als systematisch geführte zahlenmäßige Rechnungen übrig. Erst recht fühlt man sich auf diesen Weg gedrängt, wenn man die Voraussetzung der Homogenität der Flüssigkeit fallen läßt. Wir kommen auf diesen Gegenstand noch weiter unten zu sprechen.

Zahlenmä Bestimmu der Gesta rotierend Flüssigkei

Zuvörderst aber noch eine Bemerkung über das zuletzt behandelte Problem. Von großer Wichtigkeit ist die Frage, ob es Gleichgewichtsfiguren gibt, die aus zwei Massen bestehen, die nur einen Punkt gemeinsam haben (man vergleiche die Ausführungen des dritten Kapitels S. 62—63). Eine solche Gleichgewichtsfigur würde, falls sie stabil sein könnte, einen Satelliten gleichsam im Moment seiner Ablösung von dem Mutterplaneten darstellen. Auch für diesen Fall hat Darwin angenäherte zahlenmäßige Rechnungen angestellt, ohne die wirkliche Existenz der betrachteten Gleichgewichtsfigur dargetan zu haben. Es ist anzunehmen, daß der Punkt, in dem die beiden Massen zusammenhängen, einen ausgezeichneten Charakter tragen wird. Hier sind die beiden Flächen nicht mehr „glatt", — sie laufen vielmehr kegelartig zu. Mathematiker pflegen in solchen Fällen von singulären Punkten der Flächen (hier speziell von konischen Punkten) zu sprechen. Wo Singularitäten vorkommen, da sind die Probleme meist schwierig, dafür oft von besonderer Wichtigkeit.

Gleichgewichtsfigur gebildet v zwei Körpe die nur ein Punkt gemeinsam habe

Bisher war bei unserem Streifzuge über das weite Gebiet der Lehre von der Gestalt der Himmelskörper stets nur von homogenen, unzusammendrückbaren Flüssigkeiten die Rede. Das erste und

Inhomogen Flüssigkeite Gestalt der Erde.

wichtigste hierher gehörige Problem, dasjenige nach der Gestalt der Erde, hat schon frühzeitig zur Betrachtung heterogener Flüssigkeiten geführt, da der aus der Maclaurinschen Theorie homogener Flüssigkeiten gewonnene Wert der Erdabplattung nicht mit den Messungen übereinstimmt. Es lag nun nahe, anzunehmen, daß der Erdkörper aus homothetischen oder konfokalen ellipsoidischen Schichten gleicher Dichte besteht, und auf dieser Grundlage die Abplattung einzelner Schichten zu berechnen. Es kann sich hierbei freilich nur um ein Annäherungsresultat handeln, da, wie von Hamy und Volterra gezeigt worden ist, ein aus solchen Schichten gebildeter Körper keinesfalls eine Gleichgewichtsfigur rotierender Flüssigkeit darstellen kann. Ist aber die Winkelgeschwindigkeit, wie in dem Falle der Erde, nur gering, so läßt sich doch auf diesem Wege ein Annäherungsresultat gewinnen, das für die Zwecke der Geodäsie vollkommen genügt. Einen bestimmten Wert für die Erdabplattung kann man natürlich erst finden, wenn man die Verteilung der Dichte im Erdkörper kennt. Da diese freilich nicht bekannt ist und kaum jemals in allen Einzelheiten wird bestimmt werden können, so muß man sich mit plausiblen Annahmen begnügen. Solche Annahmen sind vielfach gemacht und den Rechnungen zugrunde gelegt worden, so von Clairaut, Legendre, Laplace, Roche, Lipschitz, M. Lévy und anderen Mathematikern und Astronomen. Die allgemeine Theorie ist von Clairaut in einer bewunderungswürdigen Schrift aufgestellt worden; sie hat bis heute ihre Bedeutung nicht verloren. Clairaut kommt zu Ergebnissen, die zum Teil unabhängig von jeder Voraussetzung über die Verteilung der Dichte über die einzelnen Ellipsoidschalen gelten und der Prüfung durch Messungen an der Erdoberfläche zugänglich sind. Diese haben die Theorie im großen ganzen bestätigt[18]).

Wie bereits erwähnt, stellen die Clairautschen Rechnungen nur eine erste Annäherung dar. Mathematisch fest fundiert worden sind seine Resultate erst durch neuere Untersuchungen von Liapounoff. Die im Jahre 1903 erschienene Arbeit von Liapounoff[19]), die seinen vorhin genannten Abhandlungen voranging, ist zum Teil

---

[18]) Vgl. S. Oppenheim, loc. cit [8]), 12.
[19]) A. Liapounoff, Recherches dans la théorie de la figure des corps célestes, Mémoires de l'Académie impériale des sciences de St. Pétersbourg, Bd. 14 der achten Reihe, Nr. 7, 1903, S. 1—37.

nur skizzenhaft gehalten und wie seine sonstigen Arbeiten sehr umständlich. Die neuen mathematischen Hilfsmittel geben auch hier Wege zu einer wesentlichen Vereinfachung der Theorie in die Hand.

In dem vorstehenden war immer nur von Gleichgewichtsfiguren von dem Zusammenhang einer Kugel die Rede; nur gelegentlich haben wir ringförmige Gleichgewichtsfiguren gestreift und auf ihre Bedeutung hingewiesen. Das Problem der ringförmigen Gleichgewichtsfiguren hängt eng mit demjenigen der Saturnringe zusammen. Von Galilei zuerst als henkelartige Ansätze am Körper des Saturn gesehen, von Huygens (1654) als freischwebender ringförmiger Körper um den Saturn erkannt, erregen diese kosmischen Gebilde bis auf den heutigen Tag das stärkste Interesse der Fachastronomen wie der Laien. Seit Cassini (1675) wissen wir, daß es sich hierbei nicht um einen zusammenhängenden Ring, sondern um mehrere durch schmale Spalten getrennte konzentrische Ringkörper von rechteckigem Querschnitt handelt. Die Höhe der Rechtecke beträgt kaum mehr als 100 km, während ihre Gesamtbreite rund 68 000 km erreicht. Cassini hat als erster die Vermutung ausgesprochen, daß die Ringe aus einem Schwarm kleiner Planeten, aus Steinen oder kosmischem Staub bestehen. Später, im 18. Jahrhundert, ist man von dieser Hypothese wieder abgekommen; man faßte die Ringe als flüssige oder gasförmige Körper auf. Was war auch natürlicher in dem Zeitalter der Kant-Laplaceschen Hypothese als die Annahme, die Ringe von Saturn stellten gleichsam ein Abbild der Nebelringe dar, aus denen sich die einzelnen Planeten und Satelliten entwickelt haben sollten. Bei einer näheren Betrachtung der dynamischen Existenzbedingungen flüssiger oder gasförmiger Ringe treten jedoch Schwierigkeiten auf, weshalb Maxwell zu der Cassinischen Hypothese zurückkehrte und eine neue Theorie auf dieser Grundlage entwickelte. Die Cassini-Maxwellsche Theorie der Saturnringe ist heute die herrschende, seitdem sie durch photo- und spektrometrische Beobachtungen eine kräftige Stütze erhalten hat.

Das Saturn-System birgt darum für uns immer noch ein Problem, denn auch wenn wir durch direkte Beobachtung seine Natur in völlig einwandfreier Weise ergründet hätten, so würde uns dies nicht der Aufgabe entheben, die Konstitution der Ringe in Einklang mit den Gesetzen der Mechanik zu bringen, sie zu „erklären". Mit Recht sagt Maxwell in seiner großen, der Theorie der Saturn-

Zweites Kapitel.

ringe gewidmeten Preisschrift: „Wenn man jenen großen, über dem Äquator des Planeten ohne sichtbaren Zusammenhang ausgespannten Bogen einmal wirklich gesehen hat, so kommt der Geist nicht wieder zur Ruhe. Wir können nicht einfach erklären, daß es sich so verhält, und ihn als eine Beobachtungstatsache der Natur beschreiben, die keine Deutung zuläßt oder verlangt. Wir müssen entweder seine Bewegung nach den Prinzipien der Mechanik erklären oder eingestehen, daß im Bereiche der Saturnwelt eine Bewegung nach Gesetzen vor sich geht, die zu entschleiern wir nicht imstande sind"[20]).

Die Laplacesche Theorie der Saturnringe.

Laplace war der erste, der die Mittel der höheren Rechnung auf das Problem der Saturnringe angewandt hatte. Er betrachtete einen homogenen flüssigen Ring, der wie ein starrer Körper um einen Zentralkörper rotiert, und fand, indem er sich mit einer Annäherungsrechnung begnügte, für den Querschnitt des Ringes eine Ellipse, deren lange Achse nach dem Zentralkörper hin gerichtet ist. Je nach dem Wert der Winkelgeschwindigkeit und damit zugleich der Entfernung des Ringes von dem Planeten (mit sinkender Winkelgeschwindigkeit wird dieser Abstand immer größer) fällt der Querschnitt der Ellipse verschieden aus, und zwar gehören zu einer jeden Winkelgeschwindigkeit unterhalb eines bestimmten Höchstbetrages zwei verschiedene Ellipsen. Es gibt darum zwei lineare Reihen ringförmiger Gleichgewichtsfiguren mit Zentralkörper, die dort zusammenhängen, wo die Entfernung den kleinsten überhaupt möglichen Wert hat. Für einen ganz kleinen Wert der Winkelgeschwindigkeit, demnach einen weit entfernten Ring, ist die eine Ellipse nur noch wenig von einem Kreise verschieden, die andere hingegen sehr lang gestreckt, nadelförmig. Die Resultate von Laplace, die nur eine erste Annäherung darstellen, sind 100 Jahre später von Frau S. Kowalewski und unabhängig von ihr von H. Poincaré durch genauere Rechnungen verbessert worden, ohne daß ein wirklicher Existenzbeweis zustande kam. Aus ihren Rechnungen ergibt sich, daß der Querschnitt der Ringe ein wenig von einer Ellipse abweicht, — die Querschnittskurve hat nur eine nach dem Planeten hin gerichtete Symmetrielinie. Des weiteren ergab sich, immer nur unvollständig bewiesen, die Existenz der schon früher von Thomson und Tait postulierten ring-

---

[20]) Wiedergegeben nach K. Graff, Physische Erforschung des Planetensystems, Die Kultur der Gegenwart, dritter Band, Astronomie, S. 303—304.

förmigen Gleichgewichtsfiguren ohne Zentralkörper. Andere Rechnungen von Poincaré machten die Existenz von Gleichgewichtsfiguren, die aus mehreren koaxialen, wie *ein* starrer Körper rotierenden Ringen bestehen und keinen Zentralkörper enthalten, wahrscheinlich. Seitdem sind ringförmige Gleichgewichtsfiguren Gegenstand zahlreicher Untersuchungen von Tisserand, Levi-Civita und anderen Mathematikern gewesen. Ein exakter Existenzbeweis ringförmiger Gleichgewichtsfiguren ohne Zentralkörper ist kürzlich geführt worden[21]). In ähnlicher Weise läßt sich das Vorhandensein ringförmiger Gleichgewichtsfiguren mit Zentralkörper durchführen. Hieran hätte sich dann eine Diskussion der etwa von den beiden linearen Reihen abzweigenden neuen Gleichgewichtsfiguren anzuschließen. Über die Stabilität der ringförmigen Gleichgewichtsfiguren weiß man bis jetzt nichts sicheres.

Diese Untersuchungen dürften für kosmogonische Betrachtungen einigen Wert gewinnen, für den nächsten Zweck, die Theorie der Saturnringe, kommen sie, wie wir gleich sehen werden, nicht weiter in Betracht. Wie bereits Laplace gefunden hatte, müßten die Saturnringe, damit sie sich als flüssige Körper im relativen Gleichgewicht halten können, eine Dichte haben, die jedenfalls 0,576 der Dichte des Saturn übersteigt. Ihre Masse würde dann einen merklichen Bruchteil der Saturnmasse ausmachen und sich durch besondere Störungen der Bewegung der Saturnsatelliten bemerkbar machen. Diese Störungen sind nicht beobachtet worden, was auf eine praktisch unmerkliche Masse der Ringe schließen läßt und gegen die Möglichkeit flüssiger (oder gasförmiger) Ringe spricht. Da auch feste Saturnringe, wie Laplace und später Maxwell gezeigt hatten, nicht stabil wären und bei der geringsten Störung in Stücke gehen müßten, so sieht man sich durch die Ergebnisse der Rechnung zu der Annahme gedrängt, die Ringe bestehen aus einem Schwarm von Meteoriten oder kosmischem Staub. Dies ist aber die alte Cassinische Hypothese. Hier hat die mathematische Theorie der direkten beobachtenden Tätigkeit des Astrophysikers recht glücklich vorgearbeitet.

Die bisherigen Ergebnisse der Theorie haben gewisse mögliche Grundannahmen auszuschließen erlaubt. Nun galt es, die Cassinische Hypothese in Einklang mit der Galilei-Newtonschen Dynamik zu bringen. Dieser Aufgabe unterzog sich Maxwell. Er be-

Die Maxwellsche Theorie der Saturnringe.

---

[21]) Vgl. die in der Fußnote [26]) unter f) genannte Arbeit.

trachtete das folgende dynamische Modell. In den Eckpunkten eines regulären Polygons, in dessen Mittelpunkt sich der Saturn befindet, sind genau gleiche punktförmige Massen angebracht. Das Ganze rotiert wie ein starrer Körper gleichförmig um den Zentralkörper. Hat die Winkelgeschwindigkeit einen wohlbestimmten Wert, so befindet sich das System im dynamischen Gleichgewicht. Die Frage ist nun die: was passiert, wenn das Spiel der Kräfte gestört wird, indem etwa zu dem System ein Satellit hinzutritt? Bleibt das System dauernd in der Nähe der ursprünglichen Gleichgewichtslage, werden nicht vielmehr einzelne Massenpunkte zusammenstoßen oder sich vielleicht im Unendlichen verlieren? In dem zuerst genannten Falle werden wir das System stabil, in den anderen Fällen instabil nennen[22]). Nur wenn das Maxwellsche Modell sich als stabil erweisen sollte, kann es als ein freilich sehr unvollkommenes Abbild der Saturnringe angesehen werden. Denn man darf annehmen, daß die Konfiguration der Ringe zumindest während sehr langer Zeiträume sich nur wenig ändert, daß also diese als praktisch stabil angesehen werden können, während es an Störungen im Saturnsystem mit seinen zehn Monden gewiß nicht fehlt.

Maxwell findet nun, daß das System sich stabil verhält, wenn die Gesamtmasse des Ringes klein gegenüber der Masse des Saturn ist. Dieses Resultat hat aus zwei Gründen nur einen bedingten Wert. Einmal gründen sich die Ergebnisse von Maxwell wiederum lediglich auf Annäherungsrechnungen, dann aber ist sein dynamisches Modell doch nur eine recht rohe Nachbildung der Wirklichkeit. Die Saturnringe sind viel eher einem Riesenschwarm von Meteorsteinen oder einer Staubwolke als einem Maxwellschen Ring zu vergleichen. Maxwell hat sich zwar auch mit wolkenähnlichen Gebilden befaßt, doch ist dieser Teil seiner Betrachtungen nur skizzenhaft gehalten, so daß den Ergebnissen, die auf die Stabilität hindeuten, keine Beweiskraft innewohnt.

Vollkommen inkohärente gravitierende Medien.

Eine allgemeine Untersuchung staub- oder wolkenartiger („vollkommen inkohärenter kontinuierlicher") Systeme dürfte für die Astrophysik nicht ohne Interesse sein, scheint es doch, daß solche dynamische Systeme uns nicht allein in den Saturnringen, sondern

---

[22]) Durch die im Text genannten Fälle werden keinesfalls alle Möglichkeiten erschöpft. Unter Umständen liegt gewiß Stabilität vor, auch wenn die einzelnen Massenpunkte nicht dauernd in der Nähe der Ausgangslagen bleiben.

auch an manchen anderen Stellen des Universums entgegentreten. Es handelt sich hier um eine Anhäufung unzählig vieler materieller Teilchen, die durch Gravitationskräfte aneinander gekoppelt sind, sich aber im übrigen frei bewegen können, ohne irgendwelche Druck- oder Zugspannungen aufeinander auszuüben. Eine mathematische Theorie solcher Systeme im Hinblick auf die Saturnringe dürfte zu Ergebnissen führen, die der Wirklichkeit näher stehen als die vorhin besprochene Maxwellsche Auffassung. Das hierbei in Betracht kommende dynamische Modell ist wie folgt beschaffen: Über eine Anzahl konzentrischer Kreisringflächen, in deren Mittelpunkt sich ein punktförmiges Attraktionszentrum befindet, ist eine materielle Schicht (eine „Flächenbelegung") kontinuierlich verteilt. Die einzelnen Massenteilchen können sich ungehindert voneinander frei bewegen und üben lediglich Gravitationskräfte aufeinander aus. Eine solche kontinuierlich verteilte Schicht stellt natürlich nur eine mathematische Abstraktion dar, — die Einzelteilchen der Saturnringe sind ja tatsächlich räumlich voneinander getrennt, — was wir als „Massendichte" unseres Modells bezeichnen, entspricht in der Wirklichkeit einer „mittleren Dichte". Diese Abstraktion ist freilich zulässig, da sie die Ergebnisse nicht merklich beeinflußt, sie ist nützlich, da durch sie der mathematische Apparat wesentlich vereinfacht wird. Man überzeugt sich ohne Schwierigkeit, daß es einen Zustand dynamischen Gleichgewichts gibt, bei dem die einzelnen Teilchen um den Zentralkörper Kreislinien beschreiben. Die Winkelgeschwindigkeit ist für ein jedes Teilchen zeitlich unveränderlich, doch müssen die einzelnen schmalen, ringförmigen Streifen, in die man sich das ganze System zerlegt denken kann, mit verschiedenen Winkelgeschwindigkeiten um den Saturn rotieren. Die Saturnringe rotieren also nicht wie ein starrer Körper, vielmehr bleiben die äußeren Partien gegen die inneren dauernd zurück, eine Erscheinung, die schon vor längerer Zeit durch spektrographische Untersuchungen festgestellt worden ist.

Wird das System durch neu hinzutretende Kräfte gestört, so kann der soeben beschriebene einfache Bewegungszustand nicht aufrecht erhalten bleiben. Es erscheint nunmehr von Interesse, zu wissen, ob es auch jetzt noch „permanente Bewegungen" gibt, d. h. Bewegungen, bei denen die Konfiguration des Gesamtsystems dauernd erhalten bleibt. Solche permanente Bewegungen spielen u. a. in der Hydrodynamik eine große Rolle. In jedem Punkte eines räumlichen Gebietes herrscht hierbei eine der Größe und

34   Zweites Kapitel.

Richtung nach wohl bestimmte, zeitlich unveränderliche Geschwindigkeit. Dabei passiert den betreffenden Raumpunkt jeden Augenblick ein anderes materielles Teilchen. Ein Beispiel einer permanenten Flüssigkeitsbewegung stellt ein einer Wasserleitung entströmender ruhiger Wasserstrahl dar. Bei den Saturnringen würde die Gesamtkonfiguration freilich nicht in Ruhe bleiben, sondern eine gleichförmige Rotation um den Saturnkörper vollführen. Solche permanente Bewegungszustände dürfte es insbesondere geben, wenn ein um den Saturn rotierender Satellit als vorhanden angenommen wird[23]). Hier wird man von einem „erzwungenen Schwingungszustand" des Systems sprechen. Darüber hinaus könnte man bei Abwesenheit eines störenden Körpers nach etwaigen „freien Schwingungen" fragen, bei denen die Konfiguration des Ganzen wiederum erhalten bleibt.

Aus der von ihm nur unvollkommen bewiesenen Existenz freier und erzwungener Schwingungen zog Maxwell den Schluß, die eingangs charakterisierte besonders einfache Bewegung seines Modells sei stabil, wenn die Gesamtmasse des Ringes einen bestimmten Bruchteil der Saturnmasse nicht übersteigt, und zwar einen um so kleineren Bruchteil, je größer die Anzahl der Teilchen ist. Wächst diese ins Unendliche, d. h. geht man zu einer praktisch kontinuierlichen Verteilung der Materie auf einer Kreislinie über, so muß die Gesamtmasse des Ringes auf Null zurückgehen, damit der Bewegungszustand stabil bleibt. Das Maxwellsche Resultat wird illusorisch. Die vorhin skizzierte Auffassung der Ringe als eines vollkommen inkohärenten kontinuierlichen Mediums dürfte hier einen Schritt weiter führen. An dieser Stelle wie anderwärts bleiben freilich für die mathematische Forschung noch zahllose schwierige, aber auch lohnende Probleme zu erledigen.

Stellardynamik.   Die Dynamik vollkommen inkohärenter gravitierender Systeme umfaßt auch ein Gebiet, das in den letzten Jahrzehnten Gegenstand wichtiger Untersuchungen von Schwarzschild, Charlier, Eddington und anderen gebildet hat. Ich meine die Dynamik der Sternsysteme, insbesondere der sog. kugelförmigen Sternhaufen.

Es sind die höchsten Ziele der Astronomie, die hier verfolgt werden, die Erforschung des Zusammenhangs und des Bewe-

---

[23]) Man vergleiche die Ausführungen des dritten Kapitels S. 89—97, wo die Integro-Differentialgleichungen des zuletzt betrachteten Bewegungszustandes abgeleitet werden.

gungszustandes des Universums oder großer dynamisch in sich geschlossener Teile des Weltganzen. Denken wir uns vorübergehend einen großen kugelförmigen Raumteil mit gleich großen, in gewisser regulärer Weise verteilten Sternen besetzt. Eine solche reguläre Sternverteilung erhält man, wenn man den betrachteten Raumteil etwa in gleich große Würfel einteilt und in jedem Eckpunkt einen Stern unterbringt. Betrachten wir irgendeinen Stern des Gitters. Die Anziehungskraft der Gesamtheit der übrigen Sterne ist hier, wie sich leicht zeigen läßt, nach dem Mittelpunkt des Ganzen gerichtet, kann also durch die Anziehung eines einzigen im Mittelpunkt befindlichen fiktiven Sternes ersetzt werden [24]). Die Bewegung des Systems wird während langer Zeitperioden in erster Näherung so verlaufen, als ob ein Zentralkörper das ganze System beherrschte.

So viel zu einer ersten Orientierung. Trotzdem die Sterne, selbst in den dichtesten Sternhaufen, ungeheuer dünn gesät sind, wird vielfach so gerechnet, als wären sie im Raume kontinuierlich verteilt und könnten sich dort, voneinander ungehindert, bewegen, ganz wie die Teilchen des dynamischen Modells, das wir soeben im Hinblick auf die Theorie der Saturnringe betrachtet haben. Das alles setzt ein hohes Maß von Abstraktionsvermögen voraus, doch ist der Mathematiker an das Arbeiten mit idealisierten Gebilden seit jeher gewöhnt. — Unser Problem bietet, namentlich wegen der besonderen Verhältnisse am Rande des sternbesetzten Gebietes, erhebliche Schwierigkeiten dar. Man schafft sich eine Erleichterung, wenn man von der Untersuchung individueller Teilchen ganz oder teilweise absieht und die folgende Aufgabe stellt. In der Umgebung eines bestimmten Raumpunktes wird man zu jeder Zeit Sterne von allen möglichen Geschwindigkeiten finden. Bestimmte Geschwindigkeitsrichtungen und -beträge werden dabei mehr als die anderen bevorzugt, und zwar je nach dem Zeitpunkt und der gerade betrachteten Stelle des Raumes verschiedene. Gefragt wird nach der Verteilung der Geschwindigkeiten, der Richtung und dem Betrage nach, in allen Punkten des sternbesetzten Raumes zu allen Zeiten. Eine solche Betrachtungsweise wird statistisch genannt, sie spielt in der neueren Physik eine beherrschende Rolle und dringt jetzt auch in die Stellarastronomie ein. Hier handelt es sich u. a. um eine Untersuchung statistischer Gesetzmäßigkeiten, die permanenten Bewegungszu-

Stellarstatistik.

---

[24]) Das Anziehungsgesetz ist freilich von dem Newtonschen verschieden.

3*

36 Zweites Kapitel.

ständen des Systems entsprechen können. Auch die Stabilitätsfragen sind in Betracht zu ziehen.

Gezeiten. Ein letztes wichtiges Kapitel der theoretischen Astronomie, das wir schon wiederholt berührt haben, mag zum Schluß noch kurz gestreift werden, ich meine die Theorie der Gezeiten. Schon Newton hat die Gezeiten als Gravitationswirkung des Tages- und des Nachtgestirns auf die Gewässer des Ozeans aufgefaßt. Seine Ansicht, die unzweifelhaft das richtige trifft, beherrscht alle spätere Forschung. Diese wurde seit jeher, ganz besonders aber in den letzten 75 Jahren, recht intensiv betrieben. Jedes Jahr bringt eine Reihe neuer Arbeiten, zumeist englischer Mathematiker und Astronomen. — Es ist nur natürlich, daß eine in ihrer Großartigkeit einzige Naturerscheinung, wie die Gezeiten, das Interesse des rechnenden Naturforschers wach hält. Dieses Interesse ist noch gestiegen, seitdem die Gezeiten von Darwin zur Erklärung verschiedener kosmogonischer Tatsachen herangezogen worden sind. Auch in der Geophysik dürften die inneren Gezeiten der Erde eine Rolle spielen.

Das Problem der Gezeiten gehört in die große Klasse von Fragestellungen, bei denen es sich nicht um Zustände relativen Gleichgewichtes einer Flüssigkeitsmasse, sondern um Bewegungszustände handelt. Aufgaben dieser Art sind wesentlich komplizierter als die zuerst genannten und bieten darum der rechnerischen Erfassung noch viel größere Schwierigkeiten dar. Völlig gesicherte Resultate liegen auf diesem Gebiete denn auch nur ganz vereinzelt vor; die wichtigsten verdankt man Dirichlet und Riemann.

Die Wichtigkeit entscheidender Fortschritte der Hydrodynamik für die Astronomie, insbesondere die Kosmogonie, kann nicht hoch genug angeschlagen werden. Wie wir wiederholt hervorgehoben haben, muß jede tiefergreifende Untersuchung kosmogonischer Fragen notwendigerweise von den Zuständen relativen Gleichgewichtes zu den allgemeinen Bewegungszuständen der Flüssigkeiten führen. Gleichgewichtszustände, die bis jetzt fast ausschließlich studiert worden sind, stellen ja nur die erste, in vielen Fällen völlig unzulängliche Annäherung dar. So sind die „katastrophalen Umwälzungen" im Leben eines Planeten, die möglicherweise die Bildung eines Satelliten begleiten, nichts anderes, als sehr rasch, aber an sich doch durchaus gesetzmäßig verlaufende Bewegungsvorgänge, deren Einzelheiten wir nur nicht zu erforschen vermögen. Die Natur dieser Vorgänge ist um so schwieriger zu enträtseln, als es sich dabei keinesfalls um homogene Flüssigkeiten handeln dürfte. Die irdischen Gezeiten gehören in diese große Klasse von Bewegungsvorgängen als ihre in gewisser Hinsicht einfachste Repräsentanten. Wir haben hier in der Tat mit einer homogenen Flüssigkeit zu tun, auch sind die fluterzeugenden Kräfte verhältnismäßig klein. Dafür bringen das Vorhandensein der Kontinente, an denen sich die Flutströmung bricht, die unregelmäßige Beschaffenheit des Meeresbodens und die gleichzeitige Wirkung der Sonne und des Mondes neue Komplikationen. Es liegt nun nahe, das Problem fürs erste dadurch zu vereinfachen, daß man folgende Annahmen macht: der Ozean bedeckt die ganze Erde und ist überall gleich tief, so daß der Meeresboden eine Kugelfläche darstellt, es wirkt nur die Sonne oder nur der Mond fluterzeugend. Man kommt so zu dem folgenden hydrodynamischen Problem: Eine Schicht homogener gravitierender Flüssigkeit ist über einem festen kugelförmigen Kern ausgebreitet und rotiert mit diesem zusammen gleichförmig um eine durch den Mittelpunkt des Kernes hindurchgehende, im Raume feste Achse. Wie sich zeigen läßt, gibt es unter diesen Umständen einen Zustand des relativen Gleichgewichtes, wobei die Oberfläche der Flüssigkeit eine von einem Rotationsellipsoid nur wenig verschiedene Figur hat. Es möge jetzt zu dem System ein entferntes punktförmiges Attraktionszentrum hinzutreten, das in der Äquatorialebene der Kugel um ihren Mittelpunkt gleichförmig rotiert. Ein Zustand des relativen Gleichgewichtes wird unmöglich sein, sobald die Umlaufszeit des neuen Körpers von der Umdrehungsdauer der ozeanbedeckten Kugel verschieden ist; es bilden sich Strömungen aus. Die rechnerische Verfolgung dieser Strömungen ist das einfachste Problem der Theorie der Gezeiten. Es ist in Strenge bis heute nicht gelöst. Noch viel weniger gilt dies für die anderen höheren Fragestellungen. Der Theorie der Gezeiten hatte Laplace den dritten Band seiner *Mécanique céleste* gewidmet. Poincaré, der sich 100 Jahre später zu wiederholten Malen mit diesem Gegenstande beschäftigte, faßte seine Ergebnisse in dem dritten Bande seiner *Leçons de mécanique céleste*[25]) zusammen. Das Heft der mathematischen Encyklopädie, das eine kurze Besprechung der wichtigsten einschlägigen Literatur enthält, umfaßt 83 Seiten. Diese reichhaltige Literatur

Das einfachste Problem der Gezeitentheorie.

---

[25]) H. Poincaré, Leçons de mécanique céleste, t. III, Paris 1910.

enthält viele bemerkenswerte Einzelergebnisse, aber nicht ein einziges davon ist mathematisch einwandfrei begründet. Hier hat die Forschung noch ein weites wichtiges Gebiet zu erschließen!

Das Leipziger Mathematische Institut in der Talstraße 35 (Eingang zum großen Hörsaal)

Biographischer Anhang

Carl Neumann

Mehr als vier Jahrzehnte wirkte NEUMANN als Ordinarius an der Leipziger Universität. Generationen von Lehrern für die höheren Schulen Sachsens hat er herangebildet und durch seine Persönlichkeit geprägt. 82 Semester lang las er, in der Regel zwischen 6 und 10 Wochenstunden, neben den Anfängervorlesungen vor allem über Potentialtheorie, analytische Mechanik, Funktionentheorie, Elektrodynamik und mechanische Wärmetheorie. Durch seine Lehr- und Forschungstätigkeit begründete er eine bis heute an der Universität Leipzig fortwirkende Tradition der mathematischen Physik.

Geboren wurde CARL NEUMANN am 7. Mai 1832 in Königsberg. Sein Vater, der dortige Professor für Physik und Mineralogie FRANZ ERNST NEUMANN, gilt als Begründer der mathematischen Physik in Deutschland. Er rief gemeinsam mit BESSEL und JACOBI in Königsberg das erste mathematisch-physikalische Seminar ins Leben, wodurch in die akademische Lehre dieser Fächer das Prinzip der Einheit von Forschung und Lehre in breitem Umfang Einzug hielt. CARL NEUMANN erhielt in Königsberg seine Schul- und Universitätsbildung; seine akademischen Lehrer waren neben dem Vater vor allem der Jacobi-Schüler F. RICHELOT und der Geometer O. HESSE. Nach 1855 bestandener Oberlehrerprüfung und 1856 erfolgter Promotion trat NEUMANN in Berlin in das berühmte Schellbachsche Seminar ein, welches der praktischen Ausbildung von Gymnasiallehrern diente. In der von SCHELLBACH nach einem Semester ausgefertigten Abschlußbeurteilung heißt es u. a.: „Herr Dr. NEUMANN ist einer der tüchtigsten jungen Mathematiker, die bisher im Seminar beschäftigt waren. Namentlich ist seine Kenntnis der mathematischen Physik sehr gründlich und umfassend ... Der Eindruck, den seine Lehrthätigkeit und sein ganzes Wesen auf die Schüler machte, ist gewiß ein edler zu nennen"[8]. Das hier bereits von SCHELLBACH gerühmte Lehrtalent ist auch später von NEUMANNS Schülern immer wieder hervorgehoben worden.

1858 habilitierte sich NEUMANN in Halle mit einer Arbeit, die die Drehung der Polarisationsebene des Lichtes in einem Magnetfeld theoretisch zu erklären versuchte. Nach fünfjähriger Tätigkeit als Privatdozent erfolgte 1863 in Halle die Ernennung zum Extraordinarius. Im gleichen Jahr wurde er nach Basel berufen und von dort 1865 nach Tübingen. Am 17. Oktober 1868 erfolgte seine Berufung nach Leipzig. NEUMANN hatte 1864 geheiratet; seine Frau verstarb bereits 1875. Die Ehe blieb kinderlos. Später führte ihm seine Schwester den Haushalt. Als Leipziger Ordinarius ging er ganz in seiner Lehr- und Forschungstätigkeit auf. Universitätsämter wußte er von sich fernzuhalten. Am 1. Januar 1911 trat NEUMANN, achtundsiebzigjährig, in den Ruhestand. Er verstarb im Alter von 92 Jahren am 27. März 1925 in Leipzig.

NEUMANNS Hauptarbeitsgebiete waren Potentialtheorie, mathematische Physik und Funktionentheorie. Bahnbrechende Ergebnisse erzielte er vor allem auf dem Gebiet der Potentialtheorie. Ausgehend von der Lösung von Spezialaufgaben, wie der ersten Randwertaufgabe der Potentialtheorie für die Kugel, gelangte er bald zu dem allgemeinen Ansatz, Potentialfunktionen als Wirkungen einer „Belegung" zur Darstellung zu bringen. In dem Buch [4] hat er diese Auffassungen systematisch entwickelt und insbesondere die Potentiale von Doppelbelegungen (Doppelschichten) eingeführt und eingehend untersucht. Die Theorie der Doppelbelegungen führte NEUMANN auf seine berühmten Existenzbeweise für die Lösung der ersten und zweiten Randwertaufgabe der Potentialtheorie. Seine Methode wurde von ihm selbst als „Methode des arithmetischen Mittels" bezeichnet. Sie funktionierte für konvexe, nicht aus zwei Kegelmänteln zusammengesetzte Bereiche und bedurfte eines komplizierten Konvergenzbeweises (s. [6], [9]).

H. POINCARÉ und NEUMANNS Schüler A. KORN und E. R. NEUMANN haben später gezeigt, daß die Methode auch für wesentlich allgemeinere Bereiche gültig bleibt. Ihr Vorteil bestand darin, daß sie weitgehende Aussagen über das Verhalten der partiellen Ableitungen der Lösung am Rande erlaubte. Die zweite Randwertaufgabe für elliptische Differentialgleichungen wird heute als Neumannsches Problem und die hierbei auftretende Greensche Funktion als Neumannsche Funktion bezeichnet. NEUMANN hat die von ihm entwickelten allgemeinen Methoden in zahlreichen Arbeiten zur Lösung spezieller Aufgaben eingesetzt. Diesen steten Wechsel von speziellen Problemen und allgemeinen Gesichtspunkten erachtete er für die Fruchtbarkeit mathematischer Forschung für unbedingt notwendig; seine diesbezüglichen Bemerkungen sind nach wie vor aktuell: „Bei wissenschaftlichen Forschungen pflegen *spezielle Untersuchungen* und *allgemeine Überlegungen* miteinander Hand in Hand zu gehen, indem jede spezielle Untersuchung allgemeine Überlegungen erweckt, und umgekehrt jede allgemeine Überlegung zu neuen Spezialuntersuchungen Veranlassung gibt. Auch scheint diese alternierende Methode – ich möchte sagen: diese bald mikroskopische, bald makroskopische Betrachtung des Gegenstandes – eine durchaus notwendige zu sein. Denn wer nur mit speziellen Untersuchungen beschäftigt ist, ohne zur rechten Zeit zu verallgemeinern und zu höheren Gesichtspunkten sich zu erheben, wird bald die erforderliche Orientierung verlieren, und dem Zufall preisgegeben sein; und wer umgekehrt das Spezielle verschmäht und nur im allgemeinen sich bewegen will, wird bald die Mittel zum weiteren Fortschritt sich entschwinden sehen, und von unübersteiglichen Schwierigkeiten zu erzählen haben" [4, S. V].

Im Zusammenhang mit der Potentialtheorie hat sich NEUMANN eingehend mit Reihenentwicklungen nach speziellen Funktionen beschäftigt, insbesondere mit Konvergenzuntersuchungen [5]. Auch seine Beiträge zur Funktionentheorie sind – ganz im Riemannschen Sinne – eng mit der Potentialtheorie verbunden. NEUMANNS Existenzbeweise eröffneten damals einen Ausweg, als mit der Kritik von WEIERSTRASS am Dirichletschen Prinzip die Riemannschen Existenzbeweise fragwürdig geworden waren. Eine bedeutende Wirkung hatte NEUMANNS Buch „Vorlesungen über Riemanns Theorie der Abelschen Integrale" [1], wurden doch hierdurch viele Mathematiker in die Lage versetzt, RIEMANNS Ideen zu verstehen und deren außerordentliche Fruchtbarkeit für eigene Forschungen zu nutzen.

NEUMANNS Bemühungen in der mathematischen Physik gingen in zwei Richtungen: Zum einen suchte er vorhandene physikalische Theorien mathematisch zu durchdringen, sie dadurch schärfer zu fassen und offene Einzelfragen einer Lösung zuzuführen. Zum anderen suchte er die Prinzipien zu klären oder gar selbst Prinzipien aufzustellen, um die Folgerungen daraus mit der Realität zu vergleichen. In die zweite Richtung zielt seine Antrittsrede, in der er u. a. die Annahme eines Inertialsystems als grundlegendes Prinzip der klassischen Mechanik herausarbeitet. Für solche Prinzipienfragen ist der Sinn der Physiker erst später durch die aufkommende Relativitätstheorie geschärft worden. Seine in der Antrittsrede geäußerten allgemeinen Gedanken über die Prinzipien der Physik, über das Verhältnis von Erklärung und Beschreibung der Natur, sind bis heute aktuell.

In der Mechanik befaßte sich NEUMANN u. a. mit der Anwendung des Hamiltonprinzips auf Probleme mit Bedingungsgleichungen und gewann wichtige Erkenntnisse über die zulässigen Variationen bei nichtholonomen Bedingungen. Seine Beiträge zur Hydrodynamik betreffen vor allem die Verhältnisse bei mehrfach zusammenhängenden Gebieten. Über mechanische Wärmetheorie schrieb er ein vielbenutztes Lehrbuch [3]. Zahlreiche seiner Untersuchungen sind der Elektrodynamik gewidmet. Sie gerieten in Vergessenheit, weil sie auf dem Standpunkt der Fernwirkung basierten. NEUMANN erkannte zwar das Problematische einer reinen Fernwirkungstheorie für die elektrischen Erscheinungen, insbesondere für bewegte Objekte, und er suchte diese Probleme durch Einführung einer „Transmissionsgeschwindigkeit" zu überwinden. Seine Versuche wurden jedoch bald durch MAXWELLS Theorie überholt, der NEUMANN lange Zeit skeptisch gegenüberstand und der er sich erst als Siebzigjähriger näherte.

Bemerkenswert ist NEUMANNS Vorschlag, eine mechanische (oder auch elektrodynamische) Fernwirkungstheorie mathematisch zu untersuchen, in der an die Stelle des Newtonschen Potentials das „Exponentialgesetz" $V(r) = \dfrac{e^{-\alpha r}}{r}$ tritt. Sein Leipziger Kollege SCHEIBNER hat diesen Gedanken aufgenommen und α so bestimmt, daß sich die Periheldrehung des Merkur, die durch die Newtonsche Theorie nicht geliefert wird, richtig ergibt. Allerdings folgen aus dem so berechneten Potential dann völlig falsche Werte für die Periheldrehung der anderen Planeten, ein Hinweis darauf, daß tiefere theoretische Grundlagen erforderlich sind, um die Periheldrehung der Planeten zu erklären.

Ein bedeutendes Verdienst für die Entwicklung der Mathematik erwarb sich NEUMANN durch die von ihm initiierte Gründung der „Mathematischen Annalen" im Jahre 1868. Die Seiten 216–219 zeigen den entscheidenden Brief an den Verlag B. G. TEUBNER, der zur Gründung der Annalen führte. Gemeinsam mit seinem Studienfreund A. CLEBSCH hat NEUMANN die ersten fünf Bände der Annalen redigiert; nach CLEBSCH' Tod im Jahre 1872 übernahm er bis 1876 die Redaktion allein. Danach berief er neue Mitarbeiter und zog sich allmählich von der Redaktionstätigkeit zurück.

Sein Lebenswerk als Achtzigjähriger überblickend, schrieb NEUMANN in einem Dankschreiben für die Glückwünsche des Dekans zu seinem Geburtstag: „... es ist ein Unglück des Mathematikers oder vielleicht auch sein Glück, daß jenes unbekannte Land (welches wir kurzweg als Wissenschaft bezeichnen) sich ins Unendliche auszudehnen scheint, und daß die ihm vorschwebenden Aufgaben, je weiter er fortschreitet, immer mehr an Umfang und Schwierigkeit zunehmen; so daß er von fortdauernder Unruhe erfüllt ist" [7, Bl. 15/16].

Literatur:
[1] NEUMANN, C.: Vorlesungen über Riemanns Theorie der Abelschen Integrale. Leipzig: Teubner-Verlag 1865, 1884.
[2] NEUMANN, C.: Die elektrischen Kräfte, Teil 1. Leipzig: Teubner-Verlag 1873; Teil 2. Leipzig: Teubner-Verlag 1898.
[3] NEUMANN, C.: Vorlesungen über die mechanische Theorie der Wärme. Leipzig: Teubner-Verlag 1875.
[4] NEUMANN, C.: Untersuchungen über das Logarithmische und Newtonsche Potential. Leipzig: Teubner-Verlag 1877.
[5] NEUMANN, C.: Über die nach Kreis-, Kugel- und Zylinderfunktionen fortschreitenden Entwicklungen, un-

ter durchgängiger Anwendung des du Bois-Reymondschen Mittelwertsatzes. Leipzig: Teubner-Verlag 1881.
[6] NEUMANN, C.: Über die Methode des arithmetischen Mittels, I. Abh. der Sächs. Ges. der Wiss. zu Leipzig 13 (1887/88), 705; II. Ebenda, 14 (1887/88), 563.
[7] Archiv der Karl-Marx-Universität Leipzig. PA 774.
[8] Archiv der Martin-Luther-Universität Halle-Wittenberg. Phil. Fak. II, Rep. 21, Nr. 88.
[9] HÖLDER, O.: Carl Neumann. Math. Ann. 96 (1927), 1–25, (mit vollständigem Schriftenverzeichnis von 176 Nummern).
[10] LIEBMANN, H.: Zur Erinnerung an Carl Neumann. Jahresber. der DMV 36 (1927), 174–178.
[11] SALIÉ, H.: Carl Neumann. In: Bedeutende Gelehrte in Leipzig, Bd. II, Leipzig 1965. WA in: 100 Jahre Mathematisches Seminar der Karl-Marx-Universität Leipzig. Berlin: Deutscher Verlag der Wissenschaften 1981, 92–101.

Felix Klein

KLEIN ist und bleibt eine der Ausnahmeerscheinungen in der Geschichte der Mathematik. Er verband tiefliegende mathematische Forschungen und eine glänzende Wirksamkeit als akademischer Lehrer sowie Lehrbuchautor mit einer an Vielseitigkeit und Weitblick einzigartigen wissenschaftsorganisatorischen Tätigkeit.

FELIX KLEIN wurde am 25. April 1849 in der Familie eines preußischen Beamten in Düsseldorf geboren und besuchte hier ab 1857 das Gymnasium. Im Herbst 1865 bezog er mit 16½ Jahren die Universität Bonn. Bereits 1866 machte der dort wirkende Physiker und Mathematiker J. PLÜCKER den jungen KLEIN zu seinem Vorlesungsassistenten. PLÜCKER arbeitete gerade daran, die Geometrie des Raumes mit der Geraden als Raumelement aufzubauen. Die Plückersche Idee des Wechsels des Raumelements hat in der Entwicklung der Geometrie eine außerordentlich fruchtbare Rolle gespielt. KLEIN wurde in diese neuen Ideen eingeführt, indem er PLÜCKER bei der Ausarbeitung seines Werkes „Neue Geometrie des Raumes gegründet auf die Betrachtung der geraden Linie als Raumelement" half. Als PLÜCKER am 22. Mai 1868 starb, hinterließ er das Werk unvollendet. Der junge KLEIN übernahm die Fertigstellung.

KLEIN promovierte Ende 1868 in Bonn mit einem Thema aus der Liniengeometrie. Danach setzte er seine Studien in Göttingen bei A. CLEBSCH und in Berlin bei L. KRONECKER, E. E. KUMMER und K. WEIERSTRASS fort. Von großer Bedeutung für KLEIN war die in Berlin geschlossene Freundschaft mit SOPHUS LIE. Gemeinsam mit ihm ging er Ende April 1870 nach Paris, um den persönlichen Verkehr mit der jüngeren französischen Mathematikergeneration zu suchen. Der Deutsch-Französische Krieg erzwang im Juli 1870 KLEINS Rückkehr nach Deutschland. Er habilitierte sich am 7. Januar 1871 in Göttingen, wobei ihm das Verfassen einer Habilitationsschrift aufgrund seiner bereits gezeigten wissenschaftlichen Leistungen erlassen wurde.

1872 wurde KLEIN im Alter von 23 Jahren als Ordinarius nach Erlangen berufen. Dorthin folgten ihm nach dem Tode von CLEBSCH im November 1872 dessen Schüler, die nun in KLEIN ihren geistigen Führer sahen. In Erlangen lernte KLEIN auch seine spätere Frau ANNA HEGEL kennen, eine Enkelin des berühmten Philosophen. Aus der Ehe gingen ein Sohn und drei Töchter hervor.

Ostern 1875 erfolgte KLEINS Berufung an die Technische Hochschule München. Gemeinsam mit A. v. BRILL begann er dort mit der Reorganisation des Lehrbetriebes. KLEIN und BRILL konzipierten für die Ingenieurstudenten einen zweijährigen Kurs über höhere Mathematik, den sie jährlich im Wechsel begannen. Dieses System wurde später zum Vorbild für die Mathematikausbildung an allen Technischen Hochschulen. Im Herbst 1880 wurde KLEIN ordentlicher Professor für Höhere Geometrie an der Universität Leipzig. Er gründete hier 1881 das Mathematische Seminar und bildete eine Reihe tüchtiger Schüler heran. Als er 1886 im Alter von 37 Jahren nach Göttingen berufen wurde, konnte in dem vom Kultusministerium an den Kaiser gerichteten Berufungsantrag festgestellt werden, daß sich unter KLEINS Schülern bereits 4 Ordinarien, 3 Extraordinarien, 6 habilitierte Privatdozenten und 15 Hochschullehrer an ausländischen Universitäten und Hochschulen befanden.

In Göttingen entfaltete KLEIN eine außerordentlich vielseitige Tätigkeit, vor allem in der Lehre und auf wissenschaftsorganisatorischem Gebiet. 1913 wurde er emeritiert. Er verstarb nach längerer Krankheit am 22. Juni 1925 in Göttingen.

Am Beginn von KLEINS wissenschaftlicher Tätigkeit stehen bahnbrechende Leistungen in der Geometrie. Während seines Studienaufenthaltes in Berlin lernte er durch seinen Freund O. STOLZ die hyperbolische Geometrie kennen. Er versuchte nun, einen Zusammenhang zur projektiven Geometrie herzustellen. Da die projektive Geometrie nur von Inzidenzen handelt, kann sie verschiedene Parallelentheorien enthalten. Es ist nur erforderlich, im Rahmen der projektiven Geometrie geeignete Metriken zu definieren. Das hatte für den Fall der ebenen euklidischen Geometrie bereits 1859 A. CAYLEY durchgeführt, indem er mittels einer ausgearteten Kurve zweiter Ordnung (im Raum nimmt man den imaginären Kugelkreis) in der projektiven Ebene eine Maßbestimmung einführte und so die euklidische Geometrie in die projektive Geometrie einbettete. KLEIN faßte nun den Gedanken, mit Hilfe einer analogen Maßbestimmung auch die nichteuklidischen Geometrien zu realisieren, indem man statt des imaginären Kugelkreises geeignete nichtausgeartete Flächen 2. Ordnung wählt. Er publizierte diese Ideen 1871 und 1873 in den „Mathematischen Annalen". Diese Arbeiten KLEINS waren ausschlaggebend dafür, daß die nichteuklidischen Geometrien, denen vor 1871 noch ein Schleier des Mystischen anhaftete, Allgemeingut der Mathematiker wurden.

In ihrer gemeinsamen Arbeit in Berlin und Paris im Jahre 1870 erkannten KLEIN und LIE die Bedeutung des Gruppenbegriffes für eine Reihe damals hochaktueller mathematischer Probleme. Für das spätere Lebenswerk beider Forscher war das Fruchtbarmachen der fusionierenden Kraft dieses Begriffes in den verschiedensten von ihnen bearbeiteten Gebieten der wichtigste Schlüssel zum Erfolg. KLEINS erster bedeutender Schritt in dieser Richtung war sein „Erlanger Programm" von 1872. Die grundlegende Idee dieses Programms ist die Einführung des Gruppenbegriffs als ordnendes und klassifizierendes Prinzip. Mit Hilfe dieses Begriffs wird erstmalig die Frage gestellt und beantwortet, was eine Geometrie ist, nämlich die Invariantentheorie bezüglich einer Gruppe. Der Ausgangspunkt ist ein projektiver Raum und die Gruppe aller projektiven Abbildungen darin. Die dadurch beschriebene Geometrie ist gewissermaßen die umfassendste. Spezialisierungen erhält man durch Auszeichnung von Gebilden und Einschränkung der Gruppe auf diejenige Untergruppe, welche die ausgezeichneten Gebilde festläßt. Die affine Geometrie ergibt sich z. B. durch Übergang zur Untergruppe aller derjenigen projektiven Abbildungen, welche die unendlich ferne Ebene festlassen. Wählt man im Raum eine F_2 als ausgezeichnetes Gebilde, so ergeben sich die verschiedenen Typen von metrischer Geometrie. Ist die F_2 nullteilig, erhält man eine elliptische Geometrie, ist sie oval, eine hyperbolische Geometrie, und ist sie geeignet ausgeartet, so kommt man zur gewöhnlichen euklidischen oder äquiformen Geometrie. Das Erlanger Programm hat auf die Entwicklung von Mathematik und Physik bis in unsere Tage einen weitreichenden Einfluß ausgeübt. KLEIN selbst hat nach der Schaffung der Relativitätstheorie durch EINSTEIN die Ideen des Erlanger Programms benutzt, um die Beziehungen zwischen den neuen Theorien und der klassischen Physik klarzustellen.

Seit seiner Erlanger Zeit, insbesondere aber in München und Leipzig, hat sich KLEIN mit funktionentheoretischen Untersuchungen befaßt. Seine erste wichtige Entdeckung auf diesem Gebiet war die Charakterisierung aller endlichen Untergruppen der Gruppe der linearen Transformationen einer komplexen Variablen z. Er erreichte dies durch Betrachtung einer Kugel, die den fünf Platonischen Körpern umbeschrieben ist, und die durch stereographische Projektion in die z-Ebene abgebildet wird. Drehungen der Kugel, die die Platonischen Körper in sich überführen, liefern Untergruppen G_{12}, G_{24} und G_{60} von 12, 24 und 60 Elementen. Die Gruppe G_{60} der Ikosaederdrehungen gewann entscheidende Bedeutung in KLEINS Theorie der Gleichungen 5. Grades, die er in seinem „Ikosaederbuch" ausgeführt hat [2].

KLEINS funktionentheoretische Arbeiten sind ganz im Sinne RIEMANNS von der geometrischen Anschauung geprägt. Er faßte die Riemannsche Fläche als beliebige zweiseitige geschlossene Fläche vorgegebenen Geschlechts auf, die mit leitfähiger Masse belegt gedacht wird. Aus den eindeutigen Potentialen auf der Fläche werden die algebraischen Funktionen und ihre Integrale aufgebaut (s. [9]). Mit seiner Auffassung und Weiterentwicklung der Riemannschen Ideen trug KLEIN wesentlich zur Herausbildung des Mannigfaltigkeitsbegriffes, eines Schlüsselbegriffes der modernen Mathematik, bei (s. [19]).

Wichtige Resultate erzielte KLEIN auf dem Gebiet der elliptischen Modulfunktionen. Auch hier dient ihm „die Gruppentheorie als ordnendes Prinzip im Wirrsal der Erscheinungen" [1, Bd. III, S. 3]. Gemeinsam mit R. FRICKE schuf KLEIN ein zweibändiges zusammenfassendes Werk [3] über die Modulfunktionen, welches auch heute noch für einen Einstieg in dieses Gebiet durch nichts zu ersetzen ist.

KLEIN selbst hat seine Ergebnisse auf dem Gebiet der automorphen Funktionen als den Höhepunkt seiner mathematischen Leistungen angesehen. Er betrachtete solche Gruppen Γ gebrochen-linearer Transformationen, bei denen die Systeme äquivalenter Punkte keine Kontinua sind. Eine unter Γ invariante eindeutige Funktion $f(z)$ heißt eine automorphe Funktion. Von besonderer Bedeutung sind die Grenzkreisgruppen. Sie sind dadurch charakterisiert, daß das Netz, welches aus ihrem Fundamentalbereich bei Wirkung der Gruppe hervorgeht, das Innere eines Kreises ausfüllt. Die wohl schönsten Resultate der Theorie der automorphen Funktionen sind die Kleinschen Uniformisierungssätze, z. B.: Es sei $f(z,w)$ ein irreduzibles Polynom in z und w über dem Körper der komplexen Zahlen. Dann erhält man im Falle, daß das Geschlecht der Riemannschen Fläche von $f(z,w) = 0$ größer als 1 ist, alle Lösungspaare von $f(z,w) = 0$ in der Form $z = g_1(t)$, $w = g_2(t)$, wo $g_1(t)$, $g_2(t)$ automorphe Funktionen unter einer Grenzkreisgruppe sind. KLEIN erzielte seine Resultate über automorphe Funktionen in einem intensiven wissenschaftlichen Wettstreit mit POINCARÉ. In den Jahren 1897–1912 schufen FRICKE und KLEIN eine über 1300 Seiten umfassende Standarddarstellung der Theorie der automorphen Funktionen [4].

KLEINS wissenschaftsorganisatorisches Wirken war vor allem darauf gerichtet, die

Mathematik wieder näher mit ihren Anwendungen zu verbinden. Er half auf diese Weise, tiefe Widersprüche zu überwinden, die sich in der Wissenschaftsentwicklung des 19. Jahrhunderts herausgebildet und mehr und mehr zugespitzt hatten. In der Zeit nach GAUSS hatte nämlich die reine Mathematik einen stürmischen Aufschwung erlebt, während die angewandte Mathematik im wesentlichen stagnierte. Eine besonders tiefe Kluft hatte sich gegen Ende des 19. Jahrhunderts zwischen den Mathematikern und den Vertretern der Technischen Wissenschaften aufgetan. Es gab eine (von Zeitgenossen so bezeichnete) „antimathematische Bewegung" der Ingenieure unter Führung des damaligen Rektors der TH Berlin-Charlottenburg A. RIEDLER. KLEIN erkannte die Gefahr, die für den Platz der Mathematik im Gesamtsystem von Wissenschaft und Kultur aus diesen Tendenzen resultierte. Bereits in seiner Leipziger Antrittsrede klingt das deutlich an. Er entwickelte dort auch erste Vorstellungen, wie der Gefahr zu begegnen sei. Nach dem Besuch der Weltausstellung in Chicago 1893 widmete er sich diesen Fragen mit großer Intensität. Um die Jahrhundertwende wurden nach jahrelangen Bemühungen auf seine Initiative hin und mit Unterstützung der Industrie in Göttingen leistungsfähige Forschungseinrichtungen für angewandte Physik und Mathematik ins Leben gerufen. KLEIN hat auch darauf hingewirkt, daß die Mathematiker an den Technischen Hochschulen in Lehre und Forschung den Bedürfnissen der technischen Wissenschaften mehr entgegenkamen. Eine wichtige Rolle bei der Integration von Mathematik und Anwendungen, beim Deutlichmachen der großen Potenzen der Mathematik für die Anwendungen, spielte ferner die „Encyklopädie der Mathematischen Wissenschaften", jenes Mammutprojekt des Teubner-Verlages, das durch KLEINS Initiative und im wesentlichen unter seiner Leitung von einem großen internationalen Autorenkollektiv realisiert wurde.

Große Verdienste erwarb sich KLEIN auf mathematisch-pädagogischem Gebiet, insbesondere bei der Lehrerweiterbildung und bei der Verbesserung des mathematischen Unterrichts an den höheren Schulen.

Entscheidend für den Erfolg von KLEINS organisatorischen Bestrebungen waren seine freundschaftlichen Beziehungen zu F. ALTHOFF, der 1882 als vortragender Rat in das preußische Kultusministerium berufen wurde und dort für 25 Jahre die Geschicke des preußischen Hochschulwesens bestimmte. Ein umfangreicher Briefwechsel zwischen KLEIN und ALTHOFF [12] bezeugt den bestimmenden Einfluß, den KLEIN zunehmend auf die Berufungspolitik in Preußen auf dem Gebiet der Mathematik ausübte. Dabei ließ er sich von Gesichtspunkten leiten, die auf eine harmonische Gesamtentwicklung der Mathematik abzielten. Die Art und Weise seiner Einflußnahme auf Berufungsfragen wird auch durch das auf den Seiten 220–225 abgedruckte Gutachten KLEINS deutlich, auf Grund dessen SOPHUS LIE sein Nachfolger in Leipzig wurde.

KLEIN zeichnete sich neben seinem außergewöhnlichen und vielseitigen Talent durch einen eisernen Willen und einen titanenhaften Fleiß aus. „Jede Minute war der systematischen Arbeit gewidmet ... Die Freuden des gewöhnlichen Menschen gönnte KLEIN sich nicht" [14, S. 772].

Literatur:
[1] KLEIN, F.: Gesammelte Mathematische Abhandlungen, Bd. I (Ed.: R. FRICKE; A. OSTROWSKI). Berlin: Springer-Verlag 1921; Bd. II (Ed.: R. FRICKE; H. VERMEIL). Berlin: Springer-Verlag 1922; Bd. III (Ed.: E. BESSEL-HAGEN; R. FRICKE; H. VERMEIL). Berlin: Springer-Verlag 1923.
[2] KLEIN, F.: Vorlesungen über das Ikosaeder und die Auflösung der Gleichungen vom fünften Grade. Leipzig: Teubner-Verlag 1884.

[3] KLEIN, F.: Vorlesungen über die Theorie der elliptischen Modulfunktionen, ausgearbeitet und vervollständigt von R. FRICKE, Bd. 1. Leipzig: Teubner-Verlag 1890; Bd. II. Leipzig: Teubner-Verlag 1892.
[4] FRICKE, R.; KLEIN, F.: Vorlesungen über die Theorie der automorphen Funktionen, Bd. 1. Leipzig: Teubner-Verlag 1897; Bd. II in drei Lieferungen. Leipzig: Teubner-Verlag 1901–1912.
[5] KLEIN, F.: Vorlesungen über Nicht-Euklidische Geometrie. Autographiert 1889/90. Buchausgabe: Berlin: Springer-Verlag 1928.
[6] KLEIN, F.: Vorlesungen über die Entwicklung der Mathematik im 19. Jahrhundert, Bd. 1. Berlin: Springer-Verlag 1926; Bd. II. Berlin: Springer-Verlag 1927. Neuausgabe in einem Band: Berlin, Heidelberg, New York: Springer-Verlag 1979.
[7] KLEIN, F.: Vorlesungen über die hypergeometrische Funktion. Autographiert 1893/94, Neuaufl. 1906. Buchausgabe: Berlin: Springer-Verlag 1933. Nachdruck: Berlin, Heidelberg, New York: Springer-Verlag 1981.
[8] KLEIN, F.: Elementarmathematik vom höheren Standpunkte aus. Autographiert, 3 Teile 1907–1911. Buchausgabe: Teil 1, 4. Aufl. Berlin: Springer-Verlag 1933; Teil 2, 3. Aufl. Berlin: Springer-Verlag 1925; Teil 3, 3. Aufl. Berlin: Springer-Verlag 1928. Nachdruck: Berlin: Springer-Verlag 1968.
[9] KLEIN, F.: Riemannsche Flächen. Autographiert 1892, 1906. Hrsg. und kommentiert (mit Anmerkungen und einer Biographie von KLEIN) von G. EISENREICH und W. PURKERT, TEUBNER-ARCHIV zur Mathematik, Bd. 5. Leipzig: Teubner-Verlag 1986.
[10] Cod. Ms. FELIX KLEIN (Nachlaß). Handschriftenabteilung der Niedersächsischen Staats- und Universitätsbibliothek Göttingen.
[11] Archiv der Karl-Marx-Universität Leipzig, PA 635.
[12] Zentrales Staatsarchiv Merseburg. Nachlaß ALTHOFF. Rep. 92, A. I.
[13] BURAU, W.; SCHOENEBERG, B.: Felix Klein. Dictionary of Scientific Biography, Vol. VII. New York: Scribner 1974, 396–400.
[14] COURANT, R.: Felix Klein. Die Naturwissenschaften 13 (1925) 37, 765–772.
[15] FREI, G.: Felix Klein (1849–1925) – A biographical sketch. Jahrbuch Überblicke Mathematik 1984, 229–254.
[16] GRAY, J.: Linear Differential Equations and Group Theory from Riemann to Poincaré. Boston: Birkhäuser 1986.
[17] KÖNIG, F.: Die Gründung des „Mathematischen Seminars" der Universität Leipzig. In: 100 Jahre Mathematisches Seminar der Karl-Marx-Universität Leipzig. Berlin: Deutscher Verlag der Wissenschaften 1981, 43–71.
[18] MANEGOLD, K.-H.: Universität, Technische Hochschule und Industrie. Ein Beitrag zur Emanzipation der Technik im 19. Jh. unter besonderer Berücksichtigung der Bestrebungen Felix Kleins. Berlin: Duncker & Humblot 1970.
[19] SCHOLZ, E.: Geschichte des Mannigfaltigkeitsbegriffes von Riemann bis Poincaré. Boston: Birkhäuser 1970.
[20] TOBIES, R.: Felix Klein. Leipzig: Teubner-Verlag 1981.
Verschiedene Einzelarbeiten über KLEIN von FRICKE, PRANDTL, SCHOENFLIES, SOMMERFELD, TIMERDING, VOSS und WIRTINGER finden sich in „Die Naturwissenschaften" 7 (1919) 17.

Sophus Lie

Lie gehört zu den großen richtungweisenden Mathematikern des vorigen Jahrhunderts. Die von ihm maßgeblich initiierte Verbindung algebraischer und topologischer Strukturen hat sich als außerordentlich fruchtbar erwiesen. Die Theorie der Lie-Gruppen und Lie-Algebren spielt heute nicht nur in der Mathematik, sondern auch in der Theoretischen Physik eine ganz bedeutende Rolle. LIES Beiträge zur Theorie der Differentialgleichungen, zur Differentialgeometrie und zu den Grundlagen der Geometrie gehören zum klassischen Bestand dieser mathematischen Disziplinen.

SOPHUS LIE wurde am 17. Dezember 1842 in Nordfjordeide am Eidsfjord als Sohn eines Pfarrers geboren. Nach dem Schulbesuch in Moss am Oslofjord kam er 1857 in die Hauptstadt Christiania (heute Oslo) auf die Lateinschule. Von 1859 bis 1865 studierte er Mathematik und Naturwissenschaften an der Universität Christiania. Nach dem Lehrerexamen im Jahre 1865 gab er einige Zeit mathematischen Privatunterricht, ohne daß bis dahin ein Drang zu eigenständiger mathematischer Forschung bei ihm spürbar geworden wäre. Erst 1868 begann er, angeregt von den Werken PONCELETS und vor allem PLÜCKERS, eigene mathematische Untersuchungen durchzuführen. Auf der Grundlage eines Reisestipendiums konnte LIE den Winter 1869/70 in Berlin und den Sommer 1870 in Paris verbringen. In dieser Zeit schloß er Freundschaft mit F. KLEIN und arbeitete mit diesem eng zusammen. Nach der Rückkehr nach Norwegen Ende 1870 wurde LIE Universitätsstipendiat. Im Sommer 1871 erfolgte seine Promotion, die in Norwegen mit der Habilitation verbunden war. Die Habilitationsschrift handelt u. a. von den Geraden-Kugel-Transformationen, die die Grundlage für die von LIE entdeckte Kugelgeometrie sind. 1872 wurde für LIE auf Beschluß des norwegischen Parlaments eine außerordentliche Professur an der Universität Christiania eingerichtet. War damit zwar eine auskömmliche äußere Stellung für LIE geschaffen, so befriedigte diese Position doch insofern nicht, als LIE fernab von den Zentren der Mathematik wirken mußte und an der Universität Christiania weder Schüler noch Kollegen fand, die auch nur entfernt Verständnis für seine Forschungen aufbringen konnten.

LIE konnte in dieser Stellung nun auch an die Gründung einer Familie denken; er heiratete 1874 ANNA BIRCH, die Tochter eines Oberzollbeamten. Aus der Ehe gingen ein Sohn und zwei Töchter hervor.

1886 wurde LIE Nachfolger KLEINS in Leipzig (vgl. Gutachten auf den Seiten 220-225). Er entfaltete hier eine rege Lehrtätigkeit, vor allem auf den von ihm neu geschaffenen mathematischen Gebieten, und zog eine ganze Reihe talentierter Schüler aus dem In- und Ausland an sich. 26 der 56 von 1887-1898 in Leipzig promovierten Mathematiker waren Schüler LIES (bei vier Ordinarien). 1889 erlitt LIE, durch Arbeitsüberlastung verursacht, einen nervösen Zusammenbruch, so daß er eine Nervenheilanstalt aufsuchen mußte. Wenn auch nach etwa einem Jahr seine Arbeitskraft wiederhergestellt war, so blieben doch Mißtrauen und Empfindlichkeit zurück, die in den Folgejahren den Umgang mit ihm z. T. schwierig gestalteten. Im Herbst 1898 kehrte LIE nach Norwegen zurück. Dort hatte man für ihn auf Beschluß des Parlaments einen hoch dotierten Lehrstuhl für „Theorie der Transformationsgruppen" eingerichtet. Aber bereits am 18. Februar 1899 erlag LIE einer schweren Krankheit, der perniciösen Anämie.

LIE hatte noch vor seinem Weggang aus Leipzig tatkräftig in die Diskussion um die Berufung seines Nachfolgers eingegriffen. Sein zu diesem Zweck verfaßtes Privatvotum, welches hier auf den Seiten 230-231 abgedruckt wird, ist ein schönes Beispiel für eine Berufungspolitik, die frei von jeder persönlichen Ambition die maximale Leistungsfähigkeit der Hohen Schulen zum Ziel hatte und die ein Garant für die hohe Effizienz des deutschen Hochschulwesens im letzten Drittel des vorigen Jahrhunderts war. Es gab den Ausschlag für die Berufung von O. HÖLDER nach Leipzig. Zum besseren Verständnis dieses Gutachtens sei noch folgendes erwähnt: Die Majorität der Fakultät, der LIE angehörte, schlug D. HILBERT und H. WEBER vor. Falls beide nicht zu gewinnen seien, wurde O. HÖLDER ins Auge gefaßt. SCHEIBNER und NEUMANN schlossen sich dem nicht an. In einem Separatvotum schlugen sie ENGEL vor, falls man die Liesche Richtung in Leipzig erhalten wolle. Desweiteren setzten sie sich mit großer Beredsamkeit für den Funktionentheoretiker M. KRAUSE ein, der an der TH Dresden wirkte.

Am Beginn der wissenschaftlichen Tätigkeit von LIE stand – wie bei KLEIN – das gründliche Studium des Werkes von PLÜCKER. Dessen Idee, als Grundelemente der Geometrie statt der Punkte Geraden oder Ebenen zu benutzen, allgemeiner die Individuen einer Kurven- oder Flächenschar, führte LIE 1868 auf den Begriff der Berührungstransformation. Dabei handelt es sich um folgendes: Man betrachtet einen R_{2n+1} mit den Koordinaten $(x_1, ..., x_n, z, p_1, ..., p_n) = (x, z, p)$. Eine Transformation $x'_i = X_i(x, z, p)$, $z' = Z(x, z, p)$, $p'_i = P_i(x, z, p)$ heißt eine Berührungstransformation, wenn sie die Pfaffsche Gleichung $dz - \sum_{i=1}^{n} p_i dx_i = 0$ invariant läßt. Im R_{n+1} gedeutet $\left(p_i = \frac{\partial z}{\partial x_i}\right)$ hat sie die Eigenschaft, daß sich berührende Flächen wieder in sich berührende Flächen übergehen. Allgemeiner geht jeder Elementverein wieder in einen Elementverein über. Eine spezielle von LIE entdeckte Berührungstransformation, die Geraden-Kugel-Transformation, besitzt die interessante Eigenschaft, die Asymptotenlinien einer Fläche auf die Hauptkrümmungslinien der Bildfläche abzubilden. Diese Eigenschaft nutzten LIE und KLEIN in ihrer gemeinsamen Arbeit über die Kummersche Fläche geschickt aus, um ihre Asymptotenlinien zu bestimmen. LIE wandte die Theorie der Berührungstransformationen insbesondere auf die Umformung von Differentialgleichungsproblemen an. Er war dadurch in der Lage, die bis dahin existierenden Integrationstheorien für partielle Differentialgleichungen 1. Ordnung neu zu fassen und Einsichten in die Tragweite der jeweiligen Methoden zu gewinnen.

Eine neue Integrationsmethode fand LIE durch die Verwertung des Begriffs der infinitesimalen Transformation (s. u.). Diese Methode führt die Integration einer beliebigen partiellen Differentialgleichung 1. Ordnung vom Typ $F(x_1, ..., x_n, p_1, ..., p_n) = 0$ darauf zurück, von einer linearen partiellen Differentialgleichung 1. Ordnung, von der man bereits eine Lösung kennt, eine weitere zu finden und eine partielle Differentialgleichung $F_1(x_1, ..., x_{n-1}, p_1, ..., p_{n-1}) = 0$ in $n-1$ Variablen zu integrieren. So kommt man schrittweise durch Verminderung der Variablenzahl bis zu einer gewöhnlichen Differentialgleichung.

Eine infinitesimale Transformation

$$\delta x_i = f_i(x_1, ..., x_n) \, \delta t \tag{1}$$

bildet den Punkt $(x_1, ..., x_n)$ auf $(x_1 + \delta x_1, ..., x_n + \delta x_n)$ ab. Sie läßt sich deuten als infinitesimale Verschiebung von $(x_1, ..., x_n)$ längs der Bahnkurve des Systems $\frac{dx_i}{dt} = f_i(x_1, ..., x_n)$; $i = 1, ..., n$. Die durch dieses System definierte einparametrige Gruppe S_t von Transformationen des R_n wird durch die infinitesimale Transformation (1) „erzeugt". LIE ordnet der infinitesimalen Transformation (1) das sogenannte Symbol $X(\cdot) = \sum_{i=1}^{n} f_i \frac{\partial}{\partial x_i}$ zu; $X(\varphi)$ ist gerade der „Zuwachs" von φ bei der infinitesimalen Transformation (1). Die oben erwähnte Integrationstheorie arbeitet dann vollständig mit den Symbolen, wobei Klammerausdrücke vom Typ $X(Y(\cdot)) - Y(X(\cdot)) = (X, Y)(\cdot)$ eine wichtige Rolle spielen.

LIES Hauptleistung ist die Theorie der von ihm so genannten „endlichen kontinuierlichen Transformationsgruppen", die er in einem großangelegten dreibändigen Werk – gemeinsam mit F. ENGEL verfaßt – niederlegte [2]. Dabei handelt es sich um Gruppen von Transformationen $x'_i = f_i(x_1, \ldots, x_n; a_1, \ldots, a_r)$, $i = 1, \ldots, n$, des R_n in sich, deren jedes Element durch ein Parametertupel $(a_1, \ldots, a_r)$ definiert ist; dabei soll $f_i(x_1, \ldots, x_n; 0, \overset{\bullet}{\ldots}, 0) = x_i$ sein. Solche Gruppen bezeichnet man heute als Lie-Gruppen; ihre moderne Definition ist ein wenig allgemeiner als die hier angegebene von LIE stammende Definition. LIE klärte den Zusammenhang zwischen einer solchen Gruppe und einem rein algebraischen Objekt, das von den infinitesimalen Transformationen der Gruppe gebildet wird und welches man heute als eine Lie-Algebra bezeichnet. Mittels dieses Zusammenhanges entwickelte er eine umfangreiche Theorie. Den Kern dieser Theorie bilden die folgenden drei Lieschen Fundamentalsätze I, II und III [2, Bd. III, Kap. 25]:

I. Bilden die Transformationen

$$x'_i = f_i(x_1, \ldots, x_n; a_1, \ldots, a_r) \tag{2}$$

eine Gruppe, so genügen die x' als Funktionen der a den Differentialgleichungen

$$\frac{\partial x'_i}{\partial a_k} = \sum_{j=1}^{r} \psi_{jk}(a_1, \ldots, a_r) \, \xi_{ji}(x'_1, \ldots, x'_n), \, i = 1, \ldots, n, \, k = 1, \ldots, r, \tag{3}$$

mit geeigneten Funktionen ψ_{jk}, ξ_{ji} und $\psi_{jk}(0, \ldots, 0) = \delta_{jk}$. Die durch $X_j(\cdot)$

$= \sum_{i=1}^{n} \xi_{ji}(x_1, \ldots, x_n) \frac{\partial}{\partial x_i}, j = 1, \ldots, r$, definierten infinitesimalen Transformationen sind linear unabhängig; der von ihnen aufgespannte r-dimensionale Vektorraum erzeugt in folgendem Sinne die Gruppe: Jedes Element der Gruppe (2) gehört genau einer derjenigen einparametrigen Gruppen an, deren zugehörige infinitesimale Transformation die Gestalt $\lambda_1 X_1 + \ldots + \lambda_r X_r$ mit konstanten λ_j hat.

Besitzt umgekehrt ein System der Form (3) Lösungen $f_i(x_1, \ldots, x_n; a_1, \ldots, a_r)$ mit den Anfangsbedingungen $f_i(x_1, \ldots, x_n; 0, \ldots, 0) = x_i$ bei beliebigen x_i, so bilden diese eine r-parametrige Gruppe. Die infinitesimalen Transformationen

$X_j(\cdot) = \sum_{i=1}^{n} \xi_{ji}(x_1, \ldots, x_n) \frac{\partial}{\partial x_i}$ bestimmen sich aus $X_j(\cdot) = \sum_{i=1}^{n} \frac{\partial f_i}{\partial a_j}\bigg|_{a_1 = \ldots = a_r = 0} \frac{\partial}{\partial x_j}$ und

erzeugen die Gruppe im oben angegebenen Sinn.

II. r linear unabhängige infinitesimale Transformationen $X_1, \ldots, X_r$ erzeugen dann und nur dann eine r-parametrige Gruppe, wenn gilt

$$(X_i, X_j) = \sum_{k=1}^{r} c_{ijk} X_k. \tag{4}$$

III. Sind $X_1, \ldots, X_r$ linear unabhängige Transformationen einer Gruppe, so gilt für die c_{ijk} aus II: $c_{ijk} + c_{jik} = 0$; $\sum_{l}(c_{ijl} c_{lhk} + c_{jhl} c_{lik} + c_{hil} c_{ljk}) = 0$. Erfüllen umgekehrt r^3 Konstanten c_{ijk} diese Bedingungen, so gibt es in einem R_n mit hinreichend großem n genau r linear unabhängige infinitesimale Transformationen $X_1, \ldots, X_r$, die (4) erfüllen und somit eine r-parametrige Gruppe erzeugen.

LIE selbst gab interessante Anwendungen seiner Theorie auf Differentialgleichungen und auf das Raumproblem (Riemann-Helmholtz-Liesches Raumproblem). Sein Ziel war es, für Differentiaigleichungen ein Analogon zur Galois-Theorie algebraischer Gleichungen zu finden. Das konnten E. PICARD und E. VESSIOT im Anschluß an LIE bis zu einem gewissen Grade erreichen. Abschließende Resultate erzielte J. F. POMMARET erst vor wenigen Jahren. Die Theorie der Lie-Algebren wurde von W. KILLING, E. CARTAN u. a. weiterentwickelt. In den zwanziger und dreißiger Jahren unseres Jahrhunderts entstand aus LIES Ansätzen heraus ein neues Teilgebiet der Mathematik, die topologische Algebra.

LIE erzielte auch bedeutende Ergebnisse in der Differentialgeometrie, insbesondere über Minimalflächen. Er hatte sich diesem damals viel bearbeiteten Gebiet um 1877 zeitweise zugewandt, als er besonders enttäuscht darüber war, daß seine neuen Ideen zur Integration von Differentialgleichungen und über Transformationsgruppen zunächst fast keine Resonanz bei den Mathematikern fanden.

LIE hatte als mathematischer Forscher eine Fülle von Ideen und genialen Intuitionen. Es fiel ihm jedoch schwer, sie in strenger Form zu fassen und anderen Mathematikern verständlich zu machen. Diese Aufgabe übernahm zu einem beträchtlichen Teil FRIEDRICH ENGEL (s. die folgende Biographie). ENGEL widmete LIE auch einen warmherzigen Nachruf, den er mit folgendem Satz einleitete: „Wenn die Erfinderkraft der wahre Maßstab für die Größe eines Mathematikers ist, so muß SOPHUS LIE unter die ersten Mathematiker aller Zeiten gerechnet werden" [6, S. XI].

Literatur

[1] LIE, S.: Gesammelte Abhandlungen, 7 Bde. Ed. F. ENGEL und P. HEEGARD. Leipzig/Oslo: Teubner-Verlag/H. Aschehoug & Co. 1922–1960.
[2] LIE, S.: Theorie der Transformationsgruppen, I. Leipzig: Teubner-Verlag 1888; II. Leipzig: Teubner-Verlag 1890; III. Leipzig: Teubner-Verlag 1893; Neudrucke I–III. Leipzig, Berlin: Teubner-Verlag 1930.
[3] LIE, S.: Vorlesungen über Differentialgleichungen mit bekannten infinitesimalen Transformationen. Ed. G. SCHEFFERS. Leipzig: Teubner-Verlag 1891.
[4] LIE, S.: Vorlesungen über continuirliche Gruppen mit geometrischen und anderen Anwendungen. Ed. G. SCHEFFERS. Leipzig: Teubner-Verlag 1893.
[5] Archiv der Karl-Marx-Universität Leipzig. PA 583 und PA 693.
[6] ENGEL, F.: Sophus Lie. Berichte über die Verhandlungen der königl.-sächs. Ges. d. Wiss. zu Leipzig. Math.-phys. Classe 51 (1899), XI–LXI.
[7] FREUDENTHAL, H.: Marius Sophus Lie. Dictionary of Scientific Biography, Vol. VIII. New York: Scribner 1973, 323–327.
[8] GÜNTHER, P.: Sophus Lie. In: 100 Jahre Mathematisches Seminar der Karl-Marx-Unversität Leipzig. Berlin: Deutscher Verlag der Wissenschaften 1981, 111–133.
[9] NOETHER, M.: Sophus Lie. Math. Ann. 53 (1900), 1–41.

Friedrich Engel

ENGEL war ein vielseitiger und kenntnisreicher Mathematiker. In die Mathematikgeschichte ist er vor allen Dingen durch seine großen Verdienste bei der Erschließung der Lieschen Ideenwelt für das breite mathematische Publikum eingegangen.

FRIEDRICH ENGEL wurde am 26. Dezember 1861 in Lugau bei Chemnitz als Sohn des dortigen Pfarrers geboren. 1865 wurde der Vater nach Greiz versetzt, und die Familie siedelte dorthin über. ENGEL besuchte in Greiz ab 1868 die Bürgerschule und von 1872–1879 das neu errichtete Gymnasium. Danach studierte er insgesamt sechs Semester Mathematik und Physik in Leipzig, unterbrochen von zwei Semestern an der Universität Berlin, wo er sich insbesondere mit der Weierstraßschen Funktionentheorie bekannt machte. Anfang 1883 bestand er in Leipzig das Staatsexamen für das höhere Lehramt; im Sommer desselben Jahres promovierte er mit einer Arbeit über Berührungstransformationen.

Im September 1884 wurde ENGEL, nachdem er in Dresden seiner einjährigen Militärpflicht genügt hatte, von KLEIN und MAYER nach Christiania geschickt, um LIE bei der Abfassung eines zusammenfassenden Werkes über Transformationsgruppen zu unterstützen. Wie erfreut LIE über eine solche Hilfe war, ersehen wir aus seinem ersten Brief an ENGEL, den wir hier auf den Seiten 226–229 zum Abdruck bringen. ENGEL schilderte später die Zusammenarbeit mit LIE in Christiania folgendermaßen: „Täglich zweimal kamen wir zusammen, Vormittags auf meiner, Nachmittags auf LIES Wohnung. Es wurde gleich eine vorläufige Redaktion einer Reihe von Kapiteln in Angriff genommen, die nach dem Plane, den LIE jetzt feststellte, in dem Werke enthalten sein sollten. Den Inhalt jedes einzelnen Kapitels entwickelte mir LIE in den mündlichen Besprechungen und gab mir dann als Anhalt für die Ausarbeitung eine kurze Skizze, gewissermassen ein Gerippe, das ich mit Fleisch und Blut überkleiden sollte. Auf diese Weise wurde mir zugleich die denkbar beste Einführung in seine Gruppentheorie zu Theil, von der ich bei meiner Ankunft in Kristiania nur äusserst dürftige Kenntnisse besessen hatte. Ich musste jeden Tag von Neuem staunen über die Grossartigkeit des Gebäudes, das LIE für sich allein erbaut und im Kopf hatte und von dem seine bisherigen Veröffentlichungen blos eine schwache Vorstellung gaben" [2, S.L]

LIE regte ENGEL auch zu eigenen Arbeiten an, so daß er sich nach seiner Rückkehr aus Norwegen im Sommer 1885 mit der Arbeit „Über die Definitionsgleichungen der continuirlichen Transformationsgruppen" in Leipzig habilitieren konnte. Die intensive gemeinsame Arbeit von LIE und ENGEL an der „Theorie der Transformationsgruppen" konnte sehr bald fortgesetzt werden, nachdem LIE 1886 als KLEINS Nachfolger nach Leipzig berufen worden war. Sie nahm ENGELS Arbeitskraft für mehrere Jahre voll in Anspruch; erschienen sind die drei voluminösen Bände 1888, 1890 und 1893 im Teubner-Verlag. LIE selbst würdigte im Vorwort zu Bd. III ENGELS Leistung mit folgenden Worten: „Er hat während dieser Zeit auch eine Reihe von wichtigen selbständigen Ideen entwickelt, hat aber in höchst uneigennütziger Weise darauf verzichtet, sie ausführlich und zusammenhängend darzustellen, ..., und hat seine Talente und die ganze freie Zeit, die ihm seine Vorlesungen übrig liessen, unausgesetzt der Aufgabe gewidmet, meine Theorien so ausführlich und vollständig, so systematisch, namentlich aber so *exact* darzustellen, wie nur irgend möglich. Durch diese selbstlose Wirksamkeit, die sich jetzt bereits über einen Zeitraum von neun Jahren erstreckt, hat er mich und ich glaube die ganze wissenschaftliche Welt zu höchstem Danke verpflichtet" [3, Bd. III, S. XXIV].

1889 wurde ENGEL zum außerordentlichen Professor an der Universität Leipzig ernannt. In seiner Antrittsrede versuchte er, die ordnende und systematisierende Funktion des Gruppenbegriffes in der Mathematik einem breiten Publikum zu erläutern. Was ENGEL damals gewissermaßen als ein ästhetisches Bedürfnis kennzeichnete, nämlich ähnlich wie in der Galoistheorie aus den Eigenschaften und Beziehungen mathematischer Strukturen heraus das Wesen einer Theorie zu erfassen, ist in einer Reihe von Teildisziplinen der modernen Mathematik realisiert.

1899 erhielt ENGEL die Berufung zum ordentlichen Honorarprofessor an der Leipziger Universität. Im gleichen Jahr heiratete er CAROLINE IBBEKEN, eine Pfarrerstochter aus Schwey (Oldenburg). Aus der Ehe ging eine Tochter hervor, die nach langer Krankheit im Alter von 19 Jahren starb. 1904 wurde ENGEL Ordinarius in Greifswald als Nachfolger seines Freundes E. STUDY. 1913 folgte er einem Ruf nach Gießen, wo er bis zu seiner Emeritierung 1931 als erfolgreicher akademischer Lehrer wirkte. Er starb am 29. September 1941 in Gießen.

ENGELS eigene wissenschaftliche Arbeiten bewegen sich hauptsächlich im Gedankenkreis LIES, indem sie dessen Schöpfungen weiter ausbauen und vertiefen, an manchen Stellen vereinfachen und durch exakte Beweise sichern. Er bearbeitete auch eine Reihe von interessanten Sonderfällen und Anwendungen von LIES allgemeinen Theorien. Besonders hervorzuheben sind seine Arbeiten zur Invariantentheorie von Systemen Pfaffscher Gleichungen, über Elementvereine und höhere Differentialquotienten (in denen er zeigt, daß die Differentialinvarianten jeder projektiven Gruppe auf gewöhnliche Invarianten einer projektiven Gruppe in einem geeigneten höherdimensionalen Raum zurückgeführt werden können), über die Integrale der klassischen Mechanik und das n-Körperproblem (die zehn allgemeinen Integrale werden nach Lieschen Prinzipien aus der Tatsache hergeleitet, daß die Differentialgleichungen der Mechanik die Galilei-Gruppe gestatten) und über partielle Differentialgleichungen 1. Ordnung. Über letzteres Thema wollte LIE selbst eine zusammenfassende Darstellung seiner Integrationstheorien schreiben, was aber unterblieben ist. ENGELS Buch [1] füllt diese Lücke aus. Als von STUDY berechtigte Kritk an LIES Invariantentheorie der r-parametrigen kontinuierlichen Gruppen geübt wurde, hat ENGEL die fehlerhaften Punkte korrigieren können. Auch zur Flächentheorie leistete er eine Reihe von Beiträgen.

ENGEL erwarb sich hervorragende Verdienste bei der Herausgabe der Werke anderer Mathematiker. An erster Stelle steht hier die mustergültige Ausgabe von LIES Gesammelten Abhandlungen. 6 Bände erschienen zu ENGELS Lebzeiten; den siebenten Band (Arbeiten aus dem Nachlaß) hinterließ ENGEL bei seinem Tode druckfertig (erschienen 1960). Durch die über 1 000 Seiten Erläuterungen und Anmerkungen hat ENGEL auch bei dieser Gesamtausgabe den Mathematikern das Eindringen in LIES Schöpfungen wesentlich erleichtert. Mit derselben Akribie unterzog sich ENGEL den aufwendigen Arbeiten bei der Herausgabe der Gesammelten Werke von H. GRASSMANN und der Bände 11 und 13 der Series I von EULERS „Opera omnia".

Auch als Mathematikhistoriker machte sich ENGEL einen Namen. Gemeinsam mit P. STÄCKEL publizierte er 1895 unter dem Titel „Die Theorie der Parallellinien von Euklid bis auf Gauß" eine Quellensammlung zur Vorgeschichte der nichteuklidischen Geometrie. Er unternahm eigene Forschungen zum Werk LOBATSCHEWSKIS, übersetzte zwei Arbeiten LOBATSCHEWSKIS aus dem Russischen und gab sie, mit Kommentaren und einer Biographie LOBATSCHEWSKIS versehen, heraus.

Wenn LIE in seinem auf den Seiten 230–231 abgedruckten Gutachten betonte, daß andere Mathematiker in bezug auf originale Beiträge zu seinen Theorien erfolgreicher gewesen sind als ENGEL, so hatte er damit zweifellos recht. ENGELS Beitrag, seine Mittlerrolle zwischen genialer Intuition in einem Kopfe und verständlicher Darstellung für das breite mathematische Publikum ist in seiner Wirkung schwer zu messen. Bei der ungeheuren Differenzierung der Mathematik kommt solchen zusammenfassenden und interpretierenden Beiträgen jedoch eine ständig wachsende Bedeutung zu, was sehr stark schöpferische Mathematiker bisweilen unterschätzen. Wenn wir also LIES Werk im Verlaufe der neueren Entwicklung der Mathematik und Physik immer deutlicher als eine zentrale Leistung der Mathematik im 19. Jahrhundert erkennen, so wollen wir dabei auch der Rolle ENGELS dankbar gedenken.

Literatur:
[1] ENGEL, F.; FABER, K.: Die Liesche Theorie der partiellen Differentialgleichungen 1. Ordnung. Leipzig, Berlin: Teubner-Verlag 1932.
[2] ENGEL, F.: Sophus Lie. Berichte über die Verhandlungen der Königl.-Sächs. Ges. d. Wiss. zu Leipzig. Math.-phys. Classe 51 (1899), XI–LXI.
[3] LIE, S.: Theorie der Transformationsgruppen (Unter Mitwirkung von F. ENGEL), I. Leipzig: Teubner-Verlag 1888; II. Leipzig: Teubner-Verlag 1890; III. Leipzig: Teubner-Verlag 1893; Neudrucke I–III. Leipzig, Berlin: Teubner-Verlag 1930.
[4] Archiv der Karl-Marx-Universität Leipzig. PA 436.
[5] PURKERT, W.: Zum Verhältnis von Sophus Lie und Friedrich Engel. Wiss. Zeitschrift der Ernst-Moritz-Arndt-Universität Greifswald, Math.-naturwiss. Reihe 33 (1984) 1/2, 29–34.
[6] SCRIBA, C. J.: Friedrich Engel. In: Gießener Gelehrte in der ersten Hälfte des 20. Jahrhunderts. Ed. H. G. GUNDEL, P. MORAW, V. PRESS. Marburg 1982, 212–223.
[7] ULLRICH, E.: Friedrich Engel. Ein Nachruf. Nachr. der Gießener Hochschulgesellschaft 20 (1951), 139–154. ULLRICH ergänzt in diesem Artikel das Schriftenverzeichnis von ENGEL in: Deutsche Mathematik 3 (1938), 701–719.

Felix Hausdorff

HAUSDORFF gilt als Begründer der Theorie der topologischen Räume. Er leistete grundlegende Beiträge zur Mengenlehre, Analysis und allgemeinen Topologie und bereicherte darüber hinaus die Mathematik auf den verschiedensten Gebieten um viele wertvolle Einzelresultate.

FELIX HAUSDORFF wurde am 8. November 1868 in Breslau als Sohn eines wohlhabenden Kaufmanns geboren. 1871 siedelte die Familie nach Leipzig über. HAUSDORFF besuchte hier eine Bürgerschule und von 1878–1887 das Nicolai-Gymnasium. Von 1887–1891 studierte er in Leipzig Mathematik und Naturwissenschaften, unterbrochen durch je ein Semester in Freiburg und Berlin. Neben seinen mathematisch-naturwissenschaftlichen Studien interessierte sich HAUSDORFF auch für Philosophie und Kunst sowie für sozialpolitische Fragen. Unter dem Einfluß von H. BRUNS, dem Direktor der Leipziger Sternwarte, wandte er sich der Astronomie und der angewandten Mathematik zu. 1891 promovierte er unter BRUNS mit einer astronomischen Arbeit. Von Februar 1893 bis Februar 1895 war HAUSDORFF als Rechner an der Universitätssternwarte angestellt. 1895 habilitierte er sich in Leipzig mit der Schrift „Über die Absorption des Lichtes in der Atmosphäre" und begann seine Tätigkeit als Privatdozent. In seiner durch das Vermögen des Vaters finanziell unbeschwerten Privatdozentenzeit ging er auch vielfältigen außermathematischen Interessen nach. Er verkehrte mit Künstlern und Schriftstellern, u. a. mit MAX KLINGER, und veröffentlichte unter dem Pseudonym PAUL MONGRÉ Gedichte und Aphorismen, ein (später erfolgreich aufgeführtes) Lustspiel und einen philosophisch-erkenntnistheoretischen Essay unter dem

Titel „Das Chaos in kosmischer Auslese". 1899 heiratete er CHARLOTTE GOLDSCHMIDT; aus der Ehe ging eine Tochter hervor.

Hatte sich HAUSDORFF bis zur Jahrhundertwende hauptsächlich mit Astronomie und Wahrscheinlichkeitstheorie beschäftigt, so begann ihn ab etwa 1900 die Cantorsche Mengenlehre zu fesseln. Dieser Interessenumschwung ist vermutlich auf CANTORS persönlichen Einfluß zurückzuführen, worauf die Widmung in HAUSDORFFS Hauptwerk [1] hindeutet. Ein Brief CANTORS an HILBERT vom 8. August 1907 [6, Bl. 55/56] zeigt, daß er HAUSDORFF zu Forschungen über Ordnungstypen angeregt hat, mit deren Resultat er außerordentlich zufrieden war. HAUSDORFF hat auch bereits 1901 in Leipzig eine Vorlesung über Mengenlehre gehalten (s. S. 234); das Manuskript ist in seinem Nachlaß in Bonn noch vorhanden [4, S.65]. Es war dies vermutlich überhaupt die erste Vorlesung über Mengenlehre, denn CANTOR selbst hat zwar in Halle in den mehr als 40 Jahren seiner Lehrtätigkeit über ein ungeheuer breites Spektrum Vorlesungen gehalten, jedoch nie über Mengenlehre.

Im Dezember 1901 wurde HAUSDORFF zum außerordentlichen Professor an der Universität Leipzig berufen. Das Gutachten der Fakultät entwarf H. BRUNS; es ist hier auf den Seiten 231–233 abgedruckt. Bemerkenswert ist der Zusatz des Dekans über das Abstimmungsergebnis in der Fakultät: 7 Gegenstimmen, nur weil HAUSDORFF Jude war. So liegt schon über dem Beginn seiner Laufbahn der Schatten jenes unseligen Antisemitismus, der ihn – von einem verbrecherischen System zum Vorwand für millionenfachen Mord genommen – schließlich in den Tod trieb. HAUSDORFFS Antrittsvorlesung, die er erst am 4. Juli 1903 hielt, widmet sich dem viel diskutierten Raumproblem. Er analysiert es von einem allgemeinen, Mathematik, Physik, Philosophie und Psychologie verknüpfenden Standpunkt. Die am Beginn von HAUSDORFFS Anmerkungen zu seiner Antrittsvorlesung (vgl. Seite 102 dieses Bandes) angekündigte ausführliche Abhandlung über Raum und Zeit ist nie erschienen; im Nachlaß findet sich ein Fragment dazu von 68 Seiten Umfang.

1910 ging HAUSDORFF als Extraordinarius nach Bonn. 1913 wurde er zum ordentlichen Professor an die Universität Greifswald berufen. Von dort ging er 1921 wieder nach Bonn, wo er bis zu seiner Zwangsemeritierung im Jahre 1935 wirkte. Bis 1938 konnte HAUSDORFF noch veröffentlichen, dann war ihm auch dies verwehrt. In der Zeit wachsenden Terrors suchte er Zuflucht und Halt in seiner Wissenschaft. Es entstand noch eine Reihe von Arbeiten, die z.T. 1969 aus dem Nachlaß publiziert worden sind [3]. Als schließlich die Deportation in ein Vernichtungslager drohte, nahm sich HAUSDORFF am 26. Januar 1942 das Leben, gemeinsam mit seiner Frau und deren Schwester.

HAUSDORFFS bedeutendstes und einflußreichstes Werk sind die 1914 erschienenen „Grundzüge der Mengenlehre" [1]. Dank mustergültiger Systematik, Klarheit und formvollendeter Darstellung wurde es rasch zum Standardwerk, welches vielen Mathematikern den Zugang zu CANTORS Theorien eröffnete. Zugleich enthielt es HAUSDORFFS ureigenste Schöpfungen: die Definition des topologischen Raumes mittels des Umgebungsbegriffs und darauf aufbauend eine vollständige Theorie der topologischen und metrischen Räume. Damit hat das Buch auch auf das Aufblühen der allgemeinen Topologie nach dem ersten Weltkrieg einen bestimmenden Einfluß ausgeübt. Eine zweite Auflage erschien, faktisch als neues Buch, 1927 unter dem Titel „Mengenlehre" [2], eine dritte, durch viel neues Material erweitert, 1935.

Von HAUSDORFFS eigenen Beiträgen zur allgemeinen Mengenlehre sind besonders seine Arbeiten über Ordnungstypen, sein Maximumprinzip, das sogenannte Hausdorffsche Paradoxon sowie sein Beweis der Kontinuumhypothese für Borelmengen hervorzuheben. So charakterisierte er im Rahmen seiner Arbeiten über Ordnungstypen die Typenklasse zur Kardinalzahl $\aleph_0$ als den kleinsten Ring, der die Typen 1, ω, ω^*, η enthält. Dabei heißt ein System von Ordnungstypen nach HAUSDORFF ein Ring, wenn es abgeschlossen bezüglich Addition und bezüglich der Einsetzung von irgendwelchen Typen des Systems anstelle der Elemente einer repräsentierenden Menge eines gegebenen Typus des Systems ist (die Multiplikation von Ordnungstypen ist z.B. ein Spezialfall der Einsetzungsoperation; hier sind alle eingesetzten Typen gleich). Das Maximumprinzip [1, S.140] behauptet die Existenz maximaler geordneter Teilmengen in einer halbgeordneten Menge; es ist zum Wohlordnungssatz äquivalent. Als Hausdorffsches Paradoxon bezeichnet man folgenden Satz: Es ist möglich, die Einheitssphäre S des R_3 disjunkt in vier Mengen A, B, C, D so zu zerlegen, daß D abzählbar ist und A, B, $B \cup C$ im elementargeometrischen Sinne kongruent sind. Aus diesem Resultat folgt, daß man im R_3 nicht auf allen beschränkten Mengen ein additives normiertes Maß definieren kann. Für die mengentheoretische Diskussion besonders relevant war die Tatsache, daß man zum Beweis des Hausdorff-Paradoxons das Auswahlprinzip benötigt.

Für den Beweis der Kontinuumhypothese, daß die Mächtigkeit $\aleph_1$ der zweiten Zahlklasse mit der Mächtigkeit c des Kontinuums übereinstimmt, hatte CANTOR u. a. folgende Strategie im Auge: Die Kontinuumhypothese wäre bewiesen, wenn es gelänge, in jeder überabzählbaren Punktmenge perfekte Teilmengen zu konstruieren (eine perfekte Menge hat nämlich die Mächtigkeit c). Für abgeschlossene Mengen leistet das der Satz von Cantor-Bendixson. Für Borel-Mengen bewies das HAUSDORFF 1916. Die Weiterverfolgung dieses Weges führte zur Entwicklung der sogenannten deskriptiven Mengenlehre; er kann allerdings, wie wir inzwischen wissen, nicht zur Lösung des Kontinuumproblems führen.

Hausdorff-Maß und Hausdorff-Dimension spielen heute nicht nur in der Mathematik, sondern auch in der Physik bis hin zu den Anwendungen in der physikalischen Chemie eine bedeutende Rolle. Das Hausdorff-Maß einer Menge $M \subseteq R_n$ (oder allgemeiner eines metrischen Raumes) ist für beliebige nichtnegative reelle „Dimension" k folgendermaßen definiert:

$$\mu^k(M) = \lim_{\varepsilon \to 0} \mu_\varepsilon^k(M); \quad \mu_\varepsilon^k(M) = \inf_{M \subseteq \bigcup_l K_l} \sum_l \delta^k(K_l).$$

K_l, $l = 1, 2, \ldots$, sind Kugeln vom Durchmesser $< \varepsilon$; $\delta^k(K)$, der sogenannte k-dimensionale Durchmesser der Kugel K, ist gleich $2(\sqrt{\Pi}\, r)^k / \Gamma\left(\dfrac{k+2}{2}\right)$; r ist der gewöhnliche Radius der Kugel. (Für $k = 2$ z.B. hat man ein Flächenmaß.) Als Hausdorff-Dimension von M bezeichnet man die obere Grenze aller k, für die $\mu^k(M) > 0$ ist.

Wichtige Beiträge zur Analysis sind das Hausdorffsche Limitierungsverfahren, welches die Limitierungsmethoden von CESÀRO, HÖLDER und EULER/KNOPP als Spezialfälle enthält, die Verallgemeinerung des Riesz-Fischer-Theorems auf die Räume L^p sowie die Herleitung notwendiger und hinreichender Bedingungen dafür, daß eine Folge $\{\mu_n\}$ Momentenfolge einer auf [0,1] gegebenen Verteilung ist.

HAUSDORFFS topologische Arbeiten behandeln zu einem größeren Teil Probleme der

Erweiterung von Abbildungen in metrischen Räumen, z. B: Ist F eine abgeschlossene Teilmenge eines metrischen Raumes E und wird auf F die Metrik geändert, ohne die Topologie zu ändern, so kann die neue Metrik auf ganz E unter Beibehaltung der alten Topologie erweitert werden.

In der Algebra stammt die symbolische Exponentialformel von HAUSDORFF, in der Wahrscheinlichkeitstheorie die Benutzung von Semiinvarianten in den heute nach GRAM und CHARLIER benannten Reihen. HAUSDORFF hat auch nicht geringe Mühe darauf verwandt, für eine Reihe von bekannten Sätzen vereinfachte und besonders durchsichtige Beweise zu liefern.

Literatur:

[1] HAUSDORFF, F.: Grundzüge der Mengenlehre. Leipzig: Veit & Co. 1914. Reprint: New York: Chelsea 1949, 1965.
[2] HAUSDORFF, F.: Mengenlehre. Leipzig, Berlin: W. de Gruyter & Co. 1927, erw. Ausg. 1935. Reprint: New York 1945. Engl. Übers.: New York 1957, 1962.
[3] HAUSDORFF, F.: Nachgelassene Schriften. Ed. G. BERGMANN. Stuttgart: Teubner-Verlag 1969.
[4] Felix Hausdorff zum Gedächtnis. Jahresber. der DMV 69 (1967), 51–76 (mit Beiträgen von M. DIERKESMANN, G. G. LORENTZ, G. BERGMANN und H. BONNET).
[5] Archiv der Karl-Marx-Universität Leipzig. PA 547.
[6] Cod. Ms. DAVID HILBERT, Nr. 54. Niedersächsische Staats- und Universitätsbibliothek Göttingen, Handschriftenabteilung.
[7] GIRLICH, H.-J.: Felix Hausdorff und die angewandte Mathematik. In: 100 Jahre Mathematisches Seminar der Karl-Marx-Universität Leipzig. Berlin: Deutscher Verlag der Wissenschaften 1981, 134–146.
[8] KATETOV, M.: Felix Hausdorff. Dictionary of Scientific Biography, Vol. VI. New York: Scribner 1972, 176–177.
[9] KRULL, W.: Felix Hausdorff 1868–1942. In: 150 Jahre Universität Bonn, Bd. 2. Bonn 1970, 54–69.
[10] MEHRTENS, H.: Felix Hausdorff. Ein Mathematiker in seiner Zeit. Bonn: Universität Bonn, Mathematisches Institut, 1980.

Heinrich Liebmann

LIEBMANNS Hauptverdienste liegen auf dem Gebiet der axiomatischen Begründung sowohl der nichteuklidischen als auch der synthetischen Geometrie. Er leistete bedeutende Beiträge zur Differentialgeometrie, insbesondere zur Theorie der Verbiegung von Flächen.

HEINRICH LIEBMANN wurde am 22. Oktober 1874 in Straßburg als Sohn des Philosophieprofessors OTTO LIEBMANN geboren. 1882 wurde der Vater nach Jena berufen. Dort besuchte LIEBMANN von 1883 bis 1892 das Gymnasium. Anschließend studierte er fünf Semester Mathematik in Leipzig, wo ihn besonders CARL NEUMANN, der ein Freund seines Vaters war, förderte. NEUMANN hat ihn sogar privat in Differential- und Integralrechnung unterrichtet. Von Michaelis 1894 an studierte LIEBMANN bei K. J. THOMAE, wo er 1895 mit einer Arbeit aus der synthetischen Geometrie promovierte. 1896 bestand er das Staatsexamen für das höhere Lehramt. LIEBMANN wandte sich anschließend nach Göttingen, um seine mathematische Bildung zu vervollkommnen. Von Herbst 1897 bis Herbst 1898 war er Assistent bei FELIX KLEIN und arbeitete dessen Mechanik-Vorlesung aus. Viele Anregungen erhielt LIEBMANN auch von HILBERT, wie er in seinem zur Habilitation eingereichten Lebenslauf betonte [5, Bl. 2]. LIEBMANN habilitierte sich am 27. Oktober 1899 in Leipzig mit einer Schrift zum Thema „Über die Verbiegung der geschlossenen Flächen positiver Krümmung". Über seine anschließende Tätigkeit als Privatdozent gibt uns das Gutachten für die Berufung LIEBMANNS zum außerordentlichen Professor Auskunft, welches C. NEUMANN entworfen hat (Abdruck auf den Seiten 234–236). Die Berufung zum Extraordinarius in Leipzig erfolgte 1905. In seiner Antrittsrede „Notwendigkeit und Freiheit in der Mathematik" vom 25. Februar 1905 will LIEBMANN zeigen, daß die Mathematik „nicht das starre, kalte Marmorbild ist, sondern ein lebendiges Geschöpf, in dessen Adern ein frisches Blut pulsiert".

Von 1910 bis 1920 wirkte er als außerordentlicher Professor an der TH München. 1913 hatte er NATALIE KRAUS geheiratet, die bereits 1924 verstarb. 1926 ging LIEBMANN eine zweite Ehe mit HELENE EHLERS ein. Er hatte zwei Töchter aus der ersten und zwei Söhne aus der zweiten Ehe.

1920 wurde LIEBMANN zum Ordinarius nach Heidelberg berufen. Er entfaltete dort eine allseits anerkannte akademische Tätigkeit, bis auch ihn 1934 die Woge der rassistischen Hetze erreichte. 1935 ließ er sich aus Gesundheitsgründen pensionieren; M. PINL spricht zu Recht von einer Zwangspensionierung [7]. 1936 zog sich LIEBMANN nach München-Solln zurück, wo er am 12. Juni 1939 starb.

Bereits in seiner Habilitationsschrift löste LIEBMANN ein seit langem offenes Problem: Er bewies, daß geschlossene konvexe Flächen (mit gewissen Glattheitsbedingungen), sogenannte Ovaloide, nicht verbogen werden können. Den Satz selbst hatte F. MINDING bereits 1838 ausgesprochen. LIEBMANN führte den Nachweis indirekt unter Benutzung Liescher Begriffe: Er nahm an, ein Ovaloid gestatte infinitesimale Verbiegungen ohne Zerrung und zeigte, daß dann Flächen mit widersprüchlichen Eigenschaften existieren müssen. In einer 1901 in den „Mathematischen Annalen" veröffentlichten Arbeit hat er einen zweiten verbesserten Beweis angegeben, der aber auf derselben Grundidee beruht. In weiteren Arbeiten ist LIEBMANN des öfteren auf spezielle Fragen der Flächenverbiegung zurückgekommen; z. B. hat er Untersuchungen zur Verbiegung von Rotationsflächen angestellt. Er sprach auch 1920 die Vermutung aus, daß mit einem Loch versehene Ovaloide verbiegbar sind. Für infinitesimale Verbiegungen bewies das 1927 S. COHN-VOSSEN, für beliebige stetige Verbiegungen 1951 einer der Herausgeber dieses Bandes [6].

Nachdem LIEBMANN schon einige Einzeluntersuchungen zur nichteuklidischen Geometrie veröffentlicht hatte, erschien 1905 sein Buch „Nichteuklidische Geometrie" [2]. Ihm ging es hierin einerseits um die axiomatische Begründung, wobei er einen Teilbereich des Hilbertschen Axiomensystems verwendete, andererseits darum, „das elementare konstruktive Element, die ursprüngliche Quelle der nichteuklidischen Geometrie, möglichst in den Vordergrund zu stellen". Das Buch wurde ein großer Erfolg und erlebte drei Auflagen. LIEBMANN hat darüber hinaus eine ganze Reihe weiterer Arbeiten zur nichteuklidischen Geometrie, insbesondere zu ihren konstruktiven Aspekten, publiziert. Ähnliche Grundsätze wie bei seinem Buch über nichteuklidische Geometrie verfolgte er auch in seiner „Synthetischen Geometrie" [3] aus dem Jahre 1934.

Weitere geometrische Untersuchungen LIEBMANNS betreffen Berührungstransformationen, Charakteristikentheorie partieller Differentialgleichungen und Kurven 4. Ordnung. Er leistete auch Beiträge zum Blaschkeschen Programm, welches in der Übertragung der Ideen von KLEINS Erlanger Programm auf die Differentialgeometrie besteht.

In diesem Rahmen untersuchte Liebmann die affinen Möbiusschen und Laguerreschen Transformationsgruppen (s. Seite 208).

In seiner Münchener Zeit an der TH wandte sich LIEBMANN auch praktischen Fragen zu. In der Zeitschrift für das Turbinenwesen veröffentlichte er zwei Untersuchungen über den Wasserstoß in Rohrleitungen, ein für die Dimensionierung von Leitungsnetzen äußerst wichtiges Problem. Er befaßte sich ferner mit der Theorie der Fachwerke.

Große Verdienste erwarb sich LIEBMANN als Lehrbuchautor sowie als Herausgeber bzw. Übersetzer mathematischer Werke. Neben den bereits genannten geometrischen Büchern verfaßte er noch als Privatdozent ein Lehrbuch über Differentialgleichungen [1]. In diesem Werk wird besonders die geometrische Seite der Theorie hervorgehoben. Er beteiligte sich auch an der deutschen Herausgabe des Serretschen Lehrbuchs der Differential- und Integralrechnung (1899). In „Ostwalds Klassikern" gab er die berühmten Arbeiten von DIRICHLET über trigonometrische Reihen sowie die von SEIDEL über Reihen, die unstetige Funktionen darstellen, heraus.

LIEBMANN sprach vorzüglich Russisch, eine damals für Mathematiker ziemlich exklusive Sprache. Er übersetzte LOBATSCHEWSKIS Pangeometrie ins Deutsche, ebenso MARKOWS berühmtes Buch über Wahrscheinlichkeitsrechnung. Dadurch wurden die bedeutenden neuen Ideen MARKOWS in Westeuropa bekannt. Aus dem Italienischen übersetzte LIEBMANN das Buch von BONOLA über nichteuklidische Geometrie. Er versah es mit zahlreichen Anmerkungen und Kommentaren. Unter den deutschen Mathematikern wurde das Werk als BONOLA-LIEBMANN weithin bekannt.

Sicher ist es den Zeitumständen im Jahre 1939 anzulasten, daß es auf H. LIEBMANN nicht einmal einen Nachruf gibt. Wir haben lediglich eine Grußadresse der Heidelberger Akademie zu seinem 60. Geburtstag (mit Schriftenverzeichnis) [4]; auf Seite VI heißt es dort u. a.: „Mit dem anerkannten Forscher und dem zuverlässigen Freunde, der in jeder Lage vorbildlich die Treue bewahrt, beglückwünschen die Schüler den Lehrer, den sie mit bewunderndem Stolz und in unerschütterlicher Gegentreue ihren Meister nennen, der sie durch seine anregenden, durch Schlichtheit der Form und echt Liebmannsche Prägung ausgezeichneten Vorlesungen für die Wissenschaft begeistert hat."

Literatur:
[1] LIEBMANN, H.: Lehrbuch der Differentialgleichungen. Leipzig: Veit & Co. 1900.
[2] LIEBMANN, H.: Nichteuklidische Geometrie. Leipzig: Göschen 1905, 1912, 1923.
[3] LIEBMANN, H.: Synthetische Geometrie. Leipzig: Teubner-Verlag 1934.
[4] Heinrich Liebmann zum 60. Geburtstag. Sitzungsber. der Heidelberger Akademie der Wissenschaften 1934, V-XII.
[5] Archiv der Karl-Marx-Universität Leipzig. PA 694.
[6] BECKERT, H.: Über die Verbiegung von Flächenstücken positiver Krümmung und einige Bemerkungen zum Verhalten der Lösungen partieller Differentialgleichungen im Übergangsgebiet. Math. Nachrichten 5 (1951) 2, 123-128.
[7] KIRSCHNER, G.: Heinrich Liebmann. Neue Deutsche Biographie, Bd. 14. Berlin: Duncker & Humblot 1985, 508.
[8] PINL, M.: Kollegen in einer dunklen Zeit, Teil III. Jahresber. der DMV 73 (1972), 153-208.

Wilhelm Blaschke

BLASCHKE gilt als einer der führenden Geometer des 20. Jahrhunderts. Er verband einen ausgeprägten Sinn für konkrete geometrische Probleme, wie man ihn im Werk JACOB STEINERS findet, mit der exzellenten Beherrschung des analytischen Kalküls. In zahlreichen Büchern hat er seine Ideen für ein breites mathematisches Publikum dargestellt. Stets offen für die Zusammenarbeit mit Kollegen und Schülern, begründete BLASCHKE eine einflußreiche geometrische Schule.

WILHELM BLASCHKE wurde am 13. September 1885 in Graz geboren. Sein Vater war an der dortigen Landesoberrealschule Professor für darstellende Geometrie. Nach dem Besuch des Grazer Gymnasiums studierte BLASCHKE zunächst vier Semester Bauingenieurwesen an der Technischen Hochschule seiner Vaterstadt, danach an der Universität Graz zwei Semester Mathematik. Dieses Studium setzte er bei WIRTINGER in Wien fort mit dem Ziel, Lehrer für Mathematik und darstellende Geometrie an einer höheren Schule zu werden. 1907 legte er die entsprechende Lehramtsprüfung ab. Nach der 1908 erfolgten Promotion ermöglichte ihm ein Stipendium, seine Studien an verschiedenen Universitäten fortzusetzen und so seinen Gesichtskreis wesentlich zu erweitern. Er wandte sich zunächst zu E. STUDY nach Bonn. Danach lernte er bei L. BIANCHI in Pisa die Denkweise der italienischen geometrischen Schule kennen. Schließlich wurde er in Göttingen bei KLEIN in die Ideen des Erlanger Programms eingeführt, die ihm später Richtschnur für seine Arbeiten zur Differentialgeometrie wurden. Er habilitierte sich im Oktober 1910 in Bonn, wo er dann „bei einer Flasche guten Moselweins zum Privatdozenten erhoben" wurde [8, S. 113]. Von 1911 bis zum Wintersemester 1912/13 wirkte BLASCHKE als Privatdozent in Greifswald, wo ihn F. ENGEL mit den Ideen LIES vertraut machte. 1913 erhielt er einen Ruf als Extraordinarius nach Prag, von wo er 1915 ebenfalls als Extraordinarius an die Universität Leipzig berufen wurde. In seinem Gutachten zur Berufung BLASCHKES nach Leipzig (S. 236–237) betonte O. HÖLDER, daß in jeder seiner ideenreichen Arbeiten eine wesentliche Frage zum Abschluß gebracht worden ist. In seiner am 15. Mai 1915 gehaltenen Antrittsrede „Kreis und Kugel" erläutert BLASCHKE sehr anschaulich die Beweise für die isoperimetrische Eigenschaft von Kreis und Kugel sowie den Liebmannschen Unverbiegbarkeitssatz für Ovaloide und damit zusammenhängende Probleme. In Leipzig schloß sich BLASCHKE eng an G. HERGLOTZ an, mit dem ihn später eine lebenslange Freundschaft verband. 1917 wurde BLASCHKE als Ordinarius nach Königsberg und im Frühjahrssemester 1919 in der gleichen Stellung nach Tübingen berufen. Vom 1. Oktober 1919 an wirkte er als ordentlicher Professor an der neu gegründeten Universität Hamburg. BLASCHKE verstand es, durch seine eigene Tätigkeit und durch die Berufung so herausragender Mathematiker wie E. ARTIN, H. HASSE und E. HECKE das Mathematische Seminar der Universität Hamburg in kurzer Zeit zu einem weltbekannten Zentrum mathematischer Forschung und Lehre zu entwickeln. Er schuf diesem Zentrum mit den „Abhandlungen aus dem Mathematischen Seminar der Universität Hamburg" und mit der Monographienserie „Hamburger mathematische Einzelschriften" eigene und sehr bald weithin beachtete Publikationsorgane.

BLASCHKE bereiste viele Länder der Welt [8] und weilte als Gast an zahlreichen Universitäten des In- und Auslandes. Am 30. September 1953 wurde er emeritiert. Danach war er noch mehrere Semester als Gastprofessor an der Universität Istanbul und ein

Semester an der Humboldt-Universität zu Berlin tätig. Er starb an Herzschlag am 17. März 1962 in Hamburg.

BLASCHKE war zweimal verheiratet: Nach einer kurzen unglücklichen Ehe während der Zeit des 1. Weltkrieges vermählte er sich mit AUGUSTA META RÖTTGER aus Hamburg. Aus dieser Ehe gingen ein Sohn und eine Tochter hervor.

Am Beginn seiner wissenschaftlichen Tätigkeit widmete sich BLASCHKE vor allem Fragen der Kinematik. 1911 entdeckte er die sogenannte kinematische Abbildung, die den Bewegungen und Umlegungen der euklidischen Ebene die Punkte bzw. Ebenen eines dreidimensionalen Raumes zuordnet. Die Metrik in diesem Parameterraum gehört zu einer ausgearteten elliptischen Geometrie. Aus der Untersuchung dieses Parameterraumes, des sogenannten kinematischen Raumes, gewinnt man in übersichtlicher Weise Aufschluß über die ebene Bewegungsgruppe. In seinen einschlägigen Büchern [5], [6] ist BLASCHKE später auf dieses Abbildungsprinzip zurückgekommen. Eine von K. REIDEMEISTER vorgenommene Verallgemeinerung der kinematischen Abbildung spielte eine große Rolle bei der axiomatischen Begründung verschiedener Geometrien.

Von 1912 bis etwa 1916 war die Geometrie der konvexen Bereiche BLASCHKES Hauptarbeitsgebiet. Die wichtigsten Resultate, die bereits in seiner Leipziger Antrittsrede angedeutet sind, faßte er 1916 in dem Buch „Kreis und Kugel" [1] zusammen. In den ersten beiden Kapiteln beweist BLASCHKE die isoperimetrische Eigenschaft von Kreis und Kugel. Dabei entwickelt er STEINERS geometrische Lösungsansätze (s. S. 133) so weiter, daß auch die offen gebliebenen Existenzfragen geklärt werden. Die grundlegende Idee für die Existenzbeweise ist eine geeignete Metrisierung der Menge aller konvexen Bereiche der Ebene oder des Raumes und die Verwendung des heute nach BLASCHKE benannten Auswahlsatzes: Aus jeder Menge gleichmäßig beschränkter konvexer Bereiche läßt sich stets eine Folge auswählen, die in der eingeführten Metrik (BLASCHKE nennt sie das „Nachbarschaftsmaß") gegen einen konvexen Bereich konvergiert. Dieses Theorem ist auch die Grundlage für einen Aufbau der Theorie der konvexen Körper in den weiteren Kapiteln des Buches, der Ansätze von H. A. SCHWARZ, H. BRUNN und H. MINKOWSKI unter einheitlichen Gesichtspunkten verallgemeinert.

Ab etwa 1916 begann BLASCHKE ein großangelegtes Forschungsprogramm, welches er selbst später mit folgenden Worten charakterisierte: „F. KLEIN hat in seinem ‚Erlanger Programm' von 1872 die ‚Geometrien' nach den zugehörigen Lieschen Gruppen eingeteilt. Ich habe dann mein Leben damit zugebracht, diesen Gedanken für die Differentialgeometrie fruchtbar zu machen" [7, S. 7].

BLASCHKE verfolgte bei der Durchführung dieses Programms eine ihm eigene Forschungsmethode: Er begann zu einem vorgelegten Rahmenthema mit eigenen Publikationen, die eine laufende Nummer erhielten. Nun war jeder eingeladen, der zu diesem Thema einen Beitrag liefern konnte. Am Ende einer solchen Arbeitsperiode stand jeweils ein Buch, welches die erzielten Resultate zusammenfaßte. So eröffnete BLASCHKE 1916 unter dem Rahmenthema „Affine Geometrie" die Forschungen zur affinen Differentialgeometrie. Zu diesem Thema erschienen 36 Arbeiten, 22 von BLASCHKE selbst, der Rest von Schülern und Kollegen. Zusammengefaßt sind die Ergebnisse in [2, Bd. II].

Die dreibändigen „Vorlesungen über Differentialgeometrie" [2] gelten als BLASCHKES Hauptwerk. Sie erlangten bald nach ihrem Erscheinen eine beherrschende Stellung unter den Lehrbüchern dieses Gebiets. Entsprechend der Anwendung der Ideen von KLEINS Erlanger Programm auf die Differentialgeometrie widmet sich Bd. I der Invariantentheorie der Hauptgruppen, Bd. II der der affinen Gruppe, und Bd. III behandelt die Invariantentheorie der drei kreis- und kugelgeometrischen Gruppen von LIE, LAGUERRE und MÖBIUS. Während Bd. I bekannte Ergebnisse sehr konzise zusammenfaßte, waren Inhalt und Methode der Bände II und III weitgehend neu. Um aus der Fülle nur zwei Resultate zu nennen: BLASCHKE gelingt in Bd. II die Angabe aller affinen Minimalflächen. Es sind wie im klassischen Fall Extremalen eines geeigneten Variationsproblems und dadurch charakterisiert, daß ihre Lie-Quadriken sämtlich Paraboloide sind. In Bd. III wird ein bemerkenswerter Zusammenhang der Laguerreschen Kugelgeometrie mit der Lorentz-Gruppe der speziellen Relativitätstheorie hergestellt.

Ab etwa 1928 widmete sich BLASCHKE gemeinsam mit einer Reihe von Schülern topologischen Fragen der Differentialgeometrie. Gegenstand dieser Forschungen sind jeweils endlich viele Kurven- oder Flächenscharen, die im Kleinen topologische Bilder von Scharen paralleler Geraden oder Ebenen innerhalb eines konvexen Bereiches sind (sogenannte Gewebe). BLASCHKE nannte dieses Gebiet scherzhaft „Textilmathematik"; die Ergebnisse sind zusammengefaßt in der Monographie „Geometrie der Gewebe" von BLASCHKE und BOL [4] und in BLASCHKES Buch „Einführung in die Geometrie der Waben" [7].

Während seiner Leipziger Zeit empfing BLASCHKE von HERGLOTZ die Anregung, sich mit Problemen der geometrischen Wahrscheinlichkeiten (das historisch erste Beispiel einer solchen Frage ist das Buffonsche Nadelproblem) zu beschäftigen. Bereits 1917 erzielte er folgendes schöne Ergebnis: Die Wahrscheinlichkeit dafür, daß vier Punkte eines gegebenen konvexen Bereiches K ein konvexes Viereck bilden, ist ein Minimum, wenn K eine Ellipse und ein Maximum, wenn K ein Dreieck ist. BLASCHKE nannte diese Forschungsrichtung Integralgeometrie. Der Gundgedanke der Integralgeometrie besteht darin, geometrischen Objekten sogenannte Dichten zuzuordnen. Das sind äußere Differentialformen, die bei bestimmten Gruppen invariant bleiben. Integriert man diese Dichten über geeignete Gesamtheiten von Objekten, so ergeben sich geometrische Sätze verschiedenster Art, „ein heiteres Spiel mit Figuren und Integralen", wie BLASCHKE sich ausdrückte. Die Integralgeometrie gestattet eine Reihe von Anwendungen, u. a. auf die Theorie der konvexen Körper, die geometrische Optik und die Kinematik, weshalb sie BLASCHKE besonders am Herzen lag. Auch über dieses Gebiet schrieb er eine Monographie, die seine und seiner Schüler einschlägige Ergebnisse zusammenfaßt [3].

In seinen späteren Jahren griff BLASCHKE manches Thema seiner früheren Forschungen wieder auf und stellte es in neue Zusammenhänge (z. B. die Kinematik, s. [9]). Er schrieb in dieser Zeit auch einige sehr erfolgreiche Lehrbücher, ferner lesenswerte mathematikhistorische Abhandlungen. Von seiner geistreichen und humorvollen Art zeugen sowohl die Vorworte mancher seiner Bücher als auch die kleine Schrift „Reden und Reisen eines Geometers" [8], in der Vorträge BLASCHKES zu verschiedenen Themen abgedruckt sind.

Literatur:
[1] BLASCHKE, W.: Kreis und Kugel. Leipzig: Veit & Co. 1916. Reprint: New York 1949. 2. Aufl. Berlin 1956.
[2] BLASCHKE, W.: Vorlesungen über Differentialgeometrie, Bd. I: Elementare Differentialgeometrie. Berlin: Springer-Verlag 1921; Bd. II: Affine Differentialgeometrie, bearbeitet von K. REIDEMEISTER. Berlin: Springer-Verlag 1923; Bd. III: Differentialgeometrie der Kreise und Kugeln, bearbeitet von G. THOMSEN. Berlin: Springer-Verlag 1929.

[3] BLASCHKE, W.: Vorlesungen über Integralgeometrie I, II. Leipzig: Teubner-Verlag 1935, 1937. 3. Aufl. Berlin: Deutscher Verlag der Wissenschaften 1955.
[4] BLASCHKE, W.; BOL, G.: Geometrie der Gewebe. Berlin: Springer-Verlag 1938.
[5] BLASCHKE, W.: Ebene Kinematik. Leipzig, Berlin: Teubner-Verlag 1938.
[6] BLASCHKE, W.: Nichteuklidische Geometrie und Mechanik. Leipzig: Teubner-Verlag 1942.
[7] BLASCHKE, W.: Einführung in die Geometrie der Waben. Basel-Stuttgart: Birkhäuser 1955.
[8] BLASCHKE, W.: Reden und Reisen eines Geometers. Berlin: Deutscher Verlag der Wissenschaften 1957, 1961.
[9] BLASCHKE, W.: Kinematik und Quaternionen. Berlin: Deutscher Verlag der Wissenschaften 1960.
[10] Archiv der Karl-Marx-Universität Leipzig. PA 321.
[11] BURAU, W.: Wilhelm Blaschkes Leben und Werk. Mitteilungen der Math. Ges. in Hamburg IX (1959–1969) 2, 24–40.
[12] FOCKE, J.: Wilhelm Blaschke und seine Untersuchungen über Orbiformen. In: 100 Jahre Mathematisches Seminar der Karl-Marx-Universität Leipzig. Berlin: Deutscher Verlag der Wissenschaften 1981, 195–201.
[13] HAUPT, O.: Nachruf auf Wilhelm Blaschke. Jahrbuch der Akademie der Wiss. und der Literatur. Mainz 1962, 44–51.
[14] KRUPPA, E.: Wilhelm Blaschke. Almanach der Österr. Akademie der Wiss. für 1962. Wien 1963, 419–429.
[15] REICHARDT, H.: Wilhelm Blaschke. Jahresber. der DMV 69 (1966), 1–8.
[16] SCRIBA, C. J.: Wilhelm Blaschke. Dictionary of Scientific Biography, Vol. II. New York: Scribner 1970, 191–192.
[17] SPERNER, E.: Zum Gedenken an Wilhelm Blaschke (mit Schriftenverzeichnis). Abh. aus dem Math. Seminar der Univ. Hamburg 1963, 111–128.

Leon Lichtenstein

Dieser Beitrag ist eine gekürzte, um einige biographische Details ergänzte Fassung der Arbeit [7].

LICHTENSTEIN leistete bedeutende, international anerkannte Beiträge zu folgenden Gebieten der Analysis: Potentialtheorie, Integralgleichungen, Variationsrechnung, Differentialgleichungen und Hydrodynamik. In ihm vereinigen sich in glänzender Weise das Vermögen zu richtungweisenden mathematischen Forschungsleistungen mit dem Scharfblick für deren Anwendung in den Naturwissenschaften.

LEON LICHTENSTEIN wurde am 16. Mai 1878 in Warschau geboren. Nach Besuch der Pankiewiczschen Privatschule und eines öffentlichen Gymnasiums kam er 1894 an die Technische Hochschule Berlin-Charlottenburg und begann das Studium der Ingenieurwissenschaften. Nach einem Jahr kehrte er nach Polen zurück, arbeitete in verschiedenen Fabriken Warschaus und leistete seinen Militärdienst in der russischen Armee ab. Von 1898 bis zum Sommersemester 1902 setzte er sein Studium in Charlottenburg fort. Neben den dortigen Vorlesungen hörte er an der Berliner Universität mathematische Vorlesungen bei SCHWARZ, FROBENIUS, SCHOTTKY und LANDAU. 1901 erhielt er sein Diplom als Maschineningenieur. 1902 wurde LICHTENSTEIN Mitarbeiter der Firma Siemens & Halske (später Siemens-Schuckert-Werke). Er arbeitete zunächst als Ingenieur im Laboratorium für Elektromotoren, dann als Forschungsingenieur in der Abteilung für elektrische Eisenbahnen und ab 1906 als Chef des Laboratoriums und des Prüffeldes für die Kabelfabrikation. 1907 promovierte er zum Dr.-Ing. Da die polnischen Schulabschlüsse für eine Promotion nicht anerkannt wurden, mußte LICHTENSTEIN – fast dreißigjährig – noch das deutsche Abiturientenexamen nachholen. 1909 erwarb er an der Berliner Universität den philosophischen Doktorgrad, und 1910 habilitierte er sich an der TH Charlottenburg mit einer Arbeit über konforme Abbildung. Er entfaltete nun neben seiner beruflichen Arbeit eine rege mathematische Forschungstätigkeit, die sehr bald bedeutende Resultate zeitigte. 1918 wurde LICHTENSTEIN Extraordinarius, 1919 ordentlicher Honorarprofessor an der TH Charlottenburg. Mit seiner Berufung zum Ordinarius nach Münster im Jahre 1920 endete seine hauptamtliche Tätigkeit in der Industrie; beratend war er für Siemens noch bis 1923 tätig.

Nach dem Tode von K. ROHN bemühte sich O. HÖLDER darum, LICHTENSTEIN als Nachfolger ROHNS für Leipzig zu gewinnen. Nach anfänglichem Widerstand setzte ihn die Fakultät schließlich an die erste Stelle der Berufungsliste; das von O. HÖLDER entworfene Gutachten ist auf S. 237 abgedruckt. Am 1. April 1922 wurde LICHTENSTEIN nach Leipzig berufen. In seiner Antrittsrede „Astronomie und Mathematik in ihrer Wechselwirkung" zeichnete er ein faszinierendes Panorama fruchtbarer Beziehungen zwischen Mathematik und Astronomie und konzipierte ein Forschungsprogramm, welches von ihm und seinen Schülern z.T. verwirklicht werden konnte. In Leipzig entfaltete LICHTENSTEIN eine sehr erfolgreiche Lehr- und Forschungstätigkeit. Er begründete eine mathematische Schule, die über E. HÖLDER und dessen Schüler bis heute das Profil des Leipziger Instituts mitbestimmt.

Bereits wenige Wochen nach der Machtergreifung der Nationalsozialisten begann eine üble antisemitische Hetze gegen LICHTENSTEIN (s. Faksimile S. 239). Wie H. SCHUBERT aus der Erinnerung berichtet [11, S. 34], haben LICHTENSTEIN und seine Gattin daraufhin Leipzig verlassen und sind nach Polen gereist. Dort, in Zakopane, erlag er am 21. August 1933 einem Herzschlag.

LICHTENSTEINS Frau STEFANJA, mit der er seit 1908 in glücklicher Ehe lebte, war promovierte Physiologin und arbeitete am Leipziger Physiologischen Institut. Nach dem Tode ihres Mannes emigrierte sie in die Schweiz, wo sie nach dem Kriege noch lebte. Über ihr weiteres Schicksal ist nichts bekannt.

Nach einer Reihe von Arbeiten über die Theorie elektrischer Kabel, insbesondere über die Kapazitätsverhältnisse in Kabeln, die Erwärmung von Kabeln und über Hochspannungs- und Starkstromkabel begann LICHTENSTEIN 1909 mit der Publikation mathematischer Arbeiten. In seiner Habilitationsschrift von 1910 bewies er den Satz, daß jedes hinreichend kleine im wesentlichen stetig gekrümmte singularitätenfreie Flächenstück auf einen Teil der Ebene zusammenhängend und konform abgebildet werden kann. 15 Jahre später hat er diesen Satz auf die konforme Abbildung beliebig großer Flächenstücke in die Ebene übertragen können anläßlich der Herleitung der Normalform für die allgemeine lineare elliptische Differentialgleichung zweiter Ordnung in der Ebene.

In einer Fülle von richtungweisenden Abhandlungen hat LICHTENSTEIN den systematischen Aufbau der auf die Fredholmsche Integralgleichungstheorie gegründeten Lösungstheorien für die klassischen und allgemeineren Randwertaufgaben der Potentialtheorie und der linearen partiellen Differentialgleichungen vom elliptischen Typus stark gefördert. Dabei wurden die vorher wenig beachteten Singularitäten der Kerne der Integralgleichungen einer genauen Untersuchung unterzogen, um die Anwendung der Fredholmschen Theorie zu sichern. Bereits 1912 und 1913 hat LICHTENSTEIN als erster logarithmische Potentiale bei lediglich quadratisch integrablen Dichten – die moderne Entwicklung vorausahnend – eingeführt und u.a. die quadratische Integrabilität der zweiten Ableitungen der Lösungen der Poissonschen Differentialgleichung bei quadratisch integrierbarer rechter Seite bewiesen, ferner u. a. die Gültigkeit der Hilbertschen Umkehrformeln für den Kotangens-Kern bei lediglich quadratisch integrierbaren Randwerten. Als erster erkannte er, daß man zur Lösung von Randwertaufgaben elliptischer Differentialgleichungen in der Ebene mit Hilfe der Integralgleichungstheorie auch Randkurven mit Ecken und Spitzen zulassen darf, indem er die entstehenden singulären Integralgleichungen studierte. In derselben Zeit baute LICHTENSTEIN in mehreren Arbeiten die Hilbertsche Theorie vollstetiger quadratischer Formen mit unendlich vielen Veränderlichen weiter aus und behandelte erstmals vollständig mit diesen Methoden ohne Rückgriff auf die Integralgleichungstheorie allgemeine Eigenwertprobleme gewöhnlicher und partieller elliptischer Differentialgleichungen einschließlich der Entwicklungssätze.

1913 bewies LICHTENSTEIN für die zweimal stetig differenzierbaren Lösungen allgemeiner regulärer nichtlinearer Variationsprobleme in der Ebene

$$\iint_D f\left(x, y, u, \frac{\partial u}{\partial x}, \frac{\partial u}{\partial y}\right) dx\, dy \to \text{Min} \tag{1}$$

deren dreimal stetige Differenzierbarkeit und damit nach S. BERNSTEIN deren Analytizität. Dabei wird sein Abbildungssatz von nichtanalytischen Flächenstücken entscheidend verwendet. In den Lichtensteinschen Untersuchungen zur Variationsrechnung werden während seiner gesamten Schaffensperiode Variationsprobleme als Randwertprobleme aufgefaßt. Daher beschäftigte er sich auch intensiv mit der Herleitung von hinreichenden Kriterien für das Eintreten des Minimums zunächst für das genannte reguläre nichtlineare Variationsproblem (1) im Sinne der dritten Jacobischen Bedingung. Sind die Eigenwerte des linearen Eigenwertproblems der zweiten Variation positiv bzw. größer als Eins beim entsprechend verschobenen Problem im Sinne von H. A. SCHWARZ, dann bettet LICHTENSTEIN die Ausgangslösung in ein Feld von Extremalen ein und kann den Totalzuwachs des Extremalintegrals unter zulässigen Variationen aus einer Reihenentwicklung der zweiten Variation nach den Eigenlösungen beurteilen. Er hat seine Methoden auch auf eindimensionale Variationsprobleme übertragen, insbesondere auf das isoperimetrische Problem.

1918 begann LICHTENSTEIN seine Untersuchungen über die Gleichgewichtsfiguren rotierender Flüssigkeiten. Zunächst betrachtete er homogene, mit der Winkelgeschwindigkeit ω rotierende Flüssigkeiten, deren Teilchen sich nach dem Gravitationsgesetz anziehen. Eine erste Zusammenfassung von Resultaten und zugleich das Programm für die weitere Forschung war seine Monographie [1], eine bedeutend erweiterte Fassung seiner schon erwähnten Leipziger Antrittsrede.

Bereits MACLAURIN fand bei dem genannten Problem als Gleichgewichtsfiguren Rotationsellipsoide, die sich stetig mit ω ändern, und JACOBI fand später dreiachsige Ellipsoide in stetiger Abhängigkeit von ω. H. POINCARÉ hatte dann, auf mehr heuristische Schlußweisen gestützt, die Existenz von neuen Gleichgewichtsfiguren in Nachbarschaft der Maclaurinschen und Jacobischen Ellipsoide behauptet. A. M. LJAPUNOV konnte derartige Existenzsätze beweisen; seine Untersuchungen, die auch wichtige Stabilitätsbetrachtungen einschließen, waren allerdings sehr schwer verständlich. Dies mag LICHTENSTEIN bewogen haben, den genannten Problemkreis neu aufzugreifen. Er hat in einer ganzen Reihe von größeren Abhandlungen neue Existenz- und Stabilitätssätze für die Verzweigung homogener oder auch heterogener, rotierender Flüssigkeiten sowie für die Dynamik inkohärenter Medien aufgestellt. Unter den zahlreichen Lösungsbeispielen befindet sich der Nachweis von ringförmigen Gleichgewichtsfiguren mit oder ohne Zentralkörper, ferner von flüssigen Doppel- und Mehrfachsternsystemen. Die Untersuchung eines nichthomogenen Flüssigkeitskörpers führte ihn zur Existenz einer Gleichgewichtsfigur, die aus zwei Einzelmassen besteht, welche nur einen Punkt gemeinsam haben. Des weiteren konnte er im Rahmen dieser erweiterten Theorie eine strenge Begründung für die schon ältere, auf CLAIRAUT zurückgehende Theorie des Erdkörpers geben, wenn man annimmt, daß dieser aus konzentrischen Schichten verschiedener Dichte besteht. LICHTENSTEIN veröffentlichte noch 1933 kurz vor seinem Tode die Monographie „Gleichgewichtsfiguren rotierender Flüssigkeiten" [4]. Hierin faßte er in vereinfachter Form seine Arbeiten und die seiner Schüler einheitlich zusammen und behandelte darüber hinaus eine Reihe neuartiger Probleme.

Die Aufgabe, eine Gleichgewichtsfigur T_1 in Nachbarschaft einer bekannten Gleichgewichtsfigur T zu bestimmen, führte LICHTENSTEIN auf eine nichtlineare Integrodifferentialgleichung. Die Anwendung der von ihm weiterentwickelten Schmidtschen Lösungstheorie nichtlinearer Integralgleichungen auf diese Integrodifferentialgleichung führt auf das bekannte Diskussionsproblem der Verzweigungsgleichungen. In allen Fällen, in denen dieses Diskussionsproblem zu durchsichtigen Ergebnissen führt, kann man offensichtlich Gleichgewichtslösungen T_1 in Nachbarschaft von T nachweisen. Die soeben genannten Erweiterungen der nichtlinearen Integralgleichungstheorie hat LICHTENSTEIN 1931 in seiner wertvollen Monographie „Vorlesungen über einige Klassen nichtlinearer Integralgleichungen und Integro-Differentialgleichungen" [3] zusammengefaßt. Besonders verdienstvoll erweisen sich hierin die durchsichtige Darstellung des Diskussionsproblems der Verzweigungsgleichungen, illustriert an einer Vielzahl interessanter Anwendungen, wie z. B. dem Existenzbeweis für permanente Oberflächenwellen entlang eines Kanals von unendlicher Tiefe. Auch für die Behandlung des vielumworbenen Problems des Saturnringes hat LICHTENSTEIN diese Methoden mit Erfolg eingesetzt.

In drei großen Abhandlungen über Existenzprobleme der Hydrodynamik löste LICHTENSTEIN erstmalig das Anfangswertproblem für die instationären Bewegungsgleichungen homogener und heterogener, inkompressibler, idealer Flüssigkeiten für ein hinreichend kleines Zeitintervall. Dabei kann die Flüssigkeit sich in einem abgeschlossenen deformierbaren Gefäß befinden, in dem hinreichend reguläre Körper eingetaucht sind, oder sie kann den Außenraum derartiger Gefäße ausfüllen. Weiterhin konnte LICHTENSTEIN die Helmholtzschen und Kirchhoffschen Wirbelsätze über Wirbelfäden unendlich kleinen Querschnitts auf den physikalisch realisierbaren Fall eines geeignet gestalteten Querschnitts übertragen, indem er allgemein das instationäre Anfangswertproblem für die Bewegung der Flüssigkeit bei Vorgabe von geschlossenen, unendlich langen oder an Gefäßwänden endigenden Wirbeln endlichen Querschnitts löste. Ferner bewies er die Existenz einer Lösung für das Anfangswertproblem stationärer zäher Strömungen einer inkompressiblen Flüssigkeit bei hinreichend kleinen Geschwindigkeiten.

Eine breite Grundlage für die mathematischen Forschungen in der Hydrodynamik schuf 1929 das Lehrbuch von LICHTENSTEIN „Grundlagen der Hydromechanik" [2]. Das Buch enthält die Forschungsergebnisse zur Theorie der Gleichgewichtsfiguren rotierender Flüssigkeiten, die Existenz- und Eindeutigkeitssätze für die Bewegung inkompressibler, inhomogener Flüssigkeiten und u. a. eine originelle Einführung in die Hydrostatik durch Verwendung der Variationsrechnung. Das Buch baute eine sichere Grundlage für eine strenge Mathematisierung wesentlicher Gebiete der Hydromechanik auf einem höheren mathematischen Niveau auf, als es bei der theoretisch-physikalischen Behandlung aktueller hydrodynamischer Probleme üblich war und auch heute noch ist.

LICHTENSTEIN hat auch durch organisatorische und Herausgebertätigkeit der mathematischen Wissenschaft gedient. 1918 gründete er mit der „Mathematischen Zeitschrift" ein Publikationsorgan, das bald zu den bedeutendsten deutschen Periodika auf dem Gebiet der Mathematik gehörte. Bis zu seinem Tode hat er diese Zeitschrift vorbildlich geführt. Von 1919 bis 1927 war er Herausgeber des „Jahrbuchs über die Fortschritte der Mathematik"; er gehörte ferner zur Redaktion von „Prace Matematyczno-Fizyczne" (Warschau) und von „Rendiconti del Circolo Matematico di Palermo". Hervorzuheben sind auch seine Artikel in der „Encyklopädie der Mathematischen Wissenschaften", die eine ganze Generation von Forschern auf dem Gebiet der partiellen Differentialgleichungen und der Potentialtheorie angeregt und beeinflußt haben.

LICHTENSTEINS Schüler E. HÖLDER, der in der Zeit der faschistischen Zwangsherrschaft trotz erheblicher persönlicher Nachteile das Andenken an seinen Lehrer stets hochhielt, hat in einem dem 100. Geburtstag LICHTENSTEINS gewidmeten Artikel [8] eindrucksvoll gezeigt, wie dessen Ideen auf den verschiedensten Gebieten der Mathematik und ihrer Anwendungen zu neuen tiefdringenden Forschungen Anlaß gaben und daß sie bis heute fruchtbar geblieben sind.

Literatur:
[1] LICHTENSTEIN, L: Astronomie und Mathematik in ihrer Wechselwirkung. Leipzig: Hirzel-Verlag 1923.
[2] LICHTENSTEIN, L.: Grundlagen der Hydromechanik. Berlin: Springer-Verlag 1929. Reprint 1968.
[3] LICHTENSTEIN, L.: Vorlesungen über einige Klassen nichtlinearer Integralgleichungen und Integro-Differentialgleichungen nebst Anwendungen. Berlin: Springer-Verlag 1931.
[4] LICHTENSTEIN, L.: Gleichgewichtsfiguren rotierender Flüssigkeiten. Berlin: Springer-Verlag 1933.
[5] Archiv der Karl-Marx-Universität Leipzig. PA 692.
[6] BECKERT, H.: Leon Lichtenstein 1878–1933. Wiss. Z. der Karl-Marx-Universität Leipzig. Math.-naturwiss. Reihe 29 (1980) 1, 3–13.
[7] BECKERT, H.: Leon Lichtenstein. In: 100 Jahre Mathematisches Seminar der Karl-Marx-Universität Leipzig. Berlin: Deutscher Verlag der Wissenschaften 1981, 207–217.
[8] HÖLDER, E.: Lichtensteins wissenschaftliche Wirksamkeit. Jahresber. der DMV 83 (1981), 135–146.
[9] HÖLDER, O.: Nachruf auf Leon Lichtenstein. Berichte über die Verhandlungen der Sächsischen Akademie der Wissenschaften zu Leipzig. Math.-physikalische Klasse 86 (1934), 307–314.
[10] KÖNIG, F.: Leon Lichtenstein – ein Leipziger Mathematiker! Mitteilungen der Mathematischen Gesellschaft der DDR 1/1979, 71–79.
[11] PRZEWORSKA-ROLEWICZ, D.: Leon Lichtenstein 1878–1933 (Engl.). Wiss. Z. der Karl-Marx-Univ. Leipzig. Math.-naturwiss. Reihe 29 (1980) 1, 15–26 (mit vollständigem Schriftenverzeichnis).
[12] SCHUBERT, H.: Lichtensteins Verhältnis zu den Grundbegriffen der Mechanik. Wiss. Z. der Karl-Marx-Univ. Leipzig. Math.-naturwiss. Reihe 29 (1980) 1, 27–35.
Die Zeitschrift „Mathesis Polska" 8 (1933) enthält auf den Seiten 131–159 neben einem Nachruf von H. STEINHAUS und einem von STEFANJA LICHTENSTEIN zusammengestellten Schriftenverzeichnis die Aufsätze „Leon Lichtensteins Arbeiten über Himmelsmechanik" von W. NIKLIBORC und „Leon Lichtensteins Arbeiten über partielle Differentialgleichungen" von J. SCHAUDER (alles in polnischer Sprache).

Dokumente und Archivalien

1. Brief C. NEUMANNS an den Verlag B. G. TEUBNER vom 10. Juni 1868. [SCHULZE, F.: B.G.Teubner 1811–1911. Teubner-Verlag 1911, 300/301.] 216

2. Entwurf eines Gutachtens von F. KLEIN zur Berufung seines Nachfolgers S. LIE vom 4. Dezember 1885. [Archiv der Karl-Marx-Universität Leipzig, PA 693, Bl. 29–31.] 220

3. Erster Brief S. LIES an F. ENGEL vom 30. Juni 1884 (Eingangsdatum bei ENGEL). [Deutsche Mathematik 3 (1938), 16.] 226

4. Privatvotum von S. LIE zur Berufung seines Nachfolgers. [Archiv der Karl-Marx-Universität Leipzig, PA 583, Bl. 25–27.] 230

5. Entwurf eines Gutachtens der Fakultät (Autor H. BRUNS) zur Berufung von F. HAUSDORFF vom 5. November 1901. [Archiv der Karl-Marx-Universität Leipzig, PA 547, Bl. 10–12.] 231

6. Entwurf eines Gutachtens der Fakultät (von C. NEUMANNS Hand) zur Berufung von H. LIEBMANN zum außerordentlichen Professor vom 2. November 1904. [Archiv der Karl-Marx-Universität Leipzig, PA 694, Bl. 10–11.] 234

7. Auszug aus dem Entwurf eines Gutachtens (betr. W. BLASCHKE), das O. HÖLDER im Juli 1914 zur Wiederbesetzung des Koebeschen Extraordinariats der Fakultät vorlegte. [Archiv der Karl-Marx-Universität Leipzig, PA 321, Bl. 1–2.] . . . 236

8. Gutachten der philosophischen Fakultät zur Wiederbesetzung des Rohnschen Ordinariats (Auszug der L. LICHTENSTEIN betreffenden Passagen; an zweiter Stelle wurde W. BLASCHKE, an dritter K. KOMMERELL vorgeschlagen) vom 1. Juli 1921. [Archiv der Karl-Marx-Universität Leipzig, PA 692, Bl. 16–18.] 237

1. Brief C. Neumanns an den Verlag B. G. Teubner vom 10. Juni 1868

Tübingen, 10. Juni 1868.

Hochgeehrter Herr!

Gestatten Sie mir, mich an Sie in einer Angelegenheit zu wenden, welche für die Mathematische Literatur und überhaupt für die Math. Wissenschaft von größter Wichtigkeit ist.

Es giebt gegenwärtig in Deutschland eigentlich nur zwei Math. Journale, nämlich das Crelle=Borchardt'sche in Berlin, und das in Ihrem Verlag erscheinende Schlömilch'sche. Denn das Grunert'sche in Greifswald ist seines Inhalts und seiner geringen Verbreitung willen kaum noch mitzurechnen.

Diese Journale nun entsprechen nicht mehr den vorhandenen Bedürfnissen. Im Interesse der Wissenschaft ist es, falls man nicht etwa ein neues Journal begründen will, unumgänglich nothwendig, daß jene schon vorhandenen Journale (oder wenigstens eines derselben) einer geeigneten Reform unterworfen werden. Eine solche Reform müßte dahin gehen, daß die Redaction des Journals in Bezug auf die ihr übersendeten Artikel eine sorgfältige und gleichzeitig auch eine schnelle Critik übt; sie müßte nämlich hinarbeiten auf die Erfüllung folgender Bedingungen:

1). Inhaltlose oder in der Form der Darstellung mangelhafte Artikel sind zu excludiren. Dazu bedarf es einer sorgfältigen Critik von Seiten der Redaction.

2). Artikel, welche tüchtig sind in Bezug auf Inhalt und Form, sollen binnen möglichst kurzer Zeit nach ihrer Einsendung zur Publication gelangen. Dazu bedarf es einer schnellen Critik von Seiten der Redaction.

– 216 –

3). Die Anzahl der jährlich zu edirenden Hefte muß unbestimmt und gewangslos bleiben; sie muß bald an= schwellen bald abnehmen, jenachdem die Anzahl der aufzuneh= menden Artikel eine größere oder geringere ist. Sie darf aber nimmermehr constant zu erhalten gesucht werden dadurch, daß man in Jahre des Mangels unbrauchbare Artikel als Ballast hinzufügt, oder dadurch, daß man im Jahre des Ueberflusses tüchtige Artikel ausschließt, resp. zurückstellt.

Versuche zu einer derartigen Reform stoßen bei dem Crelle=Borchardt'schen Journal auf nicht zu beseitigende Schwierigkeiten. Es fragt sich aber, ob eine solche Reform nicht vielleicht ausführbar wäre bei dem von Ihnen verlegten Schlömilch'schen Journal.

Sie würden sich, hochgeehrter Herr, ein großes und bleibendes Verdienst um die Wissenschaft erwerben, wenn Sie dieser Angelegenheit Ihre Interesse zuwenden, und diejenigen Schritte unternehmen wollten, welche nothwendig sind, um eine solche Reform in Fluß zu bringen. Und Sie würden (kann ich hinzufügen) selbst mit glänzendem Erfolg zu Ihn im Stande sein. Denn Sie würden für die Redaction des Journals einen der hervorragendsten Mathematiker unserer Zeit zu gewinnen im Stande sein, einen Mann, dessen Name allein schon Bürge wäre für das Gelingen des Unternehmens, einen Mann, durch dessen Talent und Energie das Journal wahrscheinlich binnen kurzer Zeit alle übrigen Zeitschriften hierin überflügeln würde in Bezug auf Reichhaltigkeit, Eleganz und Verbreitung.

Ich schreibe von Prof. Clebsch in Giessen. Dieser nämlich
würde, falls eine Aufforderung an ihn ergehen sollte, gern
geneigt sein, an der Redaction des von Ihnen verlegten Journals
sich zu betheiligen. Ich habe nämlich, da mir diese Sachen schon
lange im Kopfe liegen, vor vier Tagen eine gemüthliche
Zusammenkunft mit Clebsch benutzt, um mit ihm über diese
Angelegenheiten zu sprechen. Er erklärte sich mit meinen
Ansichten über die Nothwendigkeit einer Reform völlig
einverstanden, und gab auch meinem Drängen und zu meiner
großen Freude auch sofort seine Bereitwilligkeit zu erkennen,
sich an der Redaction des Journals betheiligen zu wollen.

Daß es Prof. Schlömilch und den übrigen Redacteuren des
Journals unangenehm sein sollte, Clebsch als Mitredacteur
aufzunehmen, ist wohl nicht gut denkbar, um so weniger,
als Prof. Schlömilch mit Clebsch persönlich befreundet ist.
So muß ich also sagen kann: positiv Nichts, was diesem für
die Math. Wissenschaft so überaus wichtigen Unternehmen
hindernd im Wege stünde.

Ich kann Sie nicht dringend genug bitten, diesem
Unternehmen Ihren mächtigen Beistand zuwenden, und
diejenigen Schritte thun zu wollen, welche nothwendig sind,
um Clebsch in die Redaction des Journals hineinzuziehen.
Sie würden sich den lebhaften Dank aller Mathematiker
dadurch erwerben. Mancher ist gegenwärtig unwillig
über die mangelhafte, langsame und schleppende Art, in
welcher die den genannten beiden Journalen übersandten
Artikel zur Publication gelangen. Manche frühere
Arbeit wird unter dem Einfluß dieses Unwillens von

ihrem Verfasser zurückgehalten, oder nur in einem kürzeren Abriss publicirt, oder wohl auch auf anderem Wege (als selbstständige Schrift) zur Publication gebracht. Von dem Augenblick an, wo Clebsch Namen auf dem Titel Ihres Journales steht, werden die Schleusen geöffnet sein, welche der dringenden Noth bis jetzt sich entgegenstellen. Von dem Augenblick an, wo durch Clebsch Namen Bürgschaft dafür gegeben ist, dass die eingesendeten Arbeiten, jenachdem sie tüchtig oder untüchtig sind, entweder sofort publicirt oder sofort zurückgeschickt werden, — von diesem Augenblick an werden von allen Seiten her schätzbare und ausgezeichnete Artikel Ihrem Journale zufliessen, vielleicht in Monaten ebenso viele, als sonst in Jahren.

     Hochachtungsvoll
       und ergebenst
       Neumann. Prof.

Nachschrift. Da ich mich der Hoffnung hingebe, dass durch Ihren Beistand das Unternehmen in baldigster Zeit zu Stande kommen wird, und da ich unterderhalb von Ihnen selber erfahren habe, dass Ihnen der Verlag kleinerer Schriften wenig erwünscht ist, so bitte ich einstweilen auch meine Schrift über "Weber's Gesetz" nicht weiter zu verlegen, ebensowenig auch die dazu gehörige Notiz. Ich beabsichtige nämlich diese Untersuchung (deren Priorität auf andere Weise bereits gesichert ist) Ihrem Journale zu übergeben. N.

2. Entwurf eines Gutachtens von F. Klein zur Berufung seines Nachfolgers S. Lie vom 4. Dezember 1885

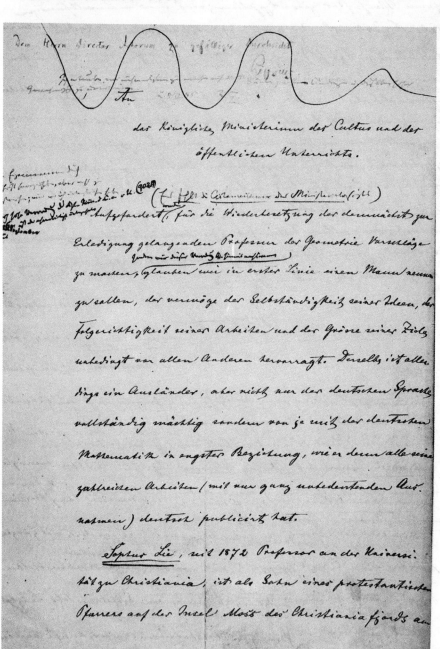

17ten December 1842 geboren. Nach Absolvirung der landesüblichen Universitätsstudien in den Jahren 1857-1865, während deren er keine sonderliche wissenschaftliche Anregung empfing, wandte er sich zunächst den pädagogischen Interessen der Mittelschule zu, ohne in denselben indeß seine Befriedigung zu finden. Erst 1868 war es, dass er zufällig mit den geometrischen Werken von Poncelet, Plücker und Chasles bekannt wurde und den Sinn und die Begabung für höhere Mathematik in sich entdeckte. Eine Arbeit „über Repräsentation der Imaginären der Plangeometrie", welche er bald darauf veröffentlichte, verschaffte ihm die Unterstützung des bekannten Mathematikers (und damaligen norwegischen Marineministers) Broch, durch die es ihm ermöglicht wurde, 1869-70 zu ein Semester lang Berlin und ~~Frankreich~~ Paris zu besuchen und insbesondere mit jüngeren Mathematikern beider ~~Länder~~ Deutschlands und Frankreichs unmittelbare Beziehung zu gewinnen. Seitdem lebt Lie gleichförmig in Christiania, von wo aus er nur in längeren Intervallen die Fachgenossen in Frankreich und namentlich in Deutschland besucht.

Lie's eigentliche Bedeutung liegt in der tieferen Erfassung der geometrischen Transformationen. Er war 1870 so glücklich gewesen, eine Transformation zu finden, welche die geraden Linien des Raumes in die Kugeln desselben verwandelt, so zwar, dass die Haupttangentencurven einer vorgelegten Fläche dabei in die Krümmungscurven einer anderen Fläche übergingen, wodurch diese beiden Curvenspecies, welche bis dahin als durchaus verschiedenartig gegolten hatten, in eine merkwürdige directe Beziehung gesetzt wurden. Aber Lie blieb nicht bei dieser einzelnen Thatsache stehen sondern verfolgte das in ihr liegende Princip, und wurde so zur Erfassung des Begriffs der Berührungstransformation und des noch wichtigeren der Transformationsgruppe geführt, womit zugleich die beiden hauptsächlichen Operationsmittel genannt sind, deren er sich bei seinen ferneren Untersuchungen bediente. Diesen Untersuchungen aber gab er eine neue, weit reichende Ausdehnung. Man betrachtet gemeinhin als die Aufgabe der analytischen Geometrie, die von der Analysis gefundenen Resultate geometrisch zu deuten und zu construiren. Aber es gibt eine höhere Art der Problemstellung, welche sozusagen die Inversion der vorgenannten ist und die verlangt, ganz Thatsachen, die uns die geometrische Anschauung bietet, umgekehrt auf die Entwickelung der Analysis anzuwenden. Dies ist, was Riemann mit seinen unsterblichen Schöpfungen speciell im Gebiete der Functionentheorie geleistet hat, dies ist, was, allerdings in ganz anderer Richtung, auch Lie anstrebt. Die Theorie der Differentialgleichungen kann in vielfachem Sinne, namentlich auch unter dem Gesichtspunkte der Anwendung auf Naturwissenschaft, als die eigentlich centrale Aufgabe der neueren Mathematik bezeichnet werden. Hier ist es, wo Lie mit seinen neuen Betrachtungsweisen eingesetzt hat und nicht nur eine Fülle neuer Thatsachen, sondern namentlich auch eine weitreichende Perspective geschaffen hat, an deren voller Auswerthung sich noch zahlreiche jüngere Kräfte werden versuchen dürfen.

Das Gesagte wird hinreichen, um erkennen zu lassen, wesshalb wir auf die Gewinnung von Lie für unsere Hochschule ein so ganz besonderes Gewicht legen. Es giebt andere Geometer, welche, vielseitig durchgebildet, bald in der einen bald in der anderen Richtung wichtige Resultate gefunden haben und den gegenwärtigen Stand der geometrischen Wissenschaft in Vorlesungen zu vertreten wissen. Aber Lie ist der Einzige, welcher vermöge einer kraftvollen Persönlichkeit und der Originalität seines Denkens eine selbständige geometrische Schule zu begründen vermag. Wir haben in dieser Hinsicht gewissermassen die Probe gemacht, indem wir vor Jahresfrist, als das Kregel-von-Sternbach'sche Stipendium zu vergeben war, einen jüngeren Mathematiker (unseren jetzigen Privatdocenten Dr. Engel) zu Lie nach Christiania schickten, von wo derselbe mit einer Fülle neuer Gesichtspunkte zurückgekehrt ist.

Wir würden trotzdem Sie nicht in Vorschlag bringen, wenn wir nicht überzeugt wären, dass derselbe auch den (niederen aber desto unabweisbareren) Verpflichtungen des akademischen Lehrers, die in der Heranbildung der (jüngeren) Studenten liegt, gerecht werden würde. In der That hat Lie an der Universität zu Christiania einen geometrischen Curs für Anfänger eingerichtet, den er jetzt seit 12 Jahren regelmässig zum Vortrage bringt, hat auch, soweit es die dortigen Verhältnisse erlaubten, für Entwickelung des Unterrichts durch Modelle und sonstige Maassnahmen gesorgt.

Wir wollen schliesslich anführen, dass Lie, früheren Aeusserungen zufolge, geneigt erscheint, einem Rufe nach Deutschland Folge zu leisten. Die Uebersiedelung nach Deutschland erblickt er als das Mittel, um der wissenschaftlichen Isolirtheit zu entgehen, in der er in Christiania zu leben gezwungen ist.

3. Erster Brief S. Lies an F. Engel vom 30. Juni 1884 (Eingangsdatum bei Engel)

Lieber Herr Engel!

Als Klein im Schlusse von 1883 zum erstenmal den Plan berührt, dass Sie nach Christiania
kommen würden, schien mir dieser Gedanke so
abenteuerlich, dass ich nicht einmal darauf ant-
wortete. Nachdem er indess hierauf zurückgekommen ist, habe ich mit beiden Händen
zugegriffen. Für mich und meine Untersuchungen werde ich nämlich sehr viel Vortheil,
wenn der betreffende Plan sich realisiren
lässt. Ich kenne ja ihre Fähigkeiten nicht
nur aus Mayer und Kleins lobender Besprechung, sondern auch aus Ihren sehr interessanten selbstständigen Arbeiten für die
Ich bei dieser Gelegenheit bestens danke,
wie auch aus Ihren sehr werthvollen Bemerkungen zu meinen letzten Noten, die ich
baldigst nach Leipzig wieder schicke.

Ob Sie mit einem Aufenthalte hier einigermassen zufrieden sein werden ist ja immer sehr zweifelhaft. Ich kann nur versprechen dass ich mein Möglichstes machen werde. Insbesondere will ich, wenn ich meine gewöhnliche nicht eben grosse Arbeitskraft behalte, sehr viele Zeit zu ihrer Disposition stellen.

Die allgemeinen Ideen, die Sie in ihrem Briefe berühren sind sicher sehr gut. Bei meinen Untersuchungen über Differentialgleichungen, die eine endliche continuirliche Gruppe gestatten hat die Analogie zwischen Substitutionstheorie und Transformationstheorie mir immer vorgeschwebt. Mit solchen Begriffen wie Untergruppen, invariante (oder ausgezeichnete) Untergruppen, vertauschbare Transformation, Transitivität, Transitivität im Infinitesimalen, Primitivität etc. etc. habe ich immer operirt. Wenn ich meine Erfindungsmethode synthetisch nenne, so verstehe ich dadurch einerseits, dass ich mit der Mannigfaltigkeit begrifflich operire anderseits, dass ich überhaupt mit Begriffen operire. Man kann überhaupt beweisen, dass gewisse Integrationsprobleme sich auf gewisse Hülfsgleichungen von bestimmter Ordnung, und mit bestimmten Eigenschaften sich reduciren, während eine weitere Reduction im Allgemeinen un- möglich ist. Wie weit sich hier die Analogie mit den algebraischen Glei- chungen durchführen lässt, kann ich aus dem guten Grunde nicht sagen, dass ich die Gleichungstheorie fast gar nicht kenne. In dieser Richtung warte ich mir sehr viel durch Sie. Was die Ana- logien mit der modernen Functionen- theorie betrifft, so weiss ich eigentlich Nichts.

In den Jahren 1871–76 lebte ich nur in Transformationsgruppen und Integra- tionsproblemen. Da aber kein Mensch sich für diese Sachen interessirte, gieng ich ein Bischen müde, und wandte mich für einige Zeit zu der Geometrie. Jetzt habe ich in den in den letzten Jahren meine alten Sachen wieder aufgenommen. Wenn Sie mir bei der Weiterentwicklung und Redaction von diesen Sachen beistehen werden, so leisten Sie mir einen überaus grosse Hülfe, ganz besonders dadurch, dass sich endlich ein Mathematiker für diese Theorien ernstlich interessirt. Hier in Christiania geht ein Specialist wie ich schrecklich einsam. Kein Interesse, kein Verständniss. ——

In den letzten Zeit nimmt die Politik alles Interesse hier. Eben in diesen Tagen passiren merkwürdige Dinge hier, was auch mich vollständig in Anspruch nimmt, wenn ich auch selbstverständlich einige Stunden auf Redaction anwende. Meine erste Note für die Annalen war schon im Mai fertig. Die zweite geht rasch vorwärts. Beide werden ziemlich gross.

Herrn Mayer und Klein beste Grüsse. Ich bin beiden Brief schuldig.

Wenn Sie nach Christiania wirklich kommen, so werden Sie hier äusserst willkommen sein Ihr ergebener
Sophus Lie

4. Privatvotum von S. Lie zur Berufung seines Nachfolgers

Persönliches Gutachten des Professor LIE

Die Collegen SCHEIBNER und NEUMANN haben in ihrem Separat-Gutachten über die Neubesetzung der vacanten mathematischen Professur Ansichten entwickelt, die von der Auffassung der Commissions-Majorität wesentlich abweichen. Es dürfte nützlich sein, dass diese Meinungsunterschiede von einem Mathematiker ausführlich beleuchtet werden.

Da nun überdies mein Name eine gewisse Rolle in jenen Gutachten spielt, glaube ich, um naheliegende Missverständnisse auszuschliessen, einige kurze Bemerkungen über meine eigene Lehrer-Wirksamkeit vorausschicken zu müssen.

Mit wenigen Ausnahmen habe ich in jedem Semester eine (einleitende) geometrische Vorlesung gehalten. Anderseits habe ich regelmässig über Gruppentheorie, Berührungstransformationen und Differentialinvarianten vorgetragen. Es sind diese letzten Vorlesungen, die SCHEIBNER und NEUMANN als „Liesche Richtung" bezeichnen.

Die Professur der Geometrie, die ich als Nachfolger von Professor FELIX KLEIN bekleide, wurde im Jahre 1880 nach dem Initiativ der Professoren SCHEIBNER und NEUMANN errichtet. In ihrer von der Facultät adoptirten Eingabe vom 5ten Februar 1880 entwickelten diese beiden Collegen in beredten Worten und mit überzeugender Kraft Ansichten über die pädagogische und wissenschaftliche Bedeutung der Geometrie, die noch heutzutage von der Commissions-Majorität als richtig und zutreffend betrachtet werden, während SCHEIBNER und NEUMANN selbst, nach ihrem jetzigen Minoritäts-Votum zu urtheilen, nach mehreren Richtungen ihre Meinung geändert haben.

Da es leider zur Zeit unmöglich erscheint, einen Geometer ersten Ranges für die Universität Leipzig zu gewinnen, und da auch andere wichtige Lücken vorliegen, hat sowohl die Majorität der Commission wie die Minorität geglaubt, dass augenblicklich von der Berufung eines wirklichen Geometers abgesehen werden müsse. Immerhin soll hervorgehoben werden, dass die Candidaten der Majorität auch als Geometer ganz andere Qualificationen besitzen als die beiden Candidaten der Minorität.

Wenn die Collegen SCHEIBNER und NEUMANN ein gewisses Gewicht darauf legen, dass meine Richtung an der Universität Leipzig bewahrt wird, und dabei Professor ENGEL als den besten deutschen Vertreter dieser Richtung bezeichnen, so muss ich doch zunächst betonen, dass zur Zeit viele wissenschaftliche Richtungen innerhalb der Mathematik als gut, wichtig und fruchtbar bezeichnet werden können. Es kommt nicht soviel darauf an, welche unter diesen Richtungen an einer Universität besonders stark vertreten sind; ungleich wichtiger ist es, dass überhaupt möglichst hervorragende Mathematiker an der Universität wirken. – Nach meiner Ansicht irren sich übrigens die Collegen SCHEIBNER und NEUMANN, wenn sie Professor ENGEL als den unbedingt besten deutschen Vertreter meiner Theorien bezeichnen. Die Professoren STUDY in Greifswalde und KILLING in Münster haben entschieden grössere originale Kraft in ihren hierher gehörigen Arbeiten entwickelt, während ENGEL allerdings als Lehrer höher stehen dürfte; und auch mehrere andere Mathematiker, besonders die Professoren SCHEFFERS, SCHUR und MAURER könnten hier neben ENGEL in Betracht kommen. – Als selbständige Forscher und als Docenten stehen aber die Candidaten der Majorität ungleich höher als die hier genannten Mathematiker.

Professor ENGEL ist nach meiner Ansicht ein begabter Mathematiker und guter Docent, der solide und ausgedehnte Kenntnisse besitzt. *Originalität im höheren Sinne des*

Wortes hat er aber in seinen bisherigen Publicationen noch nicht gezeigt. Wenn die Hoffnungen, die ich früher in ihn setzte, bis jetzt nur unvollständig in Erfüllung gegangen sind, so mag es wohl sein, dass die Ursache nicht zum geringsten Theile in den schwierigen ökonomischen Verhältnissen zu suchen ist, mit denen er und seine nächsten Verwandten immer zu kämpfen hatten. Gerade diese Überlegung war die Veranlassung, dass die Collegen MAYER und BRUNS neuerdings mit mir zusammen eine Gehaltserhöhung ENGELS vorschlugen, die dann das königliche Ministerium in gütigster Weise bewilligte. Auch bei anderen Gelegenheiten haben wir gezeigt, dass wir ENGELS Wirksamkeit schätzen, wenn wir ihn auch nicht als eine Kraft ersten Ranges bezeichnen können. Wenn ferner die Collegen SCHEIBNER und NEUMANN in starken Ausdrükken Professor KRAUSE empfehlen und dabei gegen die Beurtheilung, die KRAUSE von anderer Seite gefunden hat, polemisiren, so halte ich es für richtig meine Auffassung zu präcisiren und gleichzeitig ein Missverständnis der Minorität zu berichtigen. KRAUSE hat innerhalb eines bestimmten Gebietes der Funktionentheorie verdienstvolle Untersuchungen veröffentlicht. Dass seine sämtliche Publicationen sich innerhalb eines relativ engen Gebietes bewegen, könnte, wenn er noch ein junger Mathematiker wäre, in keiner Weise ihm vorgeworfen werden. Da er nun aber ein älterer Mathematiker ist, deutet schon dieser Umstand auf eine gewisse Einseitigkeit, die umsomehr in Betracht kommen muss, als die Funktionentheorie gerade dasjenige Gebiet der Mathematik ist, innerhalb dessen Professor NEUMANNS berühmteste Publicationen sich bewegen. Nach seinen Arbeiten zu urtheilen, steht Professor KRAUSE fremd, ja kühl gegenüber den folgenden wichtigen, von Professor SCHEIBNER vertretenen Disciplinen: Substitutionstheorie, Algebra und Zahlentheorie, ebenso gegenüber den Disciplinen, die als meine Richtung bezeichnet wurden, und ganz besonders gegenüber den verschiedenen Zweigen der Geometrie. Unter den Mathematikern Deutschlands würde es daher nicht ganz leicht sein, jemand zu finden, der weniger dazu geeignet wäre, die vorhandenen Lücken an der Universität Leipzig auszufüllen.

Auf diesen Prämissen schliesse ich mich dem Vorschlage der Commissions-Majorität und dem *einstimmigen* Vorschlage der Facultät an.

5. Entwurf eines Gutachtens der Fakultät (Autor H. Bruns) zur Berufung von F. Hausdorff vom 5. November 1901

Leipzig 5. Novb. 1901

An das K. Ministerium etc.

Die unterzeichnete Fakultät beantragt hierdurch bei dem Königl. Ministerium, dasselbe wolle dem Privatdocenten Dr. HAUSDORFF den Titel eines ausserordentlichen Professors verleihen.

Dr. HAUSDORFF, geboren den 8. November 1868 in Breslau, habilitirte sich am 25. Juli 1895 für Mathematik und Astronomie und hat seitdem regelmäßig gelesen, abgesehen von einer durch die Nachwehen einer Krankheit veranlassten Unterbrechung im Wintersemester 1896/7. Schon bei Beginn seiner Lehrthätigkeit trat an ihn aus dem Kreise der Fakultät die Anforderung heran, einerseits bestimmte für den regelmässigen mathematischen Unterricht notwendige Theile der reinen Mathematik vorzutragen, andererseits den theoretischen Theil derjenigen Vorlesungen zu übernehmen, die auf Anregung des Königl. Ministeriums seinerzeit für die zukünftigen Versicherungstechniker eingerichtet worden sind. Demgemäss beziehen sich, wie des näheren aus dem anliegenden Verzeichniss zu entnehmen ist, die grösseren Vorlesungen von Dr. H. einerseits auf analytische und projektive Geometrie, einschliesslich der Abbildungslehre, sowie auf die Einleitung in die Analysis, andrerseits auf Wahrscheinlichkeits-Rechnung, Versicherungswesen und politische Arithmetik. Daneben gingen gelegentlich kleinere Vorlesungen über specielle Gegenstände, wie Gestalt der Himmelskörper, Theorie der komplexen Zahlen und Mengenlehre. Es liegt hiernach eine über sehr disparate Gebiete ausgedehnte Lehrthätigkeit vor.

Die in der Anlage bei den einzelnen Vorlesungen aufgeführten Zuhörerzahlen (bis 39) lassen erkennen, dass Dr. H. als Docent durchaus erfolgreich gewesen ist. Die angegebenen Zahlen erreichen durchgängig die Höhe, die man jeweilig nach der Anzahl der inskribirten Mathematiker füglich erwarten durfte. Im besondern haben die für die Versicherungstechniker gehaltenen Vorlesungen dazu geführt, dass Dr. H. von der Handelshochschule den festen Auftrag erhalten hat, an dieser für die Zuhörer des letzten Semesters die politische Arithmetik regelmässig in drei bis vier Stunden zu lesen.

Die Abhandlungen von Dr. H., deren Titel die Anlage aufführt, sind sämmtlich in den Berichten der K. Sächs. Gesellschaft der Wissenschaften erschienen und beginnen mit einer Reihe von drei Untersuchungen über die astronomische Strahlenbrechung (1891/93). Es handelt sich darin um die mathematische und rechnerische Durcharbeitung einer neuen Methode, die unter völliger Umkehrung des hergebrachten Weges das Problem auf die principiell einfachste Gestalt reducirt und zugleich die für die praktischen Anwendungen erforderliche Geschmeidigkeit besitzt. Hieran schliesst sich in der Abhandlung über die Absorption des Lichtes (1895) der Nachweis, dass das bei der Refraktionstheorie angewandte methodische Princip in gleicher Weise vortheilhaft benutzt werden könne, wenn es sich darum handelt, die für die Himmelsphotometrie unentbehrliche Theorie der Exstinktion zu entwickeln. Der nächste Aufsatz „Ueber die infinitesimalen Abbildungen der Optik" (1896) bezieht sich auf die für die praktische Optik fundamentale Frage, wieweit es möglich ist, mit dioptrischen Mitteln strenge Aplanasie zu erreichen. Es ist äusserst interessant, dass die Untersuchung für den Fall stetig zusammengesetzter Abbildungen auf ein negatives Resultat führt.

Die Arbeit über das Risiko bei Zufallsspielen (1897) unternimmt es, die Begriffe und Lehrsätze der Theorie der Risiken in einer mathematisch präcisen Gestalt herauszuarbeiten. Es war das keineswegs überflüssig, da die landläufige Behandlung dieses Gegenstandes, namentlich in den für die sogenannten Praktiker bestimmten Darstellungen, der Regel nach an einer ganz unmotivierten Unstrenge leidet. Wichtiger noch sind die „Beiträge zur Wahrscheinlichkeits-Rechnung" (1901), in denen namentlich das für die bisherige Darstellung dieser Disciplin fundamentale und viel umstrittene Bayes'sche Princip in einer Weise behandelt wird, die den wesentlichen Theil der vorhandenen Schwierigkeiten beseitigt.

Das charakteristische Merkmal der genannten, dem Gebiete der angewandten Mathematik zugehörigen, Arbeiten ist Scharfsinn und Klarheit. Der gleiche Vorzug kommt den beiden Arbeiten aus dem Gebiete der reinen Mathematik zu, nämlich

"Analytische Beiträge zur nicht-euklidischen Geometrie" (1899) und "Zur Theorie der Systeme komplexer Zahlen" (1900). In allen Fällen handelt es sich um die Erledigung oder Förderung bedeutsamer Probleme, die – wie besonders hervorzuheben ist – sehr verschiedenartigen Gebieten angehören. Bei Dr. H. ist in einer nicht gerade häufig vorkommenden Weise die Gewandtheit in der rechnerischen Behandlung konkreter Vorgänge mit einer ausgesprochenen Befähigung für die Probleme der reinen Mathematik und nicht minder auch für abstrakte Spekulation vereinigt. So hat er, wie hier nicht unerwähnt bleiben darf, neben seinen mathematischen Arbeiten in der als Buch unter dem Pseudonym PAUL MONGRÉ veröffentlichten Untersuchung "Das Chaos in kosmischer Auslese" (Leipzig, 1898) einen geistvollen und originellen Versuch unternommen, dem Grundproblem der Erkenntnistheorie vom Standpunkte des Mathematikers aus neue Seiten abzugewinnen.

Zusammenfassend darf gesagt werden, dass Dr. H. durch seine bisherige literarische Thätigkeit und durch die als Lehrer innerhalb des akademischen Unterrichts-Organismus geleisteten Dienste die beantragte Anerkennung durchaus verdient hat.

Zusatz des damaligen Dekans KIRCHNER:

Die Fakultät hält sich jedoch für verpflichtet, dem Königlichen Ministerium noch zu berichten, dass der vorstehende Antrag in der am 2. November d. J. stattgehabten Fakultätssitzung nicht mit allen, sondern mit 22 gegen 7 Stimmen angenommen wurde. Die Minorität stimmte deshalb dagegen, weil Dr. HAUSDORFF mosaischen Glaubens ist.

Anlage
Vorlesungen und Zuhörerzahl von Herrn Dr. HAUSDORFF

Semester	Vorlesung	Zuhörerzahl
W.S. 95/96	Figur und Rotation der Himmelskörper	1
	Kartenprojection (publice)	2
S.S. 96	Analytische Geometrie	26
	Versicherungsmathematik	10
S.S. 97	Politische Arithmetik	13
	Winkeltreue Abbildungen (publ.)	14
W.S. 97/98	Analytische Geometrie des Raumes	20
	Mathematische Statistik	5
S.S. 98	Curven- und Flächentheorie	19
	Versicherungsmathematik	20
W.S. 98/99	Projective Geometrie	39
	Politische Arithmetik	10
S.S. 99	Curven- und Flächentheorie	21
	Complexe Zahlen und Vektoren	7

W.S.99/00	Kapitel der höheren Geometrie	9
S.S.00	Einführung in die Analysis	24
	Versicherungsmathematik	16
W.S.00/01	Wahrscheinlichkeitsrechnung	9
	Kartenprojection	6
S.S.01	Curven- und Flächentheorie	28
	Mengenlehre	3

Abhandlungen
1) Zur Theorie der astronomischen Strahlenbrechung I (1891)
2) Zur Theorie der astronomischen Strahlenbrechung II (1893)
3) Zur Theorie der astronomischen Strahlenbrechung III (1893)
4) Über die Absorption des Lichtes in der Atmosphäre (1895)
5) Infinitesimale Abbildungen der Optik (1896)
6) Das Risiko bei Zufallsspielen (1897)
7) Analytische Beiträge zur nichteuklidischen Geometrie (1899)
8) Zur Theorie der Systeme complexer Zahlen (1900)
9) Beiträge zur Wahrscheinlichkeits-Rechnung (1901)

6. Entwurf eines Gutachtens der Fakultät (von C. Neumanns Hand) zur Berufung von H. Liebmann zum außerordentlichen Professor vom 2. November 1904

Leipzig, d. 2. Nov. 1904

Dem Kgl. Ministerium des Cultus und öffentlichen Unterrichts erlaubt sich die Philosoph. Facultät den folgenden Antrag auf Ernennung des Privatdocenten Dr. HEINRICH LIEBMANN zum ausserordentlichen Professor vorzulegen.

Dr. ph. LIEBMANN ist, nachdem er an den Universitäten Leipzig und Jena seine Studien vollendet hatte, an letzterer Universität im Jahre 1895 zum Dr. phil. promovirt worden, auf Grund von Untersuchungen, die über projective Verwandtschaften in der Ebene handeln, und die später von ihm weiter fortgesetzt sind.

Sodann hat Dr. LIEBMANN einige Jahre in Göttingen zugebracht, um unter Anleitung der dortigen Professoren HILBERT und KLEIN sich in seinem Fache weiter zu vervollkommnen. Mehrere damals von ihm publicirte Aufsätze zeigen, dass er während seines Göttinger Aufenthaltes seinen wissenschaftlichen Studien mit grossem Eifer und mit gutem Erfolge obgelegen hat.

Im October 1899 habilitierte er an unserer Universität als Privatdocent für Mathematik, auf Grund einer Schrift, welche einen ebenso interessanten wie schwierigen Theil der Gauss'schen Flächentheorie zum Gegenstande hat. Es ist ein unbestreitbares Verdienst des Dr. LIEBMANN, durch die in Rede stehende Schrift und namentlich auch durch spätere sich anschliessende Arbeiten jenen schwierigen Theil der Gauss'schen Theorie zum ersten Mal ernstlich in Angriff genommen zu haben, und in solcher Weise zur Beseitigung der in jenem Gebiete vorgefundenen Dunkelheiten wesentlich beigetragen zu haben, – und zwar nicht nur durch ausdauernden Fleiss, sondern namentlich auch durch neue Ideen, und durch Anwendung neuer, von ihm selbst erdachter Untersuchungsmethoden.

Auch in anderen Theilen der geometrischen Wissenschaft, namentlich in der sogenannten *Nicht Euklidischen* Geometrie hat Herr Dr. LIEBMANN eine Reihe schöner und beachtenswerther Arbeiten geliefert.

Die Anzahl sämmtlicher von Herrn Dr. LIEBMANN bis jetzt publicirter Arbeiten ist eine recht grosse. Denn ausser zwanzig Abhandlungen, die theils zur Gauss'schen Flächentheorie, theils zur Nicht Euklidischen Geometrie, theils zu anderen Gebieten der mathematischen Wissenschaft gehören, sind von ihm noch weitere Arbeiten anzuführen. Es ist zu erwähnen, dass Dr. LIEBMANN ein Lehrbuch über Differentialgleichungen herausgegeben hat, ferner, dass er Mitarbeiter gewesen ist an der neuesten Auflage des Serret-Harnackschen Lehrbuches über Differential- und Integralrechnung, ferner, dass er zwei Hefte der Ostwald'schen Classiker herausgegeben hat, und endlich, dass von ihm mehrere Anzeigen und Recensionen wissenschaftlicher Werke verfasst worden sind.

Seinen Aufgaben als Docent an unserer Universität hat Dr. LIEBMANN stets mit grösstem Eifer und gutem Erfolge sich hingegeben. Er hat jetzt zehn Semester hindurch regelmässig Vorlesungen und Uebungen gehalten, ohne irgendwelche Unterbrechung, und weder Mühe noch Arbeit gescheut, um den Bedürfnissen unserer Universität zu entsprechen. Die von ihm in seinen Vorlesungen und Uebungen behandelten Themata sind folgende:

Analytische Geometrie der Ebene
Analytische Geometrie des Raumes
Anwendung der Differential- und Integralrechnung auf Geometrie
Synthetische Geometrie
Darstellende Geometrie
Geometrisches Zeichnen
Nicht Euklidische Geometrie
Algebra
Theorie der Determinanten
Bestimmte Integrale
Zahlentheorie
Graphische Statik

Einige dieser Vorlesungen und Uebungen gehören zur *angewandten Mathematik*, und werden Dr. LIEBMANN, weil sie nicht unmittelbar in seine wissenschaftliche Richtung hineinschlagen, ganz besonders viele Mühe und Zeit gekostet haben. Umso mehr ist anzuerkennen, dass er dieser grossen Arbeit und Mühe sich unterzogen hat, um für den Unterricht in diesem Gebiete, der fortan in Geh. Hofrath Professor Dr. ROHN eine ganz vorzügliche Vertretung haben wird, solange eine solche noch fehlte, nach Kräften zu sorgen.

Im Ganzen hat jetzt Herr Dr. LIEBMANN – es mag diese Wiederholung gestattet sein – zehn Semester hindurch als Privatdocent gewirkt, und dabei sowohl der Wissenschaft, wie auch speciell dem mathematischen Unterricht an unserer Universität fortdauernd seine volle Kraft gewidmet. Es muß daher unser Wunsch sein, dass seinen eifrigen und erfolgreichen Bestrebungen die gebührende Anerkennung zu Theil werde.

Demgemäss erlaubt sich die unterzeichnete Fakultät, den Herrn Dr. LIEBMANN einem Hohen Ministerium zur Beförderung zum Professor extraordinarius angelegentlichst zu empfehlen.

7. Auszug aus dem Entwurf eines Gutachtens (betr. W. Blaschke), das O. Hölder im Juli 1914 zur Wiederbesetzung des Koebeschen Extraordinariats der Fakultät vorlegte

Die Fakultät nennt in erster Linie:

Dr. WILHELM BLASCHKE,

etatsmäßiger außerordentlicher Professor an der deutschen Technischen Hochschule in Prag (z. Z. in Göttingen, Albanikirchhof No. 11).

WILHELM BLASCHKE wurde am 13. September 1885 zu Graz geboren. Er hat zuerst an der Technischen Hochschule zu Graz und nachher an der Universität in Wien studiert. 1907 hat er die Lehramtsprüfung für Mathematik und darstellende Geometrie abgelegt und 1908 promoviert. Nach der Promotion hat er noch drei Jahre lang in Bonn, Pisa und Göttingen Vorlesungen gehört und sich dann 1911 in Bonn habilitiert. Ein Semester darauf habilitierte er sich nach Greifswald um, wo er zugleich einen Lehrauftrag für reine und angewandte Mathematik erhielt. Im Frühjahr 1913 wurde er als außerordentlicher Professor an die deutsche Technische Hochschule in Prag berufen und habilitierte sich daneben 1914 an der dortigen deutschen Universität.

Die zahlreichen Arbeiten von BLASCHKE beschäftigen sich hauptsächlich mit Geometrie und Kinematik, z. B. mit Aufsuchung und Untersuchung interessanter geometrischer Gruppen, mit Fragen der Flächenverbiegung, mit nichteuklidischer Geometrie und dergleichen. Er hat aber auch über Variationsrechnung, über den Hadamardschen Determinantensatz und namentlich auch über konforme Abbildungen gearbeitet, über welche Theorie er mit STUDY zusammen die Schrift „Konforme Abbildungen einfach zusammenhängender Bereiche" herausgegeben hat. Seine Arbeiten sind sehr ideenreich, und in jeder von ihnen ist eine wesentliche Frage zum Abschluß gebracht. Sein Vortrag wird als glänzend geschildert; von seiner Persönlichkeit läßt sich nur das Günstigste berichten.

Es wäre sehr wünschenswert, wenn BLASCHKE für die hiesige Stelle gewonnen werden könnte. Der Fakultät ist bekannt, daß er gerne die Technische Hochschule mit der Universität und Österreich mit Deutschland, wo er seine Laufbahn als Privatdocent begonnen hat, vertauschen würde, wenn ihm entsprechende Bedingungen gewährt werden könnten.

8. Gutachten der philosophischen Fakultät zur Wiederbesetzung des Rohnschen Ordinariats (Auszug der L. Lichtenstein betreffenden Passagen; an zweiter Stelle wurde W. Blaschke, an dritter K. Kommerell vorgeschlagen) vom 1. Juli 1921

Die Fakultät nennt nunmehr in erster Linie:
Dr. LEON LICHTENSTEIN, ordentlichen Professor an der Universität in Münster i. W.
LICHTENSTEIN ist am 16. Mai 1878 in Warschau geboren. Seine Studien hat er an verschiedenen Technischen Hochschulen des In- und Auslandes begonnen und sie dann an der Universität Berlin abgeschlossen. Er wurde 1907 in Charlottenburg zum Doktor-Ingenieur und 1909 an der Universität Berlin zum Doktor der Philosophie promoviert. Im Jahre 1910 habilitierte er sich an der Technischen Hochschule zu Charlottenburg für reine Mathematik und darstellende Geometrie. Er wurde, nachdem er bereits vorher den Titel Professor erhalten hatte, 1920 zum ordentlichen Honorarprofessor der Hochschule ernannt und folgte Ostern 1921 einem Ruf an die Universität Münster.

LICHTENSTEIN ist von der Fakultät bereits im Jahre 1914 in den damals für das Extraordinariat gemachten Vorschlägen genannt worden. Er hat inzwischen eine ungeheure Tätigkeit entfaltet, indem er neben seinen Vorlesungen und neben zahlreichen hervorragenden Arbeiten, die er geschrieben, im Kriege die Konstruktion von Luftschiffen geleitet hat. Mit Rücksicht auf diese im Interesse des deutschen Heeres geleistete Arbeit, ist ihm, was besonders hervorzuheben ist, während der Kriegszeit die deutsche Staatsangehörigkeit zuerkannt worden. LICHTENSTEIN ist auch als Redakteur außerordentlich tätig; er hat vor wenigen Jahren die „Mathematische Zeitschrift" gegründet, die er jetzt gleichzeitig mit den älteren „Fortschritten der Mathematik" herausgibt.

Von den wissenschaftlichen Arbeiten LICHTENSTEINS beziehen sich mehrere auf konforme Abbildung; er hat auch in der mathematischen Enzyklopädie eine vortreffliche zusammenfassende Darstellung dieses Gebietes gegeben. Er hat weiter die überaus wichtigen und schwierigen Randwertprobleme der Potentialtheorie außerordentlich gefördert, überhaupt eine Reihe von Existenzbeweisen für die Lösungen von partiellen Differentialgleichungen und von Integralgleichungen geliefert. Damit in Verbindung stehen Arbeiten über Variationsrechnung, in denen er aus der Methode der unendlich vielen Variabeln neue Kriterien der Maxima und Minima abgeleitet hat.

Besonders glänzende Ergebnisse hat er in den letzten Jahren erzielt durch Anwendung der erlangten Methoden auf das seit LAPLACE viel umworbene Problem der Figur der Himmelskörper. Nachdem hier im Jahre 1885 POINCARÉ die Hauptsätze auf eine mehr divinatorische Weise gefunden und veröffentlicht hatte, hatte LJAPUNOFF diese Ergebnisse in speziellen Fällen durch ungemein langwierige Rechnungen bestätigen können. LICHTENSTEIN ist es nun gelungen, mit Hilfe der neuen Methoden den strengen Beweis unter Vermeidung größerer Rechnungen für den allgemeinen Fall zu geben. Insbesondere vermochte er zum ersten Mal den Existenzbeweis für die ringförmige Gleichgewichtsfigur nach Art des Saturnringes, und für die Gleichgewichtsfigur des Erdmondes zu erbringen.

LICHTENSTEIN ist nicht nur ein eigenartiger und scharfsinniger Mathematiker, sondern auch ein erfolgreicher Lehrer, dessen Vorlesungen an der Technischen Hochschule stets auch Studierende der Berliner Universität nach Charlottenburg gezogen haben. Er beherrscht theoretisch und praktisch weite Gebiete der angewandten Mathematik und ist in der ganzen modernen mathematischen Literatur erstaunlich bewandert, wodurch er auch besonders befähigt ist, Studierende zu selbständiger wissenschaftlicher Produktion anzuregen. Ein besonderes Organisationstalent hat er bei der schon erwähnten Zeitschriftengründung bewiesen.

LICHTENSTEINS Persönlichkeit wird von den Kollegen, die ihn näher kennen, sehr hoch eingeschätzt.

Sabotage Leipziger Professoren?
Was geht bei der Leipziger Universität vor?

Wir haben bereits in früheren Aufsätzen zu dem **reaktionären Geist** Stellung genommen, der in den Kreisen der Professorenschaft unserer Universität herrscht. Diese Aufsätze fallen zum größten Teil in die Zeit vor der großen deutschen Revolution. Wir haben damals wiederholt zum Ausdruck gebracht, daß ein großer Teil der akademischen Lehrer in Leipzig für den Nationalsozialismus wohl niemals Verständnis aufbringen würde. Nach dem Umsturz haben wir **vorerst geschwiegen**, weil wir annahmen, daß die Ereignisse auch über diese Herren hinweggehen würden. **Wir haben uns getäuscht!**

An der Leipziger Universität glauben gewisse Herren, sie könnten die nationalsozialistische Revolution ignorieren, bzw. sie könnten die erlassenen Bestimmungen zwar der Form nach erfüllen, aber sie so auslegen, wie sie es für richtig halten und nicht wie sie gemeint sind. Die Herren Professoren mögen sich nicht täuschen, wir sind auf dem Posten! Wir erfahren alles und haben gar keine Veranlassung über Dinge zu schweigen, die uns im Interesse des Neuaufbaues unseres Vaterlandes schädlich erscheinen. Wir werden daher auch in Zukunft die Universität etwas mehr unter die Lupe nehmen als bisher und die Dinge an dieser Stelle der Oeffentlichkeit zugänglich machen, die sie kennen muß, um sich über gewisse Herren ihr Urteil bilden zu können.

Wie finden Sie folgenden Vorgang?

Am Mathematischen Institut lehrt heute noch ungestört ein polnischer oder galizischer Jude, Herr Prof. Leon Lichtenstein!

Prof. Lichtenstein **beherrscht die deutsche Sprache nur sehr mangelhaft**. Trotzdem kann er weiter lehren! Sein Kollege, Professor Levi, mußte inzwischen gehen. Professor Levi ist Kriegsteilnehmer und besitzt das **E.K.I.** Wir wissen nicht, warum das Gesetz zur Wiederherstellung des Berufsbeamtentums an der Universität Leipzig gerade **nicht gelten soll, bzw. sein Sinn in das Gegenteil verkehrt wird**.

Nach wie vor lehren auch an der Leipziger Universität Ausländer, sogar ein ausländischer Jude! Wir wundern uns nur, daß die deutschen Studenten an unserer Universität sich so etwas bieten lassen und nicht von sich aus Ordnung schaffen.

Antisemitischer Hetzartikel gegen L. LICHTENSTEIN in der Leipziger Tageszeitung vom 4. August 1933 [Archiv der Karl-Marx-Universität, PA 692, Bl. 43]

Namen- und Sachverzeichnis

(Die kursiv gedruckten Seitenzahlen verweisen auf den biographischen Anhang.)

ABBE, E. 119
ABEL, N.H. 51, 61
Abelsche Funktionen 120
– Integrale 55, *188*
Abelsches Theorem 57
Abplattung der Erde 150, 158
absolut starrer Körper 20, 92
absolute Bewegung 25, 92
absoluter Raum 25, 84ff., 95
abzählende Geometrie 56
ADAMS, J.C. 154
äquiforme Geometrie *192*
affine Geometrie *191, 208*
– Minimalflächen *209*
d' ALEMBERT, J.B.R. 150, 158f.
Algebra 42, 49
algebraische Gleichungen 49, 53, 69, 71, 125
allgemeine Relativitätstheorie 154
ALTHOFF, F. *193*
Analysis 42, 48ff., 63, 74, 133, *201, 203*
analytische Funktionen 56
– Geometrie 42, 49, 74, 118
– Mechanik 155
antimathematische Bewegung *193*
Anwendungen 41
Anziehung 14, 16
Anziehungsgesetz 19, 24
Anziehungskraft 11, 13f.
APOLLONIUS 50
ARCHIMEDES 54, 91, 113, 132f.
Arithmetik 49, 85
ARMELLINI, G. 172
ARTIN, E. *207*
Astronomie 148
Auswahlsatz für konvexe Bereiche 140
automorphe Funktionen *192*
Axiom 121
Axiomensystem 102

BACON, F. 127
baryzentrischer Kalkül 41
BERNOULLI, J. 150
BERNSTEIN, S. *212*
Berührungstransformation 55, *196*
BESSEL, F.W. 101, *187*
Bewegung 9, 14, 20, 25, 150
BIANCHI, L. *207*
BIRCH, A. *195*
BIRKHOFF, G.D. 157
BLASCHKE, W. 128 f., *207ff.*

BOL, G. *209*
BOLYAI, J. 89, 91, 124
BONOLA, R. *206*
BRIANCHON, CH.J. 116
BRILL, A. v. 44, *191*
BRUNN, H. 135, *208*
BRUNS, H. *201f.*

CANTOR, G. 95, 137, *202f.*
Cardanische Formel 125
CARTAN, E. *198*
CASSINI, G.D. 176
CAUCHY, A.L. 43, 51, 61, 117, 138
CAVALIERI, B. 150
CAYLEY, A. 123, *191*
Cayleysche Maßbestimmung 123
CESÀRO, E. *203*
CHARLIER, C.L. 181, *204*
CHASLES, M. 51
CLAIRAUT, A.C. 150, 154f., 158, 175, *213*
CLEBSCH, A. 42, 77, *189f.*
CLIFFORD, W.K. 90, 93
COHN-VOSSEN, S. *205*

darstellende Geometrie 45
DARWIN, G.H. 157, 168, 172, 174, 183
DEDEKIND, R. 95
DESARGUES, G. 50, 112
DESCARTES (CARTESIUS), R. 48ff., 53, 74f., 117, 125
DIDO 132
Differential 50
Differentialgeometrie *194, 198, 208ff.*
Differentialgleichungen 55, 117, 126, *196, 210*
Differentialinvariante 56, *200*
Differential- und Integralrechnung 42, 51, 60, 115
Dimension 95, 101
DIOPHANT 49
DIRICHLET, P.G.L. 161, 183, *206*
Dirichletsches Prinzip 120, 134, *188*
Diskussionsproblem der Verzweigungsgleichungen *213*
Doppelsterne 173
doppeltperiodische Funktionen 56
Dreikörperproblem 152
Dynamik der Sternsysteme 181

Ebbe und Flut 150
EDDINGTON, A.S. 181
EHLERS, H. *205*

Eigenwertprobleme *212*
EINSTEIN, A. 154, *192*
Elektrodynamik 187, 189
Elementvereine 200
Eliminationstheorie 126
elliptische Funktionen 54
– Geometrie 94, *192, 208*
– Modulfunktionen *192*
empirischer Raum 83 f.
Empirismus 101
ENGEL, F. 58 ff., *195, 197 ff., 207*
Erlanger Programm 78, *191, 209*
EUKLID 48, 56, 89, 109 ff., 115, 132, 138
euklidische Geometrie 85 ff., 91, 93, 124, *191*
– Maßbestimmung 123
euklidisches Modell 91
EULER, L. 43, 60, 133, 150, 153 ff., *200, 203*
Existenzprobleme der Hydrodynamik *213*

FERMAT, P. DE 118, 150
Flächen konstanter negativer Krümmung 90
Flächenverbiegung 205
Fluxionsrechnung 115
freie Beweglichkeit 91 ff., 112
FRESNEL, A. J. 18
FRICKE, R. *192*
FROBENIUS, G. *210*
Funktionentheorie 42, 54, *187*

GALILEI, G. 19 f., 23, 25, 150, 176
Galilei-Gruppe *200*
Galileisches Trägheitsprinzip 8, 21, 24
GALLE, J. G. 154
GALOIS, E. 51, 70 f.
Galoissche Gruppentheorie 126, *199*
GAUSS, C. F. 51, 61, 89, 91, 101, 113, 118, 124 f., 155 f., *193*
Geometrie 41, 48 ff., 74, 86, 101, 121, *191*
– der Gewebe *209*
Geraden-Kugel-Transformation *196*
Geschichte der Zahlzeichen 113
Gestalt der Erde 160
– – Himmelskörper 160
– des Mondes 170
Gezeiten 183
Gleichgewichtsfigur rotierender Flüssigkeiten *212*
– – homogener Flüssigkeiten 162
GOETHE, J. W. v. 110 f., 131
GOLDSCHMIDT, CH. *202*
GRAM, J. P. *204*
GRASSMANN, H. 75 f., 88, *200*
Graßmannsches Kalkül 76
Grundlagen der Geometrie 121, *194*
Gruppe 56, 67, 70, 76, *197*

HALLEY, E. 155
HAMY, M. T. A. 175
HASSE, H. *207*
HAUSDORFF, F. (MONGRÉ, P.) 80 ff., *201 ff.*

Hausdorff-Dimension *203*
Hausdorff-Maß *203*
Hausdorffsches Paradoxon *203*
HECKE, E. *207*
HEGEL, A. *190*
HEGEL, G. W. F. 88, 110
HELMHOLTZ, H. v. 28, 88, 90 f., 98, 123
HERGLOTZ, G. *207, 209*
HESSE, O. 42, *187*
HILBERT, D. 85, 91, 95, 122, 137, 139, *195, 202, 204*
HILL, G. W. 156 f.
Himmelsmechanik 151
HIPPARCH 157
HOBBES, TH. 111 f., 116
Hodograph der Verbiegung 138
HÖLDER, E. *211, 214*
HÖLDER, O. *195, 203, 207, 211*
Homogenität des Raumes 92
HUMBERT, P. 168
HUYGENS, C. 13, 150, 160, 176
Hydrodynamik *189, 210, 214*
hyperbolische Geometrie 89, *191 f.*
Hypothesen 13 ff., 84, 88, 96
hypothetisch-deduktives System 101

IBBEKEN, C. *200*
ideal starrer Körper 20, 92
imaginäre Zahl 53
Inertialsystem *188*
infinitesimale Transformation *196*
– Verbiegungen *205*
Infinitesimalrechnung 51, 133, 150
inkommensurabel 52
Integral 50
Integralgeometrie *209*
Integralgleichungen *210, 213*
invariant 67
Invariante 56
Invariantentheorie 56, 126, *191*
irrationale Zahl 52
isoperimetrische Eigenschaft der Kugel 138
isoperimetrisches Problem 132
Isotropie des Raumes 92, *212*

JACOBI, C. G. J. 42, 51, 161, 163, *187, 212*
Jacobische Ellipsoide 163
JEANS, J. H. 168

KANT, I. 85, 87, 96, 167
Kant-Laplacesche Hypothese 176
Kegelschnitte 50
KILLING, W. *198*
kinematische Abbildung *208*
KLEIN, F. 38 ff., 48, 78, 93, 123, *190 ff., 204 f., 207 ff.*
KLINGER, M. *201*
KNOPP, K. *203*
Kometenbahnen 155
Kontinuum 95
Kontinuumhypothese *203*

Konvergenzprinzip für konvexe Körper 137
konvexer Bereich *208*
– Körper 136, *208*
KORN, A. *188*
KOWALEWSKI, S. 177
KRAUS, N. *205*
KRAUSE, M. *196*
KRONECKER, L. 78, 112, *190*
Krümmungsmaß 91, 101
– des Raumes 87
KUMMER, E. E. *190*

LAGRANGE, J. L. 43, 61, 133, 153, 155 f.
LAGUERRE, E. *209*
Laguerresche Kugelgeometrie *209*
LAMBERT, J. H. 90, 155
LANDAU, E. *210*
LAPLACE, P. S. 151, 153, 161, 165, 167, 171 f., 175, 177 f., 184
LEGENDRE, A. M. 156, 161, 175
LEIBNIZ, G. W. 13, 18, 50 f., 55, 60, 63, 75, 114 f., 119, 150
LEVERRIER, J. J. 154
LEVI-CIVITÀ, T. 178
LÉVY, M. 175
Libration des Mondes 158
Lichtäther 26
LICHTENSTEIN, L. 146 ff., *210 ff.*
LICHTENSTEIN, S. *211*
LIE, S. 46 ff., *190, 193 ff., 209*
Lie-Algebren *194, 197*
Lie-Gruppen *194, 197*
Liesche Fundamentalsätze *197*
LIEBERMANN, M. 112
LIEBMANN, H. 106 ff., 136, *204 ff.*
LIEBMANN, O. *204*
LINDEMANN, F. 91
lineare Konstruktion 73
Linienkoordinaten 116
LIOUVILLE, J. 139, 161
LIPSCHITZ, R. 175
LJAPUNOV, A. M. 161, 166 ff., 173, 175, *212*
LOBATSCHEWSKI, N. I. 89, 124, *200, 206*
logarithmisches Potential *211*
Lorentz-Gruppe *209*
LOTZE, H. 92

MACLAURIN, C. 150, 161, 163, *212*
Maclaurinsche Flüssigkeitsellipsoide 163
Mannigfaltigkeiten 78
MARKOW, A. A. *206*
MASCHERONI, L. 115
mathematischer Raum 83 ff.
Maximumeigenschaft des Sehnenvierecks 133
MAXWELL, J. C. 176, 178 f., 181, *189*
MAYER, A. 199
MAYER, J. T. 158
Mechanik 52, 55, 92
Mengenlehre *201 ff.*

Methode der kleinsten Quadrate 155
– des arithmetischen Mittels *188*
metrische Geometrie *191*
– Räume *202*
Michelsonscher Interferenzversuch 92
MILL, J. ST. 100
MINDING, F. *205*
Minimalfläche 139, *198*
MINKOWSKI, H. 135 f., 138, *208*
MÖBIUS, A. F. 41, 45, 51, 55, *209*
Möbiussches Blatt 94
Mondbewegung 153
MONGE, G. 41, 51
Montierungsspannungen 139
MONTUCLA, J. E. 111, 126

negative Zahl 53
Neptun 12, 154
neuere Geometrie 42, 48
NEUMANN, C. 6 ff., 92, *187 ff., 195, 204 f.*
NEUMANN, E. R. *188*
NEUMANN, F. E. *187*
Neumannsche Funktion *188*
Neumannsches Problem *188*
NEWTON, I. 11 ff., 20, 23, 25, 50 ff., 60, 110 f., 115, 119, 125, 149 f., 152, 157 ff., 183
Newtonsche Theorie 16
Newtonsches Anziehungsprinzip 9
– Gesetz 16, 24, 87, 115
nichteuklidische Geometrie 56, 85 ff., 91, 123, *191, 204 f.*
NIKOMACHUS 114
n-Körperproblem 152
Nutation 158

OLBERS, W. 155
Operationen 65 f., 69
Ordnungstypen *203*
Ovaloide *205*

PAPPUS 48
Parallelenaxiom 85, 87, 89, 95, 124
partielle Differentialgleichungen elliptischen Typus *211*
– – erster Ordnung 56, *196, 200*
PASCAL, B. 50, 116, 150
Perihelbewegung des Merkur 87, 154, *189*
periodische Bahnen 156
permanente Oberflächenwellen *213*
PERRON, O. 134
PICARD, E. *198*
PINL, M. *205*
Platonische Körper *192*
PLÜCKER, J. 41 f., 51, 55, *190, 195 f.*
POINCARÉ, H. 117, 156, 161, 166 ff., 177 f., 184, *188, 192, 212*
POISSON, S. D. 153
POMMARET, J. F. *198*
PONCELET, J. V. 41, 51, 55, 73, *195*

Positionsarithmetik 114
Potentiale von Doppelbelegungen *188*
Potentialtheorie 151, 159, *187, 210*
Potenzreihen 54
Präzession und Nutation der Erdachse 157
Prinzip der allgemeinen Gravitation 149
– von Cavalieri 136
Prinzipien der theoretischen Mechanik 8
projektive Geometrie 41, 48, 72, *191*
– Gruppe 77
– Transformationen 72

Quantentheorie 151
Quaternionen 121

Randwertaufgaben der Potentialtheorie *187, 211*
Rationalitätsbereich 69ff.
Raum einfachen Zusammenhanges 89
– freier Beweglichkeit 89
– verschwindender Krümmung 89
Raumanschauung 84
Raumkurven dritter Ordnung 44
Raumproblem 83ff.
Räume variablen Krümmungsmaßes 92
REIDEMEISTER, K. *208*
reine Mathematik 40, 48, 86
Relativitätsprinzip 151
Relativitätstheorie *188*, 192
Resolvente 126
RICHELOT, F.J. *187*
RIEDLER, A. *193*
RIEMANN, B. 51, 89ff., 120, 161, 165, 183, *188, 192*
Riemann-Helmholtz-Liesches Raumproblem 198
Riemannsche Fläche 192
– Räume 93
Riesz-Fischer-Theorem *203*
ROCHE, E. 172ff., 175
RÖTTGER, A.M. *208*
ROHN, K. *211*

Saturnringe 176
SCALIGER, J. 111f.
SCHEIBNER, W. *189, 195*
SCHELLBACH, K. *187*
SCHILLER, F. v. 110f.
SCHOPENHAUER, A. 110f., 113, 121
SCHOTTKY, F.H. *210*
SCHUBERT, H. *211*
SCHWARZ, H.A. 133, 135, *208, 210, 212*
SCHWARZSCHILD, K. 173, 181
SEIDEL, PH. L. *206*
singuläre Integralgleichungen *212*
Sirius 12
sphärische Geometrie 89f.
SPINOZA, B. 109
Stabilität einer Gleichgewichtsfigur 164, *212*
STÄCKEL, P. *200*
starre Körper 100

STEINER, J. 41f., 51, 115, 133ff., *207f.*
Stellarstatistik 182
stetige Bewegung 95
– Funktion 54, 135
Störungen elliptischer Planetenbahnen 154
Störungstheorie 152
STOLZ, O. *191*
STUDY, E. 78, *200, 207*
Substitutionentheorie 53
symbolische Exponentialformel *204*
– Methode 77
Symmetrisierung 136
synthetische Geometrie 41, 43, *205*

TAIT, P.G. 165, 177
TAYLOR, B. 150
TEUBNER, B.G. *189*
Theorie der Integralgleichungen 151
– – Randwertaufgaben 151
THOMAE, K.J. *204*
THOMSON, W. 165, 177
TISSERAND, F.F. 178
Topologie 157, *201, 204*
topologische Algebra *198*
– Räume *201*
Trägheit 14ff.
Trägheitsgesetz 19
Transformation 55, 124
Transformationsgruppe 77, *192, 195, 198f.*
TRENDELENBURG, F.A. 96
trigonometrische Funktionen 54
TSCHEBYSCHEFF, P.L. 166

unabhängige Axiome 122
unendlich periodische Dezimalbrüche 114
unendliche Reihen 54
Unverbiegbarkeitseigenschaft 138
Uranus 12, 154

Variationsproblem 132, *212*
Variationsrechnung 44, 55, 133, 164, *210, 212*
VESSIOT, E. *198*
VOLTERRA, V. 175

WALLIS, J. 112f., 150
WEBER, H. *195*
Wechsel des Raumelements 116, *190*
WEIERSTRASS, K. 112, 120, 133ff., *139, 188, 190*
Winkeldreiteilung 116
WIRTINGER, W. 121
WOLFF, CH. 121
Würfelverdopplung 116

YOUNG, TH. 18

Zahlentheorie 77, 120
ZENODOR 132
Zweikörperproblem 151

Teubner-Archiv zur Mathematik

Band 1: *C. F. Gauß/B. Riemann/H. Minkowski*
Gaußsche Flächentheorie, Riemannsche Räume und Minkowski-Welt
Herausgeg. und mit einem Anhang versehen von J. BÖHM und H. REICHARDT
1984. 156 Seiten. Bestell-Nr. 666 185 9
Springer-Verlag Wien New York: ISBN 3-211-95825-8

Band 2: *G. Cantor*
Über unendliche, lineare Punktmannigfaltigkeiten
Arbeiten zur Mengenlehre aus den Jahren 1872–1884
Herausgegeben und kommentiert von G. ASSER
1984. 180 Seiten. Bestell-Nr. 666 187 5
Springer-Verlag Wien New York: ISBN 3-211-95826-6

Band 3: *G. Herglotz*
Vorlesungen über die Mechanik der Kontinua
Ausarbeitung von R. B. GUENTHER und H. SCHWERDTFEGER
Mit einem Geleitwort von H. BECKERT
1985. 252 Seiten. Bestell-Nr. 666 255 2
Springer-Verlag Wien New York: ISBN 3-211-95821-5

Band 4: *H. Reichardt*
Gauß und die Anfänge der nicht-euklidischen Geometrie
Mit Originalarbeiten von J. BOLYAI, N. I. LOBATSCHEWSKI und F. KLEIN
1985. 248 Seiten. Bestell-Nr. 666 249 9
Springer-Verlag Wien New York: ISBN 3-211-95822-3

Band 5: *F. Klein*
Riemannsche Flächen
Vorlesungen, gehalten in Göttingen 1891/92
Herausgegeben und kommentiert von G. EISENREICH und W. PURKERT
1986. 284 Seiten. Bestell-Nr. 666 254 4
Springer-Verlag Wien New York: ISBN 3-211-95829-0

Band 6: *D. König*
Theorie der endlichen und unendlichen Graphen
Mit einer Abhandlung von L. EULER
Herausgegeben und mit einem Anhang versehen von H. SACHS
mit e. biographischen Anhang von T. GALLAI u. e. Geleitwort von P. ERDÖS
1986. 348 Seiten. Bestell-Nr. 666 319 2
Springer-Verlag Wien New York: ISBN 3-211-95830-4

Band 7: *F. Klein*
Funktionentheorie in geometrischer Behandlungsweise
Vorlesung, gehalten in Leipzig 1880/81
Herausgegeben, bearbeitet und kommentiert von F. KÖNIG
Mit einem Geleitwort von F. HIRZEBRUCH
1987. 296 Seiten. Bestell-Nr. 666 376 6
Springer-Verlag Wien New York: ISBN 3-211-95839-8

BSB B. G. Teubner Verlagsgesellschaft, Leipzig